STUDY GUIDE TO FUNDAMENTAL AND INORGANIC CHEMISTRY

基础化学与无机化学学习指导

主　编　解永岩

副主编　赵慧卿　韦文美

中国科学技术大学出版社

内 容 简 介

本书是针对高等医学院校"基础化学"和"无机化学"课程的学习而编写的学习参考书，全书内容紧扣课程核心知识，并且每一部分的知识都提供了多种形式的题目，以满足学生自主学习、进行习题训练的需要。全书根据配套课程的知识结构划分为十三章，每章均含有内容提要、练习题及练习题解答，最后为两套自测练习及答案，学生可用以检验学习效果。

本书适合高等医学院校本科学生学习使用。

图书在版编目(CIP)数据

基础化学与无机化学学习指导/解永岩主编. —合肥：中国科学技术大学出版社，2021.9(2023.10重印)

ISBN 978-7-312-05271-2

Ⅰ.基… Ⅱ.解… Ⅲ.① 普通化学—医学院校—教材 ② 无机化学—医学院校—教材 Ⅳ.O6

中国版本图书馆CIP数据核字(2021)第154656号

基础化学与无机化学学习指导

JICHU HUAXUE YU WUJI HUAXUE XUEXI ZHIDAO

出版 中国科学技术大学出版社
安徽省合肥市金寨路96号，230026
http://press.ustc.edu.cn
https://zgkxjsdxcbs.tmall.com

印刷 合肥市宏基印刷有限公司

发行 中国科学技术大学出版社

经销 全国新华书店

开本 710 mm×1000 mm 1/16

印张 13

字数 269千

版次 2021年9月第1版

印次 2023年10月第2次印刷

定价 28.00元

前　　言

化学学习过程中需要做一定量的练习题，目前教科书上的练习题，无论是数量还是种类都不能满足需要。本书是针对医科院校“基础化学”和“无机化学”课程的学习而编写的学习参考书，适用于学习以上两门课程的学生使用。

本书共设十三章，每章含有内容提要、练习题及练习题解答，最后为两套自测题及解答，读者可用以检验学习效果。

由于本书用于两门课程的学习，内容上既有重叠又有差别，为了方便学生学习，书中标注“*”的章节和题目表示只涉及“无机化学”学习内容，标注“#”的章节和题目表示只涉及“基础化学”学习内容，以示区别。

本书由安徽医科大学基础医学院化学教研室的教师编写，参与编写的人员为：宋梦梦（第一章、第三章）、吴允凯（第二章）、杨帆（第四章、第十一章）、赵祖志（第五章、第八章）、赵慧卿（第六章、自测题Ⅰ）、刘睿（第七章）、洪石（第九章）、韦文美（第十章、第十二章）、解永岩（第十三章、自测题Ⅱ）。全书由解永岩、赵慧卿和韦文美统稿。

由于本书是各位编者在日常工作的间隙编写的，时间紧、任务重，疏漏在所难免，希望读者谅解并提出宝贵意见。

编　者

2021年6月9日

目　　录

第一章# 稀薄溶液的依数性

内 容 提 要

一、混合物的组成标度

(1) 质量分数 $\omega_B = \dfrac{m_B}{m}$。

(2) 体积分数 $\varphi_B = \dfrac{V_B}{\sum V_i}$。

(3) 质量浓度 $\rho_B = \dfrac{m_B}{V}$。

(4) 摩尔分数 $x_B = \dfrac{n_B}{\sum n_i}$。

(5) 物质的量浓度 $c_B = \dfrac{n_B}{V}$。

(6) 质量摩尔浓度 $b_B = \dfrac{n_B}{m_A}$。

二、溶液的蒸气压力下降

$$\Delta p = K \cdot b_B$$

三、溶液的沸点升高和凝固点降低

$$\Delta T_b = T_b - T_b^0 = K_b b_B$$
$$\Delta T_f = T_f^0 - T_f = K_f b_B$$

四、溶液的渗透压力

(1) 渗透现象和渗透压力。

(2) 溶液的渗透压力与浓度及温度的关系

$$\Pi V = nRT$$

$$\Pi = \frac{n}{V}RT = c_B RT$$

对于稀薄溶液，$c_B \approx b_B$，所以 $\Pi = b_B RT$。

对于电解质溶液，$\Pi = ib_B RT$。

五、渗透压力在医学上的意义

(1) 渗透浓度 c_{os}。

(2) 等渗、低渗和高渗溶液。

医学上以血浆的渗透压力作为比较标准，渗透浓度 c_{os} 在 280～320 mmol·L^{-1} 范围内的溶液称为等渗溶液，c_{os}＞320 mmol·L^{-1} 的溶液称为高渗溶液，c_{os}＜280 mmol·L^{-1} 的溶液称为低渗溶液。

练 习 题

一、选择题

1. 8.4% $NaHCO_3$(M_r = 84)溶液产生的渗透压接近于 (　　)

A. 8.4%葡萄糖溶液　　B. 8.4%蔗糖溶液

C. 1.0 mol·L^{-1}葡萄糖溶液　　D. 2.0 mol·L^{-1}葡萄糖溶液

2. 下列溶液中，渗透压最大的是 (　　)

A. 0.1 mol·L^{-1} NaCl 溶液

B. 0.2 mol·L^{-1}葡萄糖溶液

C. 0.15 mol·L^{-1} $CaCl_2$ 溶液

D. 0.1 mol·L^{-1} NaCl 和 0.2 mol·L^{-1}葡萄糖的等量混合液

3. 50 g 水中溶解 0.5 g 非电解质，该溶液的冰点为 −0.31 ℃，该溶质的分子量为 (　　)

A. 30　　B. 36　　C. 60　　D. 56　　E. 28

4. 把少量熔点为 800 ℃的溶质加入水中，该溶液的凝固点为 (　　)

A. 800 ℃　　B. 高于 800 ℃　　C. 稍高于 0 ℃

D. 0 ℃　　E. 稍低于 0 ℃

5. 下列各溶液哪个是属于临床上的等渗溶液？ (　　)

A. 10%的 NaCl 溶液

B. 10%的葡萄糖溶液

C. 5%的葡萄糖溶液与生理盐水以任意体积比混合所得的溶液

D. 10%的 $NaHCO_3$ 溶液

6. 渗透浓度均为 200 mmol·L^{-1}的 $CaCl_2$、NaCl 和葡萄糖溶液，其渗透压大

小顺序为 (　　)

A. $CaCl_2$＞NaCl＞葡萄糖　　B. 葡萄糖＞NaCl＞$CaCl_2$

C. 葡萄糖 = NaCl = $CaCl_2$　　D. $\frac{1}{3}CaCl_2 = \frac{1}{2}NaCl$ = 葡萄糖

7. 血红细胞在下列哪个溶液中将会引起溶血现象？ (　　)

A. 9 g·L^{-1} NaCl　　B. 50 g·L^{-1}葡萄糖

C. 100 g·L^{-1}葡萄糖　　D. 生理盐水加 50 g·L^{-1}葡萄糖

E. 等体积水稀释 9 g·L^{-1} NaCl

8. 红细胞在下列哪一种溶液中可保持正常状态？ (　　)

A. 0.38 mol·L^{-1}葡萄糖　　B. 300 mmol·L^{-1} NaCl

C. c_{os} = 300 mmol·L^{-1}的 NaCl　　D. c_{os} = 150 mmol·L^{-1}的 NaCl

9. 下列溶液的渗透压由大到小的顺序为 (　　)

(1) 0.18%葡萄糖；(2) 0.18%蔗糖；(3) 0.18%NaCl；(4) 0.18%KCl

A. (1)(2)(3)(4)　　B. (1)(3)(2)(4)

C. (4)(3)(2)(1)　　D. (3)(4)(1)(2)

10. 若用半透膜把 5%的蔗糖溶液(在左边)和 5%的葡萄糖溶液(在右边)隔开，则发生 (　　)

A. 葡萄糖分子通过半透膜向蔗糖溶液一侧渗透

B. 蔗糖分子通过半透膜向葡萄糖溶液一侧渗透

C. 水分子从左侧向右侧渗透

D. 水分子从右侧向左侧渗透

11. 符号 $c(H_3PO_4)$ = 0.1 mol·L^{-1}表示 (　　)

A. H_3PO_4 溶液的质量浓度是 0.1 mol·L^{-1}

B. H_3PO_4 溶液的摩尔质量是 0.1 mol·L^{-1}

C. H_3PO_4 溶液的物质的量浓度是 0.1 mol·L^{-1}

D. H_3PO_4 溶液的渗透浓度是 0.1 mol·L^{-1}

12. 人体血液中平均每 100 mL 中含有 19 mg K^+，则血液中 K^+ 的浓度为 (　　)

A. 0.49 mol·L^{-1}　　B. 4.9 mol·L^{-1}

C. 4.9×10^{-3} mol·L^{-1}　　D. 4.9×10^{-4} mol·L^{-1}

13. 27 ℃时，0.1 mol·L^{-1} NaCl 溶液的渗透压为 (　　)

A. 498.8 kPa　　B. 249.4 kPa

C. 22.4 kPa　　D. 44.8 kPa

14. 现有 400 mL 质量浓度为 11.2 g·L^{-1}的乳酸钠($C_3H_5O_3Na$)溶液，其渗透浓度为 (　　)

A. 40 mmol·L^{-1}　　B. 50 mmol·L^{-1}

C. 80 mmol · L^{-1}　　　　D. 200 mmol · L^{-1}

15. 同温下,下列溶液中渗透压最大的是 ( )

A. 0.1 mol · L^{-1} $CaCl_2$ 溶液

B. 0.2 mol · L^{-1}蔗糖溶液

C. 50 g · L^{-1}葡萄糖(M_r = 180)溶液

D. 0.2 mol · L^{-1}乳酸钠($C_3H_5O_3Na$)溶液

16. 能使红细胞发生皱缩现象的溶液是 ( )

A. 1 g · L^{-1}NaCl 溶液　　　　B. 12.5 g · L^{-1} $NaHCO_3$ 溶液

C. 112 g · L^{-1} $C_3H_5O_3Na$ 溶液　　　　D. 0.1 mol · L^{-1} $CaCl_2$ 溶液

17. 50 mL 0.15 mol · L^{-1} $NaHCO_3$ 溶液和 100 mL 0.3 mol · L^{-1}葡萄糖溶液混合,所得溶液与血浆相比是 ( )

A. 等渗溶液　　　　B. 高渗溶液

C. 低渗溶液　　　　D. 缓冲溶液

18. 将两溶液用半透膜隔开,不产生渗透现象的条件是两溶液的 ( )

A. 物质的量浓度相等　　　　B. 体积相等

C. 质量浓度相等　　　　D. 渗透浓度相等

19. 对红细胞内、外液间水分子转移起主要作用的是 ( )

A. 胶体渗透压　　　　B. 晶体渗透压

C. 大气压　　　　D. 血压

20. 正常人体血浆渗透压约为 770 kPa(包括晶体渗透压约 730 kPa 和胶体渗透压 40 kPa),晶体渗透压是主要的,这是因为血浆中 ( )

A. 晶体物质的质量浓度大　　　　B. 胶体物质的质量浓度小

C. 晶体物质的物质的量浓度小　　　　D. 胶体物质的物质的量浓度大

E. 晶体物质的渗透浓度大而胶体物质的渗透浓度小

21. 等渗溶液应是 ( )

A. 在同一温度下,蒸气压下降值相等的两溶液

B. 物质的量浓度相等的两溶液

C. 浓度相等的两溶液

D. 溶质的物质的量相等的两溶液

22. 与非电解质稀溶液的蒸气压降低、沸点升高、凝固点降低有关的因素是 ( )

A. 溶液的体积　　　　B. 溶质的本性

C. 溶液的温度　　　　D. 单位体积溶液中溶质的质点数

23. 在四份等量的水中,分别加入相同质量的葡萄糖、NaCl、$CaCl_2$、KCl,其凝固点降低最多的是 ( )

A. 葡萄糖溶液　　　　B. NaCl 溶液

C. KCl 溶液　　D. $CaCl_2$ 溶液

24. 今欲较精确地测定某蛋白质的相对分子质量，最合适的测定方法是（　　）

A. 凝固点降低法　　B. 沸点升高法

C. 渗透压法　　D. 蒸气压降低法

25. 下列各组两种溶液等体积混合后，所得混合液的渗透压最接近人血浆渗透压的是（　　）

A. 0.3 $mol \cdot L^{-1}$ NaOH 和 0.3 $mol \cdot L^{-1}$ KCl 溶液

B. 0.15 $mol \cdot L^{-1}$ NaAc 和 0.15 $mol \cdot L^{-1}$ HAc 溶液

C. 0.2 $mol \cdot L^{-1}$ KCl 和 0.4 $mol \cdot L^{-1}$ NaCl 溶液

D. 0.2 $mol \cdot L^{-1}$ 葡萄糖和 0.1 $mol \cdot L^{-1}$ NaCl 溶液

E. 0.3 $mol \cdot L^{-1}$ 葡萄糖和 0.3 $mol \cdot L^{-1}$ NaCl 溶液

26. 关于蒸气压，下列说法正确的是（　　）

A. 在纯物质的固态、液态和气态中，固态时的蒸气压为零

B. 固体物质加热融化后，才产生蒸气压

C. 一般情况下，固体、液体或难挥发性非电解质溶液的蒸气压随温度升高而升高

D. 溶液蒸气压一定比纯溶剂的蒸气压低

E. 溶液在沸点时，其蒸气压大于大气压

27. 在 273 K 时，将小冰块投入蔗糖水溶液中，将发生（　　）

A. 冰块逐渐融化，有蔗糖成分结晶逐渐析出

B. 冰块逐渐融化成水，蔗糖溶液稀释

C. 冰块和蔗糖水溶液均无变化

D. 蔗糖水溶液中有水结成冰，使冰块增大

E. 冰块逐渐增大，有蔗糖成分结晶逐渐析出

28. 0.4 g 某蛋白质样品溶于 1000 g 纯水中，在 300 K 时测得其渗透压力为 0.5 kPa，则此蛋白质的近似相对分子质量为（　　）

A. 2670　　B. 19954　　C. 1995　　D. 19.7　　E. 1335

29. 为防止水在 0 ℃结冰，可以加入甘油（$M_r = 92$）以降低凝固点。如需要冰点降至 271 K，则 100 g 水中需加甘油（　　）

A. 4.5 g　　B. 12.0 g　　C. 2.0 g　　D. 9.9 g

30. 现有 A、B 两种等渗溶液（混合后两者不起化学反应），下列情况仍为等渗溶液的是（　　）

A. 任意体积 A 溶液与任意体积 B 溶液混合

B. A 溶液与 B 溶液等体积混合后再用蒸馏水稀释一倍

C. A 溶液与 B 溶液等体积混合后再浓缩一倍

D. 取 x 体积 A 溶液与 y 体积 B 溶液混合后再用 $x+y$ 体积蒸馏水稀释

二、填空题

1. 渗透现象产生的必备条件是________和________；水的渗透方向为________。

2. 将红细胞放入 5 g · L^{-1} NaCl 溶液中，红细胞会发生________现象；临床上规定渗透浓度 c_{os} 为________的溶液为等渗溶液。

3. 已知人体正常温度为 37 ℃，实验测得人的血浆的渗透压为 770 kPa，血浆的渗透浓度为________。

4. 100 mL 0.1 mol · L^{-1} H_2SO_4 溶液中，H_2SO_4 的物质的量是________，质量浓度是________。

5. 已知水的 $K_f = 1.86$ K · kg · mol^{-1}，血液的凝固点为 −0.56 ℃，则体温在 37 ℃时血液的渗透压力是 ________。

6. 稀溶液的依数性包括________、________、________和________，它适用于________，温度一定时，它取决于________。

7. 晶体渗透压的主要生理功能为________。胶体渗透压的主要生理功能为________。

8. 生理盐水的质量浓度为________，其物质的量浓度为________，其渗透浓度为________。

9. 25 g · L^{-1} $NaHCO_3$ 溶液的渗透浓度为________，其渗透压比血浆的渗透压________，将红细胞置于其中，红细胞会________。

10. 施肥于土壤时，肥料中的尿素浓度过高，植物会被“烧死”，这种现象与溶液的________有关。

三、判断题

1. 1 mol H_2 和 1 mol O_2 所含分子数相同，因而它们的质量也相同。 (   )

2. 在法定计量单位制中，“浓度”就是“物质的量浓度”的简称。 (   )

3. 对于非电解质溶液，其渗透浓度等于物质的量浓度。 (   )

4. 从 100 mL 1 mol · L^{-1} H_2SO_4 溶液中取出 10 mL 溶液，则取出的 10 mL H_2SO_4 溶液的浓度是 0.1 mol · L^{-1}。 (   )

5. 若两种溶液的渗透压相等，则其物质的量浓度也相等。 (   )

6. 临床上使用的两种等渗溶液按任意比例混合后，所得溶液还是等渗溶液。 (   )

7. 当浓度不同的两种溶液用半透膜隔开时，水分子只能从浓度小的一方向浓度大的一方渗透。 (   )

8. c_{os} 为 100 mmol · L^{-1} $CaCl_2$ 的渗透浓度比为 100 mmol · L^{-1} NaCl 的渗透浓度大。 (   )

9．红细胞在高渗溶液中会发生皱缩，因此在临床上不能直接输入 500 g・L^{-1} 的葡萄糖溶液。 ( )

10．溶液的浓度愈大，其渗透压也愈高。 ( )

11．在溶液的蒸气压与温度的关系图上，曲线上的任一点均表示气、液两相共存时的相应温度及压力。 ( )

12．将相同质量的葡萄糖和甘油分别溶解在 100 g 水中，则形成的 Δp、ΔT_b、ΔT_f、Π 均相同（温度一定时）。 ( )

13．稀溶液的沸点一定比其纯溶剂的沸点高。 ( )

14．在一个密闭的容器中，有一杯纯水 A 和一杯食盐水 B，几天后可以观察到 A 液位降低，B 液位上升。 ( )

15．Raoult 定律适用于难挥发性非电解质稀薄溶液。 ( )

四、计算题

1．现有一患者需输液补充 Na^+ 3.0 g，需要静脉滴注生理盐水（9 g/L）多少毫升？

2．经检测某成年人每 100 mL 血浆中含 K^+ 20 mg，Cl^- 366 mg，试计算它们各自的物质的量浓度（单位：mmol・L^{-1}）。

3．静脉滴注 KCl 的极限浓度为 2.7 g・L^{-1}，如果患者需输入 KCl 溶液，则在 500 mL 葡萄糖内加入 1 支 KCl 针剂（100 g・L^{-1}，10 mL）后，此混合溶液中 KCl 的浓度是否超过允许极限？若加到 250 mL 葡萄糖溶液中，然后给患者输入，是否会造成事故？

4．生理盐水、12.5 g・L^{-1} $NaHCO_3$ 溶液和 18.7 g・L^{-1} $C_3H_5O_3Na$ 溶液均为临床常用的等渗溶液。为了补给电解质使之符合生理要求，常将生理盐水和 $C_3H_5O_3Na$ 溶液或 $NaHCO_3$ 溶液按一定体积比混合使用，如：

(1) $\frac{1}{3}C_3H_5O_3Na$ 溶液 + $\frac{2}{3}$生理盐水；

(2) $\frac{1}{3}NaHCO_3$ 溶液 + $\frac{2}{3}$生理盐水。

试问上述两种溶液是等渗、高渗还是低渗溶液？

5．临床上用来治疗碱中毒的针剂 NH_4Cl，其规格为 20 mL 一支，每支含 0.16 g NH_4Cl，计算该针剂的物质的量浓度及每支针剂中含 NH_4Cl 的物质的量。

6．今有一份与人体血液渗透压（778 kPa）相等的葡萄糖-盐水溶液 500 mL，其中含葡萄糖 11 g，问其中含食盐多少克？

7．某患者需补 Na^+ 50 mmol，应补 NaCl 多少克？如用生理盐水，应补多少毫升？

8．溶解 3.24 g 硫于 40.0 g 苯中，苯的凝固点降低 1.62 ℃。此溶液中硫分子

是由几个硫原子组成的？（$K_f=5.12\ K\cdot kg\cdot mol^{-1}$）

9. 在0.100 kg的水中溶有0.020 mol NaCl，0.010 mol Na_2SO_4 和0.040 mol $MgCl_2$。假如它们在溶液中完全电离，计算该溶液的沸点升高值。

10. 水在20 ℃时的饱和蒸气压力为2.34 kPa。若于100 g水中溶有10.0 g蔗糖（$M_r=342$），求此溶液的蒸气压力。

11. 甲溶液由1.68 g蔗糖（$M_r=342$）和20.00 g水组成，乙溶液由2.45 g某非电解质（$M_r=690$）和20.00 g水组成。

(1) 在相同温度下，哪份溶液的蒸气压力高？

(2) 将两份溶液放入同一个恒温密闭的钟罩里，时间足够长，两份溶液浓度会不会发生变化？为什么？

(3) 当达到系统蒸气压力平衡时，转移的水的质量是多少？

12. 将2.80 g难挥发性物质溶于100 g水中，该溶液在101.3 kPa下，沸点为100.51 ℃。求该溶质的相对分子质量及此溶液的凝固点。（$K_b=0.512\ K\cdot kg\cdot mol^{-1}$，$K_f=1.86\ K\cdot kg\cdot mol^{-1}$）

13. 烟草有害成分尼古丁的实验式是 C_5H_7N，今将538 mg尼古丁溶于10.0 g水中，所得溶液在101.3 kPa下的沸点是100.17 ℃。求尼古丁的分子式。

14. 试比较下列溶液的凝固点的高低（苯的凝固点为5.5 ℃，$K_f=5.10\ K\cdot kg\cdot mol^{-1}$，水的 $K_f=1.86\ K\cdot kg\cdot mol^{-1}$）：

(1) 0.1 $mol\cdot L^{-1}$蔗糖的水溶液；

(2) 0.1 $mol\cdot L^{-1}$乙二醇的水溶液；

(3) 0.1 $mol\cdot L^{-1}$乙二醇的苯溶液；

(4) 0.1 $mol\cdot L^{-1}$氯化钠水溶液。

15. 今有两种溶液，一种为1.50 g尿素（$M_r=60.05$）溶于200 g水中，另一种为42.8 g某非电解质溶于1000 g水中，这两种溶液在同一温度下结冰，试求该非电解质的相对分子质量。

16. 试排出在相同温度下，下列溶液渗透压由大到小的顺序：

(1) $c(C_6H_{12}O_6)=0.2\ mol\cdot L^{-1}$；

(2) $c\left(\frac{1}{2}Na_2CO_3\right)=0.2\ mol\cdot L^{-1}$；

(3) $c\left(\frac{1}{3}Na_3PO_4\right)=0.2\ mol\cdot L^{-1}$；

(4) $c(NaCl)=0.2\ mol\cdot L^{-1}$。

17. 今有一份氯化钠溶液，测得凝固点为－0.26 ℃，下列说法哪个正确？为什么？

(1) 此溶液的渗透浓度为140 $mmol\cdot L^{-1}$；

(2) 此溶液的渗透浓度为280 $mmol\cdot L^{-1}$；

(3) 此溶液的渗透浓度为 70 mmol·L^{-1};

(4) 此溶液的渗透浓度为 7153 mmol·L^{-1}。

18. 100 mL 水溶液中含有 2.00 g 白蛋白,25 ℃ 时此溶液的渗透压力为 0.717 kPa,求白蛋白的相对分子质量。

19. 测得泪水的凝固点为 -0.52 ℃,求泪水的渗透浓度及 37 ℃ 时的渗透压力。

练习题解答

一、选择题

1. D　2. C　3. C　4. E　5. C　6. C　7. E　8. C　9. D
10. C　11. C　12. C　13. A　14. D　15. D　16. C　17. A　18. D
19. B　20. E　21. A　22. D　23. B　24. C　25. B　26. C　27. B
28. C　29. D　30. A

二、填空题

1. 渗透浓度差;半透膜;低渗透浓度向高渗透浓度
2. 溶血;280~320 mmol·L^{-1}
3. 299 mmol·L^{-1}
4. 0.01 mol;9.8 g·L^{-1}
5. 776 kPa
6. 蒸气压下降;沸点升高;凝固点降低;渗透压;难挥发性溶质的稀溶液;溶质的质点浓度
7. 维持细胞内外液水、电解质平衡;维持毛细血管内外水的相对平衡
8. 9 g·L^{-1};0.154 mol·L^{-1};308 mmol·L^{-1}
9. 595 mmol·L^{-1};大;皱缩
10. 渗透压力

三、判断题

1. ×　2. √　3. √　4. ×　5. ×　6. √　7. ×　8. ×　9. ×
10. ×　11. √　12. ×　13. ×　14. √　15. √

四、计算题

1. 解　由题意知

$$V(\mathrm{NaCl}) = 3.0\ \mathrm{g} \times \frac{(23.0 + 35.5)\ \mathrm{g}}{23.0\ \mathrm{g}} \times \frac{1}{9.0\ \mathrm{g \cdot L^{-1}}} = 0.85\ \mathrm{L}$$

2. 解　由题意知

$$c(K^+) = \frac{20\ \text{mg}}{39.1\ \text{g} \cdot \text{mol}^{-1} \times 0.1\ \text{L}} = 5.1\ \text{mmol} \times \text{L}^{-1}$$

$$c(Cl^-) = \frac{366\ \text{mg}}{34.45\ \text{g} \cdot \text{mol}^{-1} \times 0.1\ \text{L}} = 103\ \text{mmol} \times \text{L}^{-1}$$

3. 解　加在 500 mL 葡萄糖中，质量浓度为

$$100 \times \frac{10}{1000} \times \frac{1000}{500} = 2\ (\text{g} \cdot \text{L}^{-1})$$

没有超过极限。

若加在 250 mL 葡萄糖中，则质量浓度为

$$100 \times \frac{10}{1000} \times \frac{1000}{250} = 4\ (\text{g} \cdot \text{L}^{-1})$$

超过极限，会造成事故。

4. 解　生理盐水渗透浓度为

$$\frac{9}{58.5} \times 2 \times 1000 = 308\ (\text{mmol} \cdot \text{L}^{-1})$$

$12.5\ \text{g} \cdot \text{L}^{-1}$ $NaHCO_3$ 渗透浓度为

$$\frac{12.5}{84} \times 2 \times 1000 = 298\ (\text{mmol} \cdot \text{L}^{-1})$$

$18.7\ \text{g} \cdot \text{L}^{-1}$ $C_3H_5O_3Na$ 渗透浓度为

$$\frac{18.7}{112} \times 2 \times 1000 = 334\ (\text{mmol} \cdot \text{L}^{-1})$$

$\frac{1}{3}C_3H_5O_3Na$ 溶液 $+\frac{2}{3}$生理盐水后渗透浓度为

$$\frac{1}{3} \times 334 + \frac{2}{3} \times 308 = 317\ (\text{mmol} \cdot \text{L}^{-1}) \quad \text{为等渗}$$

$\frac{1}{3}NaHCO_3$ 溶液 $+\frac{2}{3}$生理盐水后渗透浓度为

$$\frac{1}{3} \times 298 + \frac{2}{3} \times 308 = 305\ (\text{mmol} \cdot \text{L}^{-1}) \quad \text{为等渗}$$

5. 解　由题意知

$$c(NH_4Cl) = \frac{0.16/52.5}{20/1000} = 0.152\ (\text{mol} \cdot \text{L}^{-1})$$

$$n(NH_4Cl) = 0.16/52.5 = 3.05 \times 10^{-3}\ (\text{mol})$$

6. 解　设含食盐 X g，则

$$\Pi = cRT$$

有

$$c = \frac{\Pi}{RT}, \quad c = \left(\frac{11}{180} + \frac{X}{58.5} \times 2\right) \times \frac{1000}{500}$$

所以

$$\frac{778}{8.314 \times 310} = \left(\frac{11}{180} + \frac{X}{58.5} \times 2\right) \times \frac{1000}{500}$$

解得 $X = 2.63$ (g)。

7. 解 应补 NaCl 50 mmol,质量为

$$50 \times \frac{58.5}{1000} = 2.925 \text{ (g)}$$

如用生理盐水,应补$\frac{2.925}{9} \times 1000 = 325$ (mL)。

8. 解 由题意知

$$b_B = \frac{\Delta T_f}{K_f} = \frac{1.62 \text{ K}}{5.12 \text{ K} \cdot \text{kg} \cdot \text{mol}^{-1}} = 0.316 \text{ mol} \cdot \text{kg}^{-1}$$

$$M_r = \frac{m_B}{b_B m_A} = \frac{3.24 \text{ g}}{0.316 \text{ mol} \cdot \text{kg}^{-1} \times 0.0400 \text{ kg}} = 256 \text{ g} \cdot \text{mol}^{-1}$$

此溶液中硫分子由 8 个硫原子组成。

9. 解 由题意知

$$b(\text{NaCl}) = \frac{0.020 \text{ mol}}{0.100 \text{ kg}} = 0.20 \text{ mol} \cdot \text{kg}^{-1}$$

$$b(\text{Na}_2\text{SO}_4) = \frac{0.010 \text{ mol}}{0.100 \text{ kg}} = 0.10 \text{ mol} \cdot \text{kg}^{-1}$$

$$b(\text{MgCl}_2) = \frac{0.040 \text{ mol}}{0.100 \text{ kg}} = 0.40 \text{ mol} \cdot \text{kg}^{-1}$$

它们在溶液中完全电离,溶液中总质点数目为

$$\begin{aligned} b(\text{总}) &= 2 \times b(\text{NaCl}) + 3 \times b(\text{Na}_2\text{SO}_4) + 3 \times b(\text{MgCl}_2) \\ &= 2 \times 0.20 \text{ mol} \cdot \text{kg}^{-1} + 3 \times 0.10 \text{ mol} \cdot \text{kg}^{-1} + 3 \times 0.40 \text{ mol} \cdot \text{kg}^{-1} \\ &= 1.9 \text{ mol} \cdot \text{kg}^{-1} \end{aligned}$$

$$\Delta T_b = 0.512 \text{ K} \cdot \text{kg} \cdot \text{mol}^{-1} \times 1.9 \text{ mol} \cdot \text{kg}^{-1} = 0.97 \text{ K}$$

10. 解 根据 $x_A = \frac{n_A}{n_A + n_B}$,有

$$n(\text{H}_2\text{O}) = \frac{100 \text{ g}}{18.0 \text{ g} \cdot \text{mol}^{-1}} = 5.56 \text{ mol}$$

$$n(\text{蔗糖}) = \frac{10.0 \text{ g}}{342 \text{ g} \cdot \text{mol}^{-1}} = 0.0292 \text{ mol}$$

$$x(\text{H}_2\text{O}) = \frac{n(\text{H}_2\text{O})}{n(\text{H}_2\text{O}) + n(\text{蔗糖})} = \frac{5.56 \text{ mol}}{5.56 \text{ mol} + 0.0292 \text{ mol}} = 0.995$$

$$p = p^0 x(H_2O) = 2.34\ kPa \times 0.995 = 2.33\ kPa$$

11. 解　(1) 由题意知

$$n(甲) = \frac{1.68\ g}{342\ g \cdot mol^{-1}} = 0.004912\ mol$$

$$n(乙) = \frac{2.45\ g}{690\ g \cdot mol^{-1}} = 0.003551\ mol$$

$$b(甲) = \frac{0.004912\ mol}{0.0200\ kg} = 0.2456\ mol \cdot kg^{-1}$$

$$b(乙) = \frac{0.003551\ mol}{0.0200\ kg} = 0.1775\ mol \cdot kg^{-1}$$

溶液乙的蒸气压力下降小,故蒸气压力高。

(2) 乙溶液浓度变浓,甲溶液浓度变稀。因为浓度不同的溶液置于同一密闭容器中,由于 b_B 不同,P 不同,蒸发与凝聚速度不同。乙溶液蒸气压力高,溶剂蒸发速度大于甲溶液蒸发速度,所以乙溶液中的溶剂可以转移到甲溶液中。

(3) 设由乙溶液转移到甲溶液的水为 x g,当两者蒸气压力相等时,则

$$b(甲) = b(乙)$$

$$\frac{0.004912\ mol}{(20.00 + x)\ g} = \frac{0.003551\ mol}{(20.00 - x)\ g}$$

解得 $x = 3.22$ g。

12. 解　由题意知

$$\Delta T_b = T_b - T_b^0 = (100.51 + 273.15)\ K - (100.00 + 273.15)\ K = 0.51\ K$$

$$b_B = \frac{\Delta T_b}{K_b} = \frac{0.51\ K}{0.512\ K \cdot kg \cdot mol^{-1}} = 0.996\ mol \cdot kg^{-1}$$

$$M_r = \frac{m_B}{b_B m_A} = \frac{2.80\ g}{0.996\ mol \cdot kg^{-1} \times 0.100\ kg} = 28.1\ g \cdot mol^{-1}$$

$$\Delta T_f = K_f b_B = 1.86\ K \cdot kg \cdot mol^{-1} \times 0.996\ mol \cdot kg^{-1} = 1.85\ K$$

该溶液的凝固点 T_f 为 -1.85 ℃。

13. 解　由题意知

$$\Delta T_b = T_b - T_b^0 = 0.17\ K$$

$$b_B = \frac{\Delta T_b}{K_b} = \frac{0.17\ K}{0.512\ K \cdot kg \cdot mol^{-1}} = 0.332\ mol \cdot kg^{-1}$$

$$M_r = \frac{m_B}{b_B m_A} = \frac{0.538\ g}{0.332\ mol \cdot kg^{-1} \times 0.0100\ kg} = 162\ g \cdot mol^{-1}$$

尼古丁的分子式为 $C_{10}H_{14}N_2$。

14. 解　对于非电解质溶液 $\Delta T_f = K_f b_B$,电解质溶液 $\Delta T_f = iK_f b_B$,故相同浓度溶液的凝固点的高低顺序是:(3)＞(1) = (2)＞(4)。

15. 解　若两溶液在同一温度下结冰,则 b(尿素) = b(某非电解质),

$$\Delta T_f = K_f b_B = K_f \frac{m_B/M_r}{m_A}$$

有

$$\frac{1.50\ g/60.05\ g\cdot mol^{-1}}{200\ g} = \frac{42.8\ g/M_r}{1000\ g}$$

得 $M_r = 343\ g\cdot mol^{-1}$。

16. 解 根据非电解质溶液 $\Pi = cRT$，电解质溶液 $\Pi = icRT$，渗透压的大小顺序是

$$(4) > (2) > (3) > (1)$$

17. 解 由于 NaCl 在水溶液中可以电离出 2 倍质点数目，该溶液的渗透浓度可认为

$$\{c_{os}\}_{mol\cdot L^{-1}} \approx \{2b_B\}_{mol\cdot kg^{-1}}：2b_B = \frac{0.26\ K}{1.86\ K\cdot kg\cdot mol^{-1}} = 0.140\ mol\cdot kg^{-1}$$

所以(1)正确，氯化钠溶液的渗透浓度应为 140 mmol · L^{-1}。

18. 解 由题意知

$$c(\text{白蛋白}) = \frac{\Pi}{RT} = \frac{0.717\ kPa}{8.314\ kPa\cdot L\cdot mol^{-1}\cdot K^{-1}\times(273+25)\ K} = 2.89\times10^{-4}\ mol\cdot L^{-1}$$

$$M(\text{白蛋白}) = \frac{2.00\ g}{2.89\times10^{-4}\ mol\cdot L^{-1}\times0.100\ L} = 6.92\times10^{4}\ g\cdot mol^{-1}$$

19. 解 由题意知

$$b_B = \frac{0.52\ K}{1.86\ K\cdot kg\cdot mol^{-1}} = 0.280\ mol\cdot kg^{-1}$$

泪水的渗透浓度为 280 mmol · L^{-1}。

渗透压力

$$\Pi = 0.28\ mol\cdot L^{-1}\times8.314\ kPa\cdot L\cdot mol^{-1}\cdot K^{-1}\times(273+37)\ K = 722\ kPa$$

第二章　电解质溶液

内 容 提 要

一、强电解质溶液理论要点

(1) 强电解质在水溶液中完全解离,但表观解离度却不是100%。

(2) 由于电解质离子相互作用,在溶液中形成离子氛和离子对,使离子不能完全自由地发挥应有效能。

二、离子的活度和活度因子、离子强度

(1) $I \overset{\text{def}}{=} \frac{1}{2}\sum_i b_i z_i^2$。

(2) $a_B = \gamma_B \cdot b_B / b^\theta$。

(3) $\lg \gamma_i = -0.509 z_i^2 \sqrt{I}$;$\lg \gamma_\pm = -0.509 \mid z_+ \cdot z_- \mid \sqrt{I}$。

三、酸碱质子理论的酸碱定义、反应本质、共轭酸碱对、酸碱的强度

(1) 定义:凡能给出质子的物质是酸,凡能接受质子的物质是碱。

(2) 反应实质:质子传递。

四、水的离子积及水溶液pH的表达

(1) $K_w = [H_3O^+][OH^-]$。

(2) $pH = -\lg[H_3O^+]$。

五、酸碱解离平衡常数及其应用,共轭酸碱对($HA - A^-$)K_a 和 K_b 的关系

$$K_a(HA) \cdot K_b(A^-) = K_w$$

六、酸碱溶液的同离子效应和盐效应

在弱电解质溶液中，同离子效应会使弱电解质的解离度降低，盐效应则使弱电解质溶液解离度略有增大。

七、弱酸、弱碱及两性物质 pH 的计算

(1) 一元弱酸溶液的 $K_a \cdot c_a \geqslant 20K_w$，且 $\dfrac{c_a}{K_a} \geqslant 500$ 时，

$$[H_3O^+] = \sqrt{K_a \cdot c_a}$$

(2) 一元弱碱溶液的 $K_b \cdot c_b \geqslant 20K_w$，且 $\dfrac{c_b}{K_b} \geqslant 500$ 时，

$$[OH^-] = \sqrt{K_b \cdot c_b}。$$

(3) 当多元弱酸的 $\dfrac{K_{a1}}{K_{a2}} > 10^2$，$K_{a1} \cdot c_a \geqslant 20K_w$，且 $\dfrac{c_a}{K_{a1}} \geqslant 500$ 时，可按一元弱酸的处理方式，即用 $[H_3O^+] = \sqrt{K_{a1} \cdot c_a}$ 计算。第二步质子传递平衡所得共轭碱的浓度近似等于 K_{a2}。

多元弱碱在溶液中的分步解离与多元弱酸相似，根据类似的条件，可按一元弱碱溶液计算其 $[OH^-]$。

(4) 两性物质近似公式

$$[H_3O^+] = \sqrt{K_a \cdot K'_a}$$

$$[H_3O^+] = \sqrt{K_a \cdot \frac{K_w}{K_b}}$$

$K_a > K_b$ 时，溶液的 pH<7，呈酸性；

$K_a < K_b$ 时，溶液的 pH>7，呈碱性；

$K_a \approx K_b$ 时，溶液的 pH≈7，呈中性。

练　习　题

一、选择题

1. pH=1 和 pH=3 的两种强电解质溶液等体积混合所成的溶液 pH 等于　(　　)

A. 1.0　　B. 1.5　　C. 2.0　　D. 1.7　　E. 1.3

2. 下列说法错误的是　(　　)

A. 离子强度愈大，离子间的作用力愈大

B. 离子强度愈大，活度因子愈大

C. 溶液越稀，活度因子越接近于1

D. 非电解质的稀溶液的活度近似等于浓度

3. 某一弱电解质的离解度为 α，经稀释一倍后将使 ( )

A. 弱酸离解度增加为 2α　　B. 溶液中$[H^+]$降低了一半

C. 弱酸离解度变为 $\alpha/2$　　D. α 不变

E. 以上说法都不对

4. 实验测得 1.0 mol · L^{-1}KCl 在 18 ℃时，其离解度为 75.6%而不是 100%，其原因是 ( )

A. KCl 在水溶液中不能全部离解

B. KCl 是强电解质，应该全部离解，但实验有误差，故离解度不到 100%

C. KCl 在水中全部离解，但由于离子互吸作用，故实验测得的离解度不到 100%

D. 实验浓度太大，若浓度为 0.1 mol · L^{-1}，则离解度就为 100%

5. 如果 0.1 mol · L^{-1}HCN 溶液中，0.01%的 HCN 是离解的，那么 HCN 的离解常数是 ( )

A. 10^{-2}　　B. 10^{-3}　　C. 10^{-9}　　D. 10^{-6}　　E. 10^{-7}

6. 欲使 0.1 mol · L^{-1} HAc 离解度减小，pH 增大，可加入 ( )

A. 0.1 mol · L^{-1}HCl　　B. NaAc 固体

C. H_2O　　D. C_6H_6

7. 0.02 mol · L^{-1} $K_3[Fe(CN)_6]$溶液与水等体积混合，混合液的离子强度为 ( )

A. 0.02　　B. 0.03　　C. 0.04　　D. 0.05　　E. 0.06

8. 将 0.1 mol · L^{-1} HCl 和 HAc 溶液分别稀释一倍时，它们的$[H^+]$ ( )

A. 均减半　　B. 仅 HAc 减半

C. 仅 HCl 减半　　D. 均不减半

9. 将 0.2 mol NaOH 和 0.2 mol NH_4NO_3 溶于水，制成 1 L 溶液，其 pH 为 ( )

A. 10.13　　B. 11.27　　C. 9.13　　D. 12.27

10. 将 $HClO_4$、H_2SO_4、HCl、HAc 溶于液氨中，其最强酸是 ( )

A. $HClO_4$　　B. H_2SO_4　　C. HCl　　D. NH_4^+

11. 0.1 mol · L^{-1}下列溶液中 pH 小于 7 的是 ( )

A. NaH_2PO_4　　B. Na_2HPO_4

C. Na_3PO_4　　D. $NaHCO_3$

12. HAc 在液氨和液态 HF 中分别是 ( )

A. 强酸和强碱　　B. 弱酸和弱碱

C. 强酸和弱碱　　D. 弱酸和强碱

13. 已知苯酚的 $K_a = 1.05 \times 10^{-10}$，则 1.0×10^{-3} mol·L^{-1}苯酚钠溶液的 pH 为　(　　)

A. 7.5　B. 9.6　C. 6.5　D. 10.5

14. 已知 HF 的 $K_a = 3.54 \times 10^{-4}$，$NH_3 \cdot H_2O$ 的 $K_b = 1.76 \times 10^{-5}$，由此可知 F^- 与 $NH_3 \cdot H_2O$ 相比，其碱性　(　　)

A. 比 $NH_3 \cdot H_2O$ 的强　B. 比 $NH_3 \cdot H_2O$ 的弱

C. 与 $NH_3 \cdot H_2O$ 相等　D. 无法比较

15. 用 0.1 mol·L^{-1}NaOH 溶液分别与 HCl 和 HAc 溶液各 20 mL 反应时，均消耗掉 20 mL NaOH，这表示　(　　)

A. HCl 和 HAc 原溶液中，H^+ 浓度相等

B. HCl 和 HAc 原溶液的物质的量浓度相等

C. HCl 和 HAc 的酸度相等

D. HCl 和 HAc 溶液的 pH 相等

16. 对关系式$[H^+]^2[S^{2-}]/[H_2S] = K_{a1} \cdot K_{a2}$的叙述不正确的是　(　　)

A. 表示 H_2S 在溶液中按 $H_2S \rightleftharpoons 2H^+ + S^{2-}$ 离解

B. 关系式表明了$[H^+]$、$[S^{2-}]$和$[H_2S]$三者的关系

C. 由于室温时 H_2S 的饱和溶液浓度为 0.1 mol·L^{-1}，故由此式可知$[S^{2-}]$受溶液中的$[H^+]$控制

D. 此式并不表示 H_2S 的饱和溶液中$[H^+]$是$[S^{2-}]$的 2 倍

17. 0.1 mol·L^{-1} HA($K_a = 1 \times 10^{-5}$)的离解度为　(　　)

A. 0.1%　B. 1%　C. 10%　D. 0.001%

18. NH_3 的 $K_b = 10^{-4.74}$，0.1 mol·L^{-1} NH_4Cl 溶液的 pH 为　(　　)

A. 2.13　B. 4.13　C. 3.13　D. 5.13　E. 11.13

19. 0.1 mol·L^{-1} HB 溶液的 pH 为 3，则 0.1 mol·L^{-1} NaB 溶液的 pH 为　(　　)

A. 11　B. 10　C. 9　D. 8　E. 5

20. 下列各组分子或离子中，不属于共轭酸碱关系的是　(　　)

A. HCl 和 Cl^-　B. H_2CO_3 和 CO_3^{2-}

C. NH_4^+ 和 NH_3　D. H_2O 和 OH^-

21. 在 $CO_3^{2-} + H_2O \rightleftharpoons HCO_3^- + OH^-$ 反应中，CO_3^{2-} 是　(　　)

A. 酸　B. 碱　C. 两性物质　D. 氧化剂　E. 还原剂

22. 向 HAc 溶液中加入少量 NaAc 固体，则溶液中　(　　)

A. HAc 的离解度减小，pH 减小　B. HAc 的离解度减小，pH 增大

C. HAc 的离解度增大，pH 增大　D. HAc 的离解度增大，pH 减小

23. 将 0.1 mol·L^{-1} HCN 溶液的浓度降低到原来的 1/4，其离解度　(　　)

A. 减小为原来的 1/4　B. 增大为原来的 4 倍

C. 减小为原来的1/2　　D. 增大为原来的2倍

24. 根据酸碱质子理论，在化学反应 $NH_3 + H_2O \rightleftharpoons NH_4^+ + OH^-$ 中，属于酸的是　　(　　)

A. NH_3 和 H_2O　　B. NH_4^+ 和 H_2O

C. NH_3 和 NH_4^+　　D. NH_4^+ 和 OH^-

E. NH_3 和 OH^-

25. 酸碱反应 $HNO_2(aq) + OH^-(aq) = H_2O(aq) + NO_2^-(aq)$ 的平衡常数为　　(　　)

A. $K_{a,HNO_2} \cdot K_w$　　B. $K_w / K_{a,HNO_2}$

C. $K_{a,HNO_2} / K_w$　　D. $K_w \cdot K_{b,CN^-}$

26. 在水中，同离子效应和盐效应分别使弱电解质的解离度　　(　　)

A. 显著减小，略有减小　　B. 显著减小，略有增大

C. 略有增大，显著减小　　D. 显著增大，略有增大

27. 根据酸碱质子理论，下列叙述中错误的是　　(　　)

A. 水溶液中的离解反应，水解反应和中和反应均为质子转移反应

B. 弱酸反应后变成强酸

C. 酸碱表现的强度与溶剂有关

D. 酸愈强则其共轭碱愈弱

28. $0.10\ mol \cdot L^{-1}$ H_2CO_3 溶液中 $[HCO_3^-]$ 和 $[CO_3^{2-}]$ 分别为（$K_{a1} = 4.5 \times 10^{-7}$，$K_{a2} = 4.7 \times 10^{-11}$）　　(　　)

A. 2.12×10^{-4}，4.7×10^{-11}　　B. 2.12×10^{-4}，2.35×10^{-11}

C. 3.67×10^{-4}，4.7×10^{-11}　　D. 3.67×10^{-4}，2.35×10^{-11}

29. 已知 $K_a(HF) > K_a(HAc) > K_a(HCN)$，酸性最强的是　　(　　)

A. HF　　B. HAc　　C. HCN　　D. 无法判断

二、判断题

1. 某一元弱酸，浓度稀释一倍，则 $[H^+]$ 浓度为原来的1/2。　　(　　)

2. HCl 溶液加入固体 NaCl 后，$[H^+]$ 的活度减小。　　(　　)

3. NaCN 溶液显碱性，是因为 CN^- 碱性比水强。　　(　　)

4. 向 HAc 溶液中加入 HCl 溶液，由于盐效应，α 增大。　　(　　)

5. 根据质子理论，两性物质的 pH 都等于 7。　　(　　)

6. NaAc 溶液与 HCl 溶液起反应，当反应达到平衡时，其平衡常数等于 HAc 离解常数的倒数。　　(　　)

7. 根据质子理论，两性物质的 pH 与其浓度无关。　　(　　)

8. 将 $0.1\ mol \cdot L^{-1}$ 的 NH_4CN 溶液加水稀释一倍，其溶液的 pH 基本不变。　　(　　)

9. 在水溶液中,最强的酸为 H_3O^+,因此 HCl、H_2SO_4 等强酸在水溶液中实际上不存在。 ( )

10. 多元酸碱的解离反应是一步完成的。 ( )

三、填空题

1. 质子转移平衡式:$NH_3 + H_2O \rightleftharpoons NH_4^+ + OH^-$,根据酸碱质子理论,该式中酸是________,碱是________。

2. 溶液中离子浓度越大,离子的活度系数越________;当离子浓度趋于零时,活度系数趋于________。

3. 弱电解质的离解常数与________有关,而与________无关。

4. 在氨水中加入少量 NH_4Cl,氨水的 pH 将会________,这种现象称为________。

5. 在 HAc 溶液中加入 NaCl,此时 HAc 的离解度将会________,这种现象称为________。

6. 在下列各系统中,各加入 1.00 g NH_4Cl 固体并使其溶解,对所指定的性质影响(定性地)如何? 简单指出原因。

(1) 10.0 mL 0.1 $mol \cdot L^{-1}$ HCl 溶液(pH)________。

(2) 10.0 mL 0.1 $mol \cdot L^{-1}$ NH_3 溶液(NH_3 的解离度和混合溶液的 pH)________。

(3) 10.0 mL 纯水(pH)________。

7. HAc 溶液的浓度为 c,离解度为 α,则此溶液 $[Ac^-]=$________,$K_a=$________。如加入固体 NaAc,则 pH 将________,离解常数为________。

8. 指出下列各酸的共轭碱:H_2O、H_3O^+、H_2CO_3、HCO_3^-、NH_4^+、$NH_3^+CH_2COO^-$、H_2S、HS^-。

酸	H_2O	H_3O^+	H_2CO_3	HCO_3^-	NH_4^+	$NH_3^+CH_2COO^-$	H_2S	HS^-
共轭碱								

9. 指出下列各碱的共轭酸:H_2O、NH_3、HPO_4^{2-}、NH_2^-、$[Al(H_2O)_5OH]^{2+}$、CO_3^{2-}、$NH_3^+CH_2COO^-$。

碱	H_2O	NH_3	HPO_4^{2-}	NH_2^-	$[Al(H_2O)_5OH]^{2+}$	CO_3^{2-}	$NH_3^+CH_2COO^-$
共轭酸							

四、计算题

1. 说明:(1) H_3PO_4 溶液中存在着哪几种离子? 请按各种离子浓度的大小排

出顺序。其中 H_3O^+ 浓度是否为 PO_4^{3-} 浓度的3倍?

(2) $NaHCO_3$ 和 NaH_2PO_4 均为两性物质,但前者的水溶液呈弱碱性而后者的水溶液呈弱酸性,为什么?

2. 通过查表,计算下列酸碱质子传递平衡常数,并判断反应偏向何方。

(1) $HNO_2(aq) + CN^-(aq) \longrightarrow HCN(aq) + NO_2^-(aq)$

(2) $HSO_4^-(aq) + NO_2^-(aq) \longrightarrow HNO_2(aq) + SO_4^{2-}(aq)$

(3) $NH_4^+(aq) + Ac^-(aq) \longrightarrow NH_3(aq) + HAc(aq)$

(4) $SO_4^{2-}(aq) + H_2O(l) \longrightarrow HSO_4^-(aq) + OH^-(aq)$

3. 正常成人胃液的pH为1.4,婴儿胃液pH为5.0。问成人胃液中的 H_3O^+ 浓度是婴儿胃液的多少倍?

4. 计算0.10 $mol \cdot L^{-1}$ H_2S 溶液中 $[H_3O^+]$、$[HS^-]$ 及 $[S^{2-}]$。已知 $K_{a1} = 8.9 \times 10^{-8}$, $K_{a2} = 1.2 \times 10^{-13}$。

5. 解痛药吗啡($C_{17}H_{19}NO_3$)是一种弱碱,主要从未成熟的罂粟籽中提取得到,其 $K_b = 7.9 \times 10^{-7}$。试计算0.015 $mol \cdot L^{-1}$ 吗啡水溶液的pH。

6. 叠氮钠(NaN_3)加入水中可起杀菌作用。计算0.010 $mol \cdot L^{-1}$ NaN_3 溶液的各种物种的浓度。已知叠氮酸(HN_3)的 $K_a = 1.9 \times 10^{-5}$。

7. 水杨酸(邻羟基苯甲酸,$C_7H_6O_3$)是二元酸,$K_{a1} = 1.06 \times 10^{-3}$, $K_{a2} = 3.6 \times 10^{-14}$,它是一种消毒防腐剂,有时可用作止痛药而代替阿司匹林,但它有较强的酸性,能引起胃出血。计算0.065 $mol \cdot L^{-1}$ $C_7H_6O_3$ 溶液的pH及平衡时各物质的浓度。

8. 计算下列溶液的pH:

(1) 100 mL、0.10 $mol \cdot L^{-1}$ H_3PO_4 与100 mL、0.20 $mol \cdot L^{-1}$ NaOH相混合;

(2) 100 mL、0.10 $mol \cdot L^{-1}$ Na_3PO_4 与100 mL、0.20 $mol \cdot L^{-1}$ HCl相混合。

9. 液氨也像水那样可以发生质子自递反应:

$$NH_3(l) + NH_3(l) \rightleftharpoons NH_4^+(aq) + NH_2^-(aq)$$

请写出乙酸在液氨中的质子传递反应,并说明乙酸在液氨中的酸性与在水中的酸性相比,是更强还是更弱。

10. 在剧烈运动时,肌肉组织中会积累一些乳酸($CH_3CHOHCOOH$),使人产生疼痛或疲劳的感觉。已知乳酸的 $K_a = 1.4 \times 10^{-4}$,测得某酸牛奶样品的pH为2.45。计算该酸奶中乳酸的浓度。

11. 现有0.20 $mol \cdot L^{-1}$ HCl溶液,问:

(1) 如使pH=4.0,应该加入HAc还是NaAc?

(2) 如果加入等体积的2.0 $mol \cdot L^{-1}$ NaAc溶液,则混合溶液的pH是多少?

(3) 如果加入等体积的2.0 $mol \cdot L^{-1}$ NaOH溶液,则混合溶液的pH又是多少?

12. 喹啉($C_{20}H_{24}N_2O_2$,摩尔质量 = 324.4 g · mol^{-1})是主要来源于金鸡纳树皮的重要生物碱,它是一种抗疟药。已知 1 g 喹啉能溶于 1.90 L 水中,计算该饱和溶液的 pH。已知 $pK_{b1} = 5.1$, $pK_{b2} = 9.7$。

13. 计算下列溶液的 pH:

(1) 0.10 mol · L^{-1} HCl 溶液与 0.10 mol · L^{-1} $NH_3 \cdot H_2O$ 等体积混合;

(2) 0.10 mol · L^{-1} HAc 溶液与 0.10 mol · L^{-1} $NH_3 \cdot H_2O$ 等体积混合;

(3) 0.10 mol · L^{-1} HCl 溶液与 0.10 mol · L^{-1} Na_2CO_3 溶液等体积混合。

14. 计算下列溶液的 pH:

(1) 0.20 mol · L^{-1} H_3PO_4 溶液与 0.20 mol · L^{-1} Na_3PO_4 等体积混合;

(2) 0.20 mol · L^{-1} Na_2CO_3 溶液与 0.10 mol · L^{-1} HCl 溶液等体积混合。

15. 在 1.0 L 0.10 mol · L^{-1} H_3PO_4 溶液中,加入 6.0 g NaOH 固体,完全溶解后,设溶液体积不变,求:

(1) 溶液的 pH;

(2) 37 ℃时溶液的渗透压;

(3) 在溶液中加入 18 g 葡萄糖,其溶液的渗透浓度为多少?是否与血液等渗(300 mmol · L^{-1})? {M(NaOH) = 40.0, $M(C_6H_{12}O_6)$ = 180.2}

16. 计算下列各酸溶液的 pH:

(1) 0. 200 mol · L^{-1} H_3PO_4;

(2) 0.100 mol · L^{-1} H_2SO_4;

(3) 5×10^{-8} mol · L^{-1} HCl。

17. 计算下列各溶液的 pH:

(1) 0.050 mol · L^{-1} NaAc;

(2) 0.050 mol · L^{-1} NH_4NO_3;

(3) 0.100 mol · L^{-1} $NaHCO_3$。

18. 浓度为 0.37 mol · L^{-1}的弱酸 HB 溶液,pH 为 4.55,求其离解常数。

19. 在 H_2S 和 HCl 的混合溶液中,$[H^+]$ = 0.30 mol · L^{-1},$[H_2S]$ = 0.10 mol · L^{-1},求溶液中 S^{2-} 的浓度。

20. 二氯乙酸是一个一元弱酸($CHCl_2COOH$),其 0.200 mol · L^{-1}溶液中有 33%离解,求其离解常数。

21. 已知 H_3PO_4 的 $K_{a1} = 6.9 \times 10^{-3}$,$K_{a2} = 6.1 \times 10^{-8}$,$K_{a3} = 4.8 \times 10^{-13}$,试计算 0.10 mol · L^{-1} H_3PO_4 溶液中的$[H^+]$、$[HPO_4^{2-}]$浓度和溶液的 pH。

22. 乳酸 $HC_3H_5O_3$ 是糖酵解的最终产物,在体内积蓄会引起机体疲劳和酸中毒,已知乳酸的 $K_a = 1.4 \times 10^{-4}$,试计算浓度为 1.0×10^{-3} mol · L^{-1}乳酸溶液的 pH。

23. 有一浓度为 0.100 mol · L^{-1}的 BHX 溶液,测得 pH = 8.00。已知 B 是弱碱,$K_b = 1.0 \times 10^{-3}$;X^- 是弱酸 HX 的阴离子。求 HX 的 K_a。

24. 药物磺胺异噁唑是一种中性分子型的一元弱酸，其共轭碱为一价负离子。已知其 $K_a = 2.0 \times 10^{-5}$，$pK_a = 4.7$，求：

(1) $0.1\ mol \cdot L^{-1}$的此药物溶液的 pH。

(2) 在 pH = 1.7 的胃液中，该药物分子型酸的浓度占总浓度的百分数是多少。

25. $AlCl_3$ 在水溶液中形成$[Al(H_2O)_6]^{3+}$，求浓度为 $0.01\ mol \cdot L^{-1}$ $AlCl_3$ 溶液的 pH(已知$[Al(H_2O)_6]^{3+}$ 的 $pK_a = 4.9$)。

26. 阿司匹林是一种解热镇痛药，其有效成分是乙酰水杨酸($C_9H_8O_4$)，它含有一个羟基。将 0.65 g 乙酰水杨酸溶解于 0.24 L 水中，计算溶液的 pH。(已知 $K_a = 3.3 \times 10^{-4}$)

练习题解答

一、选择题

1. E 2. B 3. E 4. C 5. C 6. B 7. E 8. C 9. C
10. B 11. A 12. C 13. D 14. B 15. B 16. A 17. B 18. D
19. C 20. B 21. B 22. B 23. D 24. B 25. C 26. B 27. B
28. A 29. A

二、判断题

1. × 2. √ 3. √ 4. × 5. × 6. √ 7. × 8. √ 9. √
10. ×

三、填空题

1. H_2O 和 NH_4^+；NH_3 和 OH^-
2. 小；1
3. 温度；浓度
4. 减小；同离子效应
5. 增大；盐效应
6. (1) 几乎没有影响，因 HCl 为强酸，溶液中$[H^+]$很大
(2) NH_3 的离解度减小，溶液的 pH 减小。因同离子效应
(3) pH 减小，因 NH_4^+ 是离子酸，使水溶液显酸性
7. $c\alpha$；$c\alpha^2/(1-\alpha)$；增大；不变

8.

酸	H_2O	H_3O^+	H_2CO_3	HCO_3^-	NH_4^+	$NH_3^+CH_2COO^-$	H_2S	HS^-
共轭碱	OH^-	H_2O	HCO_3^-	CO_3^{2-}	NH_3	$NH_2CH_2COO^-$	HS^-	S^{2-}

9.

碱	H_2O	NH_3	HPO_4^{2-}	NH_2^-	$[Al(H_2O)_5OH]^{2+}$	CO_3^{2-}	$NH_3^+CH_2COO^-$
共轭酸	H_3O^+	NH_4^+	$H_2PO_4^-$	NH_3	$[Al(H_2O)_6]^{3+}$	HCO_3^-	$NH_3^+CH_2COOH$

四、计算题

1. 解　(1) 在 H_3PO_4 溶液中存在下列质子转移平衡：

$$H_3PO_4(aq) + H_2O(l) \rightleftharpoons H_2PO_4^-(aq) + H_3O^+(aq)$$
$$H_2PO_4^-(aq) + H_2O(l) \rightleftharpoons HPO_4^{2-}(aq) + H_3O^+(aq)$$
$$HPO_4^{2-}(aq) + H_2O(l) \rightleftharpoons PO_4^{3-}(aq) + H_3O^+(aq)$$
$$H_2O(l) + H_2O(l) \rightleftharpoons H_3O^+(aq) + OH^-(aq)$$

由于 $K_{a1} \gg K_{a2} \gg K_{a3}$，各离子浓度由大到小为：$[H_3O^+] \approx [H_2PO_4^-] > [HPO_4^{2-}] > [OH^-] > [PO_4^{3-}]$。其中 H_3O^+ 浓度并不是 PO_4^{3-} 浓度的3倍。

(2) $NaHCO_3$ 在水溶液中存在下列质子转移平衡：

$$HCO_4^-(aq) + H_2O(l) \rightleftharpoons CO_3^{2-}(aq) + H_3O^+(aq)$$
$$K_a(HCO_3^-) = K_{a2}(H_2CO_3) = 4.7 \times 10^{-11}$$
$$HCO_4^-(aq) + H_2O(l) \rightleftharpoons H_2CO_3(aq) + OH^-(aq)$$
$$K_b(HCO_3^-) = K_w / K_{a1}(H_2CO_3) = 2.2 \times 10^{-8}$$

由于 $K_b(HCO_3^-) > K_a(HCO_3^-)$，$HCO_3^-$ 结合质子的能力大于其给出质子的能力，因此 $NaHCO_3$ 水溶液呈弱碱性。

NaH_2PO_4 在水溶液中存在下列质子转移平衡：

$$H_2PO_4^-(aq) + H_2O(l) \rightleftharpoons HPO_4^{2-}(aq) + H_3O^+(aq)$$
$$K_a(H_2PO_4^-) = K_{a2}(H_3PO_4) = 6.1 \times 10^{-8}$$
$$H_2PO_4^-(aq) + H_2O(l) \rightleftharpoons H_3PO_4(aq) + OH^-(aq)$$
$$K_b(H_2PO_4^-) = K_w / K_{a1}(H_3PO_4) = 1.4 \times 10^{-12}$$

由于 $K_a(H_2PO_4^-) > K_b(H_2PO_4^-)$，$H_2PO_4^-$ 给出质子的能力大于其接受质子的能力，因此 NaH_2PO_4 水溶液呈弱酸性。

2. 解　(1) $K = \dfrac{[NO_2^-][HCN]}{[HNO_2][CN^-]} = \dfrac{K_a(HNO_2)}{K_a(HCN)} = \dfrac{5.6 \times 10^{-4}}{6.2 \times 10^{-10}} = 9.0 \times 10^5$，反应正向进行；

(2) $K=\dfrac{[SO_4^{2-}][HNO_2]}{[HSO_4^-][NO_2^-]}=\dfrac{K_{a2}(H_2SO_4)}{K_a(HNO_2)}=\dfrac{1.0\times10^{-2}}{5.6\times10^{-4}}=18$,反应正向进行;

(3) $K=\dfrac{[NH_3][HAc]}{[NH_4^+][Ac^-]}=\dfrac{K_a(NH_4^+)}{K_a(HAc)}=\dfrac{\dfrac{K_w}{K_b(NH_3)}}{K_a(HAc)}=\dfrac{1.0\times10^{-14}}{1.8\times10^{-5}\times1.75\times10^{-5}}$ $=3.2\times10^{-5}$,反应逆向进行;

(4) $K=\dfrac{[HSO_4^-][OH^-][H_3O^+]}{[SO_4^{2-}][H_3O^+]}=\dfrac{K_w}{K_{a2}(H_2SO_4)}=\dfrac{1.0\times10^{-14}}{1.0\times10^{-2}}=1.0\times10^{-12}$,反应逆向进行。

3. 解　成人胃液的 pH 为 1.4,则$[H_3O^+]_{成人}=0.040\ mol\cdot L^{-1}$;

婴儿胃液 pH 为 5.0,则$[H_3O^+]_{婴儿}=1.0\times10^{-5}\ mol\cdot L^{-1}$;

所以,$\dfrac{[H_3O^+]_{成人}}{[H_3O^+]_{婴儿}}=\dfrac{0.040\ mol\cdot L^{-1}}{1.0\times10^{-5}\ mol\cdot L^{-1}}=4000$。

4. 解

	$H_2S(aq)+H_2O(l)\rightleftharpoons$	$HS^-(aq)+$	$H_3O^+(aq)$
初始浓度($mol\cdot L^{-1}$)	0.10	0	0
平衡浓度($mol\cdot L^{-1}$)	$0.10-x\approx0.10$	x	x

则 $K_{a1}=\dfrac{[H_3O^+][HS^-]}{[H_2S]}=8.9\times10^{-8}$,$\dfrac{x^2}{0.10}=8.9\times10^{-8}$;得

$$x=\sqrt{8.9\times10^{-8}\times0.10}\ mol\cdot L^{-1}=9.4\times10^{-5}\ mol\cdot L^{-1}$$

$$[HS^-]\approx[H_3O^+]=9.4\times10^{-5}\ mol\cdot L^{-1}$$

又有

$$HS^-(aq)+H_2O(l)\rightleftharpoons S^{2-}(aq)+H_3O^+(aq)$$

$$K_{a2}=\frac{[H_3O^+][S^{2-}]}{[HS^-]}=1.2\times10^{-13}$$

由于$[HS^-]\approx[H_3O^+]$,因此$[S^{2-}]\approx K_{a2}$,即$[S^{2-}]=1.2\times10^{-13}\ mol\cdot L^{-1}$。

5. 解　因为$\dfrac{c}{K_b}=\dfrac{0.015}{7.9}\times10^{-7}>500$,且 $c\cdot K_b>20K_w$,所以

$$[OH^-]=\sqrt{K_b\cdot c}=\sqrt{7.9\times10^{-7}\times0.015}\ mol\cdot L^{-1}=1.1\times10^{-4}\ mol\cdot L^{-1}$$

则 pOH=3.96,pH=10.04。

6. 解　设溶液中$[OH^-]=x\ mol\cdot L^{-1}$,则

	$N_3^-(aq)+H_2O(l)\rightleftharpoons$	$HN_3(aq)+$	$OH^-(aq)$
初始浓度($mol\cdot L^{-1}$)	0.010	0	0
平衡浓度($mol\cdot L^{-1}$)	$0.010-x$	x	x

$$K_b=\frac{[HN_3][OH^-]}{[N_3^-]}=\frac{x^2}{0.010-x}=\frac{1.00\times10^{-14}}{1.9\times10^{-5}}=5.3\times10^{-10}$$

解得 $x=2.3\times10^{-6}$，则有

$$[OH^-]=[HN_3]=2.3\times10^{-6}(mol\cdot L^{-1})$$

$$[N_3^-]\approx[Na^+]=0.010\ (mol\cdot L^{-1})$$

$$[H_3O^+]=\frac{K_w}{[OH^-]}=\frac{1.00\times10^{-14}}{2.3\times10^{-6}}=4.3\times10^{-9}(mol\cdot L^{-1})$$

7. 解　因为 K_{a2} 很小，可忽略第二级 H_3O^+ 的解离，但 $c/K_{a1}<500$。

$$C_7H_6O_3(aq)+H_2O(l)\rightleftharpoons C_7H_5O_4^-(aq)+H_3O^+(aq)$$

初始浓度($mol\cdot L^{-1}$)	0.065	0	0
平衡浓度($mol\cdot L^{-1}$)	$0.065-x$	x	x

$$K_{a1}=\frac{[C_7H_5O_3^-][H_3O^+]}{[C_7H_6O_3]}=\frac{x^2}{0.065-x}=1.06\times10^{-3}$$

得 $x=7.8\times10^{-3}$，$[C_7H_5O_3^-]\approx[H_3O^+]=7.8\times10^{-3}\ mol\cdot L^{-1}$，$pH=2.11$。

$[C_7H_4O_3^{2-}]\approx K_{a2}$，即 $[C_7H_4O_3^{2-}]=3.6\times10^{-14}\ mol\cdot L^{-1}$。

8. 解　(1) $n(H_3PO_4):n(NaOH)=(100\ mL\times0.10\ mol\cdot L^{-1}):(100\ mL\times0.20\ mol\cdot L^{-1})=1:2$，反应式为

$$H_3PO_4(aq)+2NaOH(aq)=\!=\!=Na_2HPO_4(aq)+2H_2O(l)$$

生成

$$[Na_2HPO_4]=0.10\ mol\cdot L^{-1}\times100\ mL/(100\ mL+100\ mL)$$
$$=0.050\ mol\cdot L^{-1}$$

则

$$pH=\frac{1}{2}(pK_{a2}+pK_{a3})=\frac{1}{2}(7.21+12.32)=9.76$$

(2) $n(Na_3PO_4):n(HCl)=(100\ mL\times0.10\ mol\cdot L^{-1}):(100\ mL\times0.20\ mol\cdot L^{-1})=1:2$，反应式为

$$Na_3PO_4+2HCl=\!=\!=NaH_2PO_4+2NaCl$$

生成

$$[NaH_2PO_4]=0.10\ mol\cdot L^{-1}\times100\ mL/(100\ mL+100\ mL)$$
$$=0.050\ mol\cdot L^{-1}$$

则

$$pH=\frac{1}{2}(pK_{a1}+pK_{a2})=\frac{1}{2}(2.16+7.21)=4.68$$

9. 解　乙酸在液氨中的质子传递反应：

$$NH_3(l)+HAc\ (l)\rightleftharpoons NH_4^+(aq)+Ac^-(aq)$$

由于 $NH_3(l)$ 比 $H_2O(l)$ 的接受质子的能力强，所以乙酸在液氨中的酸性比在水中的酸性相比更强。

10. 解　已知 $pH=2.45$，$[H_3O^+]=3.5\times10^{-3}\ mol\cdot L^{-1}$。设乳酸的浓度为

$c(CH_3CHOHCOOH)$。

$$CH_3CHOHCOOH\ (aq) + H_2O(l) \longrightarrow CH_3CHOHCOO^-\ (aq) + H_3O^+\ (aq)$$

由 $K_a = \frac{[C_3H_5O_3^-][H_3O^+]}{[HC_3H_5O_3]} = \frac{(3.5\times10^{-3})^2}{c(HC_3H_5O_3) - 3.5\times10^{-3}} = 1.4\times10^{-4}$，则

$$1.4\times10^{-4}c(CH_3CHOHCOOH) = 1.4\times10^{-4}\times3.5\times10^{-3} + (3.5\times10^{-3})^2$$

得 $c(HC_3H_5O_3) = 0.091\ mol\cdot L^{-1}$。

11. 解 (1) 应该加入碱性的 NaAc。

(2) 加入等体积的 NaAc 后，由于 NaAc 过量，生成的 HAc 浓度为

$$[HAc] = \frac{0.20\ mol\cdot L^{-1}}{2} = 0.10\ mol\cdot L^{-1}$$

溶液中的 NaAc 浓度为

$$[NaAc] = \frac{2.0\ mol\cdot L^{-1}\times V(NaAc) - 0.20\ mol\cdot L^{-1}\times V(HCl)}{V(HCl) + V(NaAc)}$$

$$= \frac{1.8\ mol\cdot L^{-1}\times V}{2V} = 0.90\ mol\cdot L^{-1}$$

$$[H_3O^+] = \frac{K_a[HAc]}{[Ac^-]} = \frac{1.76\times10^{-5}\times0.10}{0.90}\ mol\cdot L^{-1} = 2.0\times10^{-6}\ mol\cdot L^{-1}$$

所以 pH = 5.70。

(3) NaOH 过量，则

$$[OH^-] = \frac{2.0\ mol\cdot L^{-1}\times V(NaOH) - 0.20\ mol\cdot L^{-1}\times V(HCl)}{V(HCl) + V(NaOH)}$$

$$= \frac{1.8\ mol\cdot L^{-1}\times V}{2V} = 0.90\ mol\cdot L^{-1}$$

所以，pOH = 0.046，pH = 13.95。

12. 解

$$c_b = 1.0\ g/(1.90\ L\times324.4\ g\cdot mol^{-1}) = 1.6\times10^{-3}\ mol\cdot L^{-1}$$

$pK_{b1} = 5.1$，$K_{b1} = 7.9\times10^{-6}$，因为$\frac{c}{K_{b1}} < 500$，设$[OH^-] = x\ mol\cdot L^{-1}$，则

$$K_{a1} = \frac{[C_{20}H_{24}N_2O_2H^+][OH^-]}{[C_{20}H_{24}N_2O_2]} = \frac{x^2}{1.6\times10^{-3} - x} = 7.9\times10^{-6}$$

得 $x = 1.1\times10^{-4}\ mol\cdot L^{-1}$，pOH = 3.96，pH = 10.04。

13. 解 (1) 由于 $n(HCl) = n(NH_3)$，生成 $0.10\ mol\cdot L^{-1}/2 = 0.050\ mol\cdot L^{-1}$ 的 NH_4Cl，溶液的

$$[H_3O^+] = \sqrt{K_a\times c(NH_4^+)} = \sqrt{\frac{1.0\times10^{-14}}{1.8\times10^{-5}}\times0.050\ mol\cdot L^{-1}}$$

$$= 5.3\times10^{-6}\ mol\cdot L^{-1}$$

所以 pH = 5.28。

(2) 由于 $n(HAc)=n(NH_3)$，生成 $0.10\ mol\cdot L^{-1}/2=0.050\ mol\cdot L^{-1}$ 的 NH_4Ac，溶液的

$$[H_3O^+]=\sqrt{K_a(NH_4^+)\cdot K_a(HAc)}=\sqrt{\frac{1.0\times10^{-14}}{1.8\times10^{-5}}\times1.75\times10^{-5}}\ mol\cdot L^{-1}$$
$$=9.8\times10^{-8}\ mol\cdot L^{-1}$$

所以 $pH=7.01$。

(3) 由于 $n(HCl)=n(Na_2CO_3)$，生成 $0.10\ mol\cdot L^{-1}/2=0.050\ mol\cdot L^{-1}$ 的 $NaHCO_3$，溶液的

$$[H_3O^+]=\sqrt{K_{a1}(H_2CO_3)\cdot K_{a2}(H_2CO_3)}=\sqrt{4.5\times10^{-7}\times4.7\times10^{-11}}\ mol\cdot L^{-1}$$
$$=4.6\times10^{-9}\ mol\cdot L^{-1}$$

所以 $pH=8.34$。

14. 解　(1)

	$H_3PO_4(aq)$ +	$Na_3PO_4(aq)$ ═══	$NaH_2PO_4(aq)$ +	$Na_2HPO_4(aq)$
初始时 $(mol\cdot L^{-1})$	$V\times0.20$	$V\times0.20$		
反应后 $(mol\cdot L^{-1})$			$V\times0.20$	$V\times0.20$

溶液中

$[Na_2HPO_4]=[NaH_2PO_4]=(V/2V)\times0.20\ mol\cdot L^{-1}=0.10\ mol\cdot L^{-1}$

由 $K_{a2}=\dfrac{[H_3O^+][HPO_4^{2-}]}{[H_2PO_4^-]}$，得 $[H_3O^+]=6.1\times10^{-8}\ mol\cdot L^{-1}$，$pH=7.21$。

(2)

	$HCl(aq)$ +	$Na_2CO_3(aq)$ ═══	$NaHCO_3(aq)$
初始时 $(mol\cdot L^{-1})$	$V\times0.10$	$V\times0.20$	
反应后 $(mol\cdot L^{-1})$		$V\times0.10$	$V\times0.10$

溶液中

$[Na_2CO_3]=[NaHCO_3]=(V/2V)\times0.10\ mol\cdot L^{-1}=0.050\ mol\cdot L^{-1}$

由 $K_{a2}=\dfrac{[H_3O^+][CO_3^{2-}]}{[HCO_3^-]}$，得 $[H_3O^+]=4.7\times10^{-11}\ mol\cdot L^{-1}$，$pH=10.32$。

15. 解　(1) 反应前，溶液中

$n(H_3PO_4)=0.10\ mol\cdot L^{-1}\times1.0\ L=0.10\ mol$

$n(NaOH)=6.0\ g/(40\ g\cdot mol^{-1})=0.15\ mol$

$n(NaOH)-n(H_3PO_4)=0.15\ mol-0.10\ mol=0.05\ mol$

反应	$H_3PO_4(aq)$	$+ NaOH(aq)$	$=\!=\!= NaH_2PO_4(aq) + H_2O(l)$
初始时(mol)	0.10	0.15	
平衡时(mol)		$0.15-0.10 = 0.05$	0.10

继续反应	$NaH_2PO_4(aq)$	$+ NaOH(aq)$	$=\!=\!= Na_2HPO_4(aq) + H_2O(l)$
初始时(mol)	0.10	0.05	
平衡时(mol)	$0.10-0.05$		0.05

所以平衡时$[Na_2HPO_4]=[NaH_2PO_4]=0.050\ mol\cdot L^{-1}$。

由 $K_{a2}=\dfrac{[H_3O^+][HPO_4^{2-}]}{[H_2PO_4^-]}$,得$[H_3O^+]=6.1\times10^{-8}\ mol\cdot L^{-1}$,pH=7.21。

(2)

$$\Pi=\sum icRT=[c(HPO_4^{2-})+c(H_2PO_4^-)+c(Na^+)]RT$$
$$=(0.050+0.050+3\times0.050)\ mol\cdot L^{-1}\times8.314\ J\cdot mol^{-1}\cdot K^{-1}$$
$$\times(273+37)\ K\times\frac{1\ kPa\cdot L}{1\ J}$$
$$=644\ kPa$$

(3) 溶液的渗透浓度为

$$\frac{18\ g\cdot L^{-1}}{180\ g\cdot mol^{-1}}+(0.050+0.050+3\times0.050)\ mol\cdot L^{-1}=0.35\ mol\cdot L^{-1}$$

与血液相比,为高渗溶液。

16. 解 (1) 因为 H_3PO_4 的 $K_{a1}=6.9\times10^{-3}$,$K_{a2}=6.1\times10^{-8}$,$K_{a3}=4.8\times10^{-13}$,所以 $K_{a1}\gg K_{a2}$,则可把 H_3PO_4 近似当作一元酸来考虑。

又因为$\dfrac{c}{K_{a1}}<500$,所以只能用近似式计算$[H_3O^+]$

$$[H_3O^+]=\frac{-6.9\times10^{-3}+\sqrt{(6.9\times10^{-3})^2+4\times6.9\times10^{-3}\times0.20}}{2}$$
$$=3.4\times10^{-2}(mol\cdot L^{-1})$$

则 pH=1.47。

(2) H_2SO_4 第一步完全解离,第二步 $K_{a2}=1.00\times10^{-2}$

$$H_2SO_4 \longrightarrow H^+ + HSO_4^-;\quad HSO_4^- \rightleftharpoons H^+ + SO_4^{2-}$$

设溶液中$[SO_4^{2-}]=x\ mol\cdot L^{-1}$,则

$[H^+]=0.10+x\ (mol\cdot L^{-1})$, $[HSO_4^-]=0.10-x\ (mol\cdot L^{-1})$

由 $K_{a2}=\dfrac{[H^+][SO_4^{2-}]}{[HSO_4^-]}$,则

$$1.00\times10^{-2}=\frac{(0.10+x)x}{0.10-x}$$

整理得 $x^2+0.11x-1.00\times10^{-3}=0$，解得 $x=9.1\times10^{-3}$。

所以，$[H^+]=0.10+x=0.1091\ (mol\cdot L^{-1})$，$pH=0.96$。

(3) 因为 HCl 浓度极低，还应考虑 H_2O 的解离。

设溶液中 $[OH^-]=x\ mol\cdot L^{-1}$，则

$$[H^+]=5\times10^{-8}+x\ mol\cdot L^{-1}$$

由 $[H^+][OH^-]=K_w$，则

$$(5\times10^{-8}+x)x=1.0\times10^{-14}$$

整理得 $x^2+5\times10^{-8}x-1.0\times10^{-14}=0$，解得 $x=7.8\times10^{-8}$。

所以 $[H^+]=5\times10^{-8}+x=1.28\times10^{-7}\ mol\cdot L^{-1}$，$pH=6.89$。

17. 解　(1) 因为 $cK_b>20K_w$，$\dfrac{c}{K_b}>500$，则

$$[OH^-]=\sqrt{K_b\times c\,(Ac^-)}$$

$$pH=14.00-pOH=14.00-\frac{1}{2}(pK_b-\lg c)$$

$$=14.00-\frac{1}{2}(9.25-\lg 0.05)$$

所以 $pH=8.73$。

(2) 因为 $cK_a>20K_w$，$\dfrac{c}{K_a}>500$，所以

$$[H^+]=\sqrt{K_a\times c(NH_4^+)}$$

$$pH=\frac{1}{2}(pK_a-\lg c)=\frac{1}{2}(9.26-\lg 0.05)=5.28$$

(3) H_2CO_3 的 $K_{a1}=4.30\times10^{-7}$，$K_{a2}=5.61\times10^{-11}$。

因为 $c\gg K_{a1}$，所以

$$[H^+]=\sqrt{K_{a1}\times K_{a2}}$$

则

$$[H^+]=\sqrt{4.30\times10^{-7}\times5.61\times10^{-11}}=4.60\times10^{-9},\quad pH=8.34$$

18. 解　已知 $[H^+]=10^{-4.55}=2.82\times10^{-5}(mol\cdot L^{-1})$。又由 $HB\rightleftharpoons H^++B^-$，则

$$K_a=\frac{[H^+][B^-]}{[HB]}$$

因为 $[H^+]=[B^-]$，$[HB]=0.37-[H^+]\approx0.37$，所以

$$K_a=\frac{[H^+]^2}{0.37}=\frac{(2.82\times10^{-5})^2}{0.37}=2.15\times10^{-9}$$

19. 解　$H_2S(aq)+H_2O(l)\rightleftharpoons HS^-(aq)+H_3O^+(aq)$

有

$$K_{a1}=\frac{[H_3O^+][HS^-]}{[H_2S]}=8.9\times10^{-8}$$

$$HS^-(aq)+H_2O(l)\rightleftharpoons S^{2-}(aq)+H_3O^+(aq)$$

有

$$K_{a2}=\frac{[H_3O^+][S^{2-}]}{[HS^-]}=1.2\times10^{-13}$$

由 $K_{a1}K_{a2}=\dfrac{[H_3O^+]^2[S^{2-}]}{[H_2S]}$，有

$$[S^{2-}]=\frac{K_{a1}K_{a2}[H_2S]}{[H_3O^+]^2}=\frac{8.9\times10^{-8}\times1.2\times10^{-13}\times0.10}{(0.30)^2}$$
$$=1.18\times10^{-20}(mol\cdot L^{-1})$$

20. 解

$$CHCl_2COOH(aq)+H_2O(l)\rightleftharpoons CHCl_2COO^-(aq)+H_3O^+(aq)$$
$$0.200(1-33\%)\qquad 0.200\times33\%\qquad 0.200\times33\%$$

$$K_a=\frac{[H_3O^+][CHCl_2COO^-]}{[CHCl_2COOH]}=\frac{(c\alpha)^2}{c(1-\alpha)}=\frac{c\alpha^2}{1-\alpha}$$
$$=\frac{0.200\times(0.33)^2}{1-0.33}=3.25\times10^{-2}$$

21. 解 (1) 因为 H_3PO_4 的 $K_{a1}=6.9\times10^{-3}$，$K_{a2}=6.1\times10^{-8}$，$K_{a3}=4.8\times10^{-13}$，所以 $K_{a1}\gg K_{a2}$。则可把 H_3PO_4 近似当作一元酸来考虑。

又因为$\dfrac{c}{K_{a1}}<500$，所以只能用 $K_{a1}=\dfrac{c\alpha^2}{1-\alpha}$计算，即

$$6.90\times10^{-3}=\frac{0.10\alpha^2}{1-\alpha}$$

则 $\alpha=23\%$。所以$[H^+]=c\alpha=0.10\times23\%=2.3\times10^{-2}(mol\cdot L^{-1})$，$pH=1.62$。

(2)

$$H_2PO_4^-(aq)+H_2O(l)\rightleftharpoons HPO_4^{2-}(aq)+H_3O^+(aq)$$

则

$$K_{a2}=\frac{[H_3O^+][HPO_4^{2-}]}{[HPO_4^-]}$$

因为 K_{a2}很小，所以$[H_2PO_4^-]\approx[H_3O^+]$，因此$[HPO_4^{2-}]\approx K_{a2}$，即$[HPO_4^{2-}]=6.10\times10^{-8}\ mol\cdot L^{-1}$。

22. 解 由于$\dfrac{c}{K_a}<500$，不能用最简式计算。

$$[H_3O^+]=\frac{-1.4\times10^{-4}+\sqrt{(1.4\times10^{-4})^2+4\times1.4\times10^{-4}\times1.0\times10^{-3}}}{2}$$
$$=3.1\times10^{-4}(mol\cdot L^{-1})$$

则 $pH=3.51$。

23. 解　由$[H_3O^+]=\sqrt{K_a\dfrac{K_w}{K_b}}$，$pH=1/2(pK_a-pK_b+pK_w)$，则

$$pK_a=2pH-pK_w+pK_b=2\times8.00-14.00+3.00=5.00$$

所以 $K_a=1.0\times10^{-5}$。

24. 解　(1) 因为 $cK_a>20K_w$，$\dfrac{c}{K_a}>500$，所以

$$[H^+]=\sqrt{K_a\times c_a}$$

$$pH=\frac{1}{2}(pK_a-\lg c)=\frac{1}{2}(4.7-\lg 0.1)=2.85$$

(2) 磺胺异噁唑用 HB 表示，设药物分子型酸的浓度占总浓度的百分数是 x。

$$HB \rightleftharpoons H^+ + B^-$$

$$K_a=\frac{[H^+][B^-]}{[HB]}$$

$$K_a=\frac{[H_3O^+][B^-]}{[HB]}=\frac{2.0\times10^{-2}\times c_a(1-x)}{c_a x}=\frac{2.0\times10^{-2}(1-x)}{x}$$

$$=2.0\times10^{-5}$$

则$(1-x)=1.0\times10^{-3}$，有 $x=99.9\%$。

25. 解　因为 $cK_a>20K_w$，$\dfrac{c}{K_a}>500$，则

$$[H^+]=\sqrt{K_a\times c([Al(H_2O)_6]^{3+})}$$

$$pH=\frac{1}{2}(pK_a-\lg c)=\frac{1}{2}(4.9-\lg 0.01)=3.45$$

26. 解　由题意知

$$n_{乙}=\frac{m_{乙}}{M_{乙}}=\frac{0.65}{180}=0.0036\ (\text{mol})$$

$$c_{乙}=\frac{n_{乙}}{V}=\frac{0.0036}{0.24}=0.015\ (\text{mol}\cdot\text{L}^{-1})$$

因为 $cK_a>20K_w$，$\dfrac{c}{K_a}<500$，所以只能用近似式计算$[H_3O^+]$：

$$[H_3O^+]=\frac{-3.3\times10^{-4}+\sqrt{(3.3\times10^{-4})^2+4\times3.3\times10^{-4}\times0.015}}{2}$$

$$=1.42\times10^{-3}(\text{mol}\cdot\text{L}^{-1})$$

所以 $pH=2.85$。

第三章　沉淀溶解平衡

内容提要

一、溶度积和溶度积规则

1．溶度积

难溶性强电解质的沉淀与溶解达到平衡时

$$A_aB_b(s) \rightleftharpoons aA^{n+}(aq) + bB^{m-}(aq)$$

$$K_{sp} = [A^{n+}]^a[B^{m-}]^b$$

2．溶解度和溶度积的关系

对于 A_aB_b 型难溶性强电解质，溶解度 S 与溶度积 K_{sp} 之间的关系为

$$S = \sqrt[(a+b)]{\frac{K_{sp}}{a^a b^b}}$$

3．溶度积规则

对于 A_aB_b 型强电解质，其离子积 $I_P = c^a_{A^{n+}}\,c^b_{B^{m+}}$ 。

$I_P = K_{sp}$时，沉淀与溶解达到动态平衡，既无沉淀析出，也无沉淀溶解。

$I_P < K_{sp}$时，为不饱和溶液无沉淀析出。若加入难溶性强电解质，则会继续溶解，直至溶液达到沉淀溶解平衡。

$I_P > K_{sp}$时，溶液中将会有沉淀析出，直至 $I_P = K_{sp}$，达到沉淀溶解平衡。

二、沉淀溶解平衡的移动

1．同离子效应与盐效应

同离子效应使难溶性强电解质的溶解度降低，盐效应使难溶性强电解质的溶解度略微增大。同离子效应比盐效应的影响程度要显著得多，当有两种效应共存时可忽略盐效应的影响。

2．沉淀的生成

根据溶度积规则，$I_P > K_{sp}$时溶液中会有沉淀生成，一般可采用加入沉淀剂等。

3．分级沉淀

如果溶液中有两种以上的离子可与同一试剂反应产生沉淀，首先析出的是 I_P

最先达到 K_{sp}的化合物。

三、沉淀的溶解

根据溶度积规则，通过生成难解离的物质或者利用氧化还原反应使某一离子浓度降低，$I_p < K_{sp}$时沉淀溶解。

四、沉淀溶解平衡的医学意义

沉淀溶解平衡在医学中有着重要的应用，如骨骼的形成与龋齿的产生，尿结石的形成等。

练 习 题

一、选择题

1. 某一物质的分子式是 MX_2，其溶解度 S 和溶度积常数 K_{sp}的关系是（　　）

A. $K_{sp}=2S^2$　B. $K_{sp}=2S^3$　C. $K_{sp}=2S^4$　D. $K_{sp}=4S^3$

E. $K_{sp}=8S^3$

2. 某温度下 CuI 的 $K_{sp}=1\times10^{-12}$，$Pb(OH)_2$ 的 $K_{sp}=1.2\times10^{-15}$，PbS 的 $K_{sp}=1\times10^{-28}$，其溶解度的大小顺序为（　　）

A. $Pb(OH)_2>CuI>PbS$　B. $CuI>PbS>Pb(OH)_2$

C. $PbS>Pb(OH)_2>CuI$　D. $CuI>Pb(OH)_2>PbS$

3. 25 ℃时 CaC_2O_4 的 $K_{sp}=2.32\times10^{-9}$，欲使 0.02 mol・L^{-1}的 Ca^{2+} 溶液产生沉淀，则溶液中的 $Na_2C_2O_4$ 最低浓度应是（　　）

A. 1.16×10^{-6} mol・L^{-1}　B. 1.16×10^{-10} mol・L^{-1}

C. 1.16×10^{-7} mol・L^{-1}　D. 1.16×10^{-9} mol・L^{-1}

4. $BaSO_4$ 在下列溶液中溶解度最大的是（　　）

A. 1 mol・L^{-1} H_2SO_4　B. 2 mol・L^{-1} $BaCl_2$

C. H_2O　D. 1 mol・L^{-1}NaCl

5. 难溶性强电解质的 K_{sp}与下列哪个因素有关？（　　）

A. 温度　B. 活度　C. 浓度　D. 压强　E. 状态

6. 在 0.1 mol/L $CaCl_2$ 溶液中通入 CO_2 气体至饱和（0.04 mol/L），则溶液中会出现什么现象？（已知碳酸钙 $K_{sp}=3.36\times10^{-9}$；H_2CO_3 的 $K_{a1}=4.3\times10^{-7}$，$K_{a2}=5.6\times10^{-11}$）（　　）

A. 析出沉淀　B. 沉淀溶解

C. 不生成沉淀　D. 先沉淀后溶解

E. 先溶解后沉淀

7. 溶度积反映了物质的溶解能力，若 K_{sp} 的大小直接判断难溶性强电解质的溶解度大小条件是　　(　　)

A. 不同类型　B. 相同类型　C. 都可以　D. 都不可以

E. 不确定

8. 根据溶度积规则，下列说法不正确的是　　(　　)

A. 根据溶度积常数，可以判断沉淀的生成和溶解

B. 溶液饱和时表示溶液中的沉淀和溶解达到动态平衡

C. $I_p > K_{sp}$ 时，有沉淀生成

D. 若溶液中有难溶固体存在，其上层清液是饱和溶液

E. 溶度积规则的使用是有一定条件的

9. 下列物质属于难溶性强电解质的是　　(　　)

A. NaCl　B. $BaSO_4$　C. $AgNO_3$　D. $BaCl_2$

10. 已知 Ag_2CrO_4 的 $K_{sp} = 1.12 \times 10^{-12}$，这意味着在饱和溶液中　　(　　)

A. $[Ag^+][CrO_4^{2-}] = 1.12 \times 10^{-12}$

B. $[Ag^+] = [CrO_4^{2-}] = 1.12 \times 10^{-12}$

C. $2[Ag^+] = [CrO_4^{2-}] = 1.12 \times 10^{-12}$

D. $[2Ag^+]^2[CrO_4^{2-}] = 1.12 \times 10^{-12}$

E. $[Ag^+]^2[CrO_4^{2-}] = 1.12 \times 10^{-12}$

11. 在 Ag_2CrO_4 沉淀体系中加入一定量的 KI 溶液时，将会出现什么现象？(已知 Ag_2CrO_4 的 K_{sp} 为 1.12×10^{-12}，AgI 的 K_{sp} 为 8.52×10^{-17})　　(　　)

A. 出现砖红色沉淀

B. 出现 AgI 黄色沉淀

C. Ag_2CrO_4 砖红色沉淀转化成 AgI 黄色沉淀

D. AgI 黄色沉淀转化成 Ag_2CrO_4 砖红色

12. 洗涤沉淀物时，用含有以下哪种离子的溶液洗涤可减少沉淀的损失？　　(　　)

A. 不同离子　B. 阳离子　C. 相同离子　D. 阴离子

13. $Cu(OH)_2$ 在水中存在着沉淀溶解平衡：$Cu(OH)_2(s) \rightleftharpoons Cu^{2+}(aq) + 2OH^-(aq)$，在常温下 $K_{sp} = 2.2 \times 10^{-20}$。某 $CuSO_4$ 溶液中 $[Cu^{2+}] = 0.02\ mol \cdot L^{-1}$，在常温下如果要生成 $Cu(OH)_2$ 沉淀，需要向 $CuSO_4$ 溶液中加入碱溶液来调整溶液的 pH，则溶液的 pH 大于　　(　　)

A. 2　B. 3　C. 4　D. 5

14. 已知 25 ℃时，AgCl 的溶度积 $K_{sp} = 1.77 \times 10^{-10}$，则下列说法正确的是　　(　　)

A. 向饱和 AgCl 水溶液中加入盐酸，K_{sp} 变大

B. $AgNO_3$ 溶液与 NaCl 溶液混合后的溶液中，一定有 $c(Ag^+) = c(Cl^-)$

C. 温度一定时，当溶液中 $c(Ag^+)\cdot c(Cl^-)=K_{sp}$时，此溶液中必有 AgCl 沉淀析出

D. 将 AgCl 加入到较浓 Na_2S 溶液中，AgCl 转化为 Ag_2S，因为 AgCl 溶解度大于 Ag_2S

15. 下列说法正确的是　(　　)

A. 溶度积小的物质一定比溶度积大的物质溶解度小

B. 对同类型的难溶物，溶度积小的一定比溶度积大的溶解度小

C. 难溶物质的溶度积与温度无关

D. 难溶物的溶解度仅与温度有关

16. 将足量 $BaCO_3$ 分别加入：① 30 mL 水；② 10 mL 0.2 mol/L Na_2CO_3 溶液；③ 50 mL 0.01 mol/L 氯化钡溶液；④ 100 mL 0.01 mol/L 盐酸中溶解至溶液饱和。各溶液中 Ba^{2+} 的浓度由大到小的顺序为　(　　)

A. ①②③④　B. ③④①②　C. ④③①②　D. ②①④③

17. $Mg(OH)_2$ 在下列哪种溶液中具有最大的溶解度　(　　)

A. 0.1 mol・L^{-1} HCl　B. 纯水

C. 0.1 mol・L^{-1}氨水　D. 0.1 mol・L^{-1} $MgCl_2$

18. 已知 $BaSO_4$ 和 CaF_2 的 K_{sp}均接近 1×10^{-10}，在两者的饱和溶液中(　　)

A. $[Ba^{2+}]=[Ca^{2+}]$　B. $[Ba^{2+}]=2[Ca^{2+}]$

C. $[Ba^{2+}]<[Ca^{2+}]$　D. $[Ba^{2+}]>[Ca^{2+}]$

19. 下列叙述中正确的是　(　　)

A. 溶度积大的化合物溶解度一定大

B. 在一定温度下，向含有 AgCl 固体的溶液中加入适量的水使 AgCl 溶解，又达到平衡时，AgCl 的溶解度不变，溶度积也不变

C. 将难溶电解质放入纯水中，沉淀溶解达到平衡时，电解质离子浓度的乘积就是该物质的溶度积

D. AgCl 水溶液的导电性很弱，所以 AgCl 是弱电解质

20. 在配制 $FeCl_3$ 溶液时，为防止溶液产生沉淀，应采取的措施是　(　　)

A. 加碱　B. 加酸　C. 多加水　D. 加热

21. 为了防止热带鱼池中水藻的生长，需使水中保持 0.75 mg・L^{-1}的 Cu^{2+}，为避免在每次换池水时溶液浓度的改变，可把一块适当的铜盐放在池底，它的饱和溶液提供了适当的 Cu^{2+} 浓度。假如使用的是蒸馏水，哪一种盐提供的饱和溶液最接近所要求的 Cu^{2+} 浓度？（已知 $K_{sp}(CuS)=6.3\times10^{-36}$，$K_{sp}\{Cu(OH)_2\}=2.2\times10^{-20}$，$K_{sp}(CuCO_3)=1.4\times10^{-10}$）　(　　)

A. $CuSO_4$　B. CuS　C. $Cu(OH)_2$　D. $CuCO_3$

22. 在沉淀反应中，加入易溶电解质会使沉淀的溶解度增加，该现象称为　(　　)

A. 同离子效应　　B. 盐效应

C. 酸效应　　D. 稀释效应

23. 在 AgCl 饱和溶液中通入 HCl(g)时，AgCl(s)能沉淀析出的原因是 (　　)

A. HCl 是强酸，任何强酸都导致沉淀

B. 共同离子 Cl^- 使平衡移动，生成 AgCl(s)

C. 酸的存在降低了 K_{sp}(AgCl)的数值

D. K_{sp}(AgCl)不受酸的影响，但增加 Cl^- 离子浓度，能使 K_{sp}(AgCl)减小

24. 已知：$K_{sp}(AgCl)=1.77\times10^{-10}$，$K_{sp}(Ag_2CrO_4)=1.12\times10^{-12}$，在相同浓度的 Na_2CrO_4 和 NaCl 混合稀溶液中，滴加稀的 $AgNO_3$ 溶液，则 (　　)

A. 先有 AgCl 沉淀　　B. 先有 Ag_2CrO_4 沉淀

C. 两种沉淀同时析出　　D. 不产生沉淀

25. $BaSO_4$ 的 $K_{sp}=1.08\times10^{-10}$，把它放在 0.01 $mol\cdot L^{-1}$ Na_2SO_4 溶液中，它的溶解度 (　　)

A. 不变　　B. 为 1.08×10^{-5}

C. 为 1.08×10^{-12}　　D. 为 1.08×10^{-8}

二、判断题

1. 在 $CuSO_4$ 溶液中加入少量 NaOH 使 Cu^{2+} 沉淀完全后滤掉沉淀，在滤液中加入足量的 Na_2S 时也不产生沉淀了。 (　　)

2. K_{sp}较小的物质与 K_{sp}较大的物质相比，其溶解度较小。 (　　)

3. $MgCO_3$ 的溶度积常数 $K_{sp}=6.82\times10^{-6}$，因此所有含有固体 $MgCO_3$ 的溶液中，$[Mg^{2+}]=[CO_3^{2-}]$，且$[Mg^{2+}][CO_3^{2-}]=6.82\times10^{-6}$。 (　　)

4. 向含有能与某沉淀剂生成沉淀的几种离子的混合溶液中逐滴加入该沉淀剂时，总是溶度积小的先沉淀。 (　　)

5. 溶度积和溶解度都可以表示难溶性强电解质在水中的溶解能力。 (　　)

6. HgS 的溶度积很小，故在含有 Hg^{2+} 离子的溶液中，加入过量的 S^{2-} 离子，HgS 就会完全沉淀，直至 $c(Hg^{2+})=0\ mol\cdot L^{-1}$。 (　　)

7. 难溶物质的溶度积与温度无关。 (　　)

8. 若溶液中有难溶固体存在，其上层清液是饱和溶液。 (　　)

9. $BaSO_4$ 溶液的导电性很弱，所以 $BaSO_4$ 是弱电解质。 (　　)

10. 难溶电解质溶解的部分是完全解离的，它们的溶液可以按照强电解质处理。 (　　)

11. 饱和溶液都是浓溶液。 (　　)

12. 难溶电解质溶解度主要取决于溶液中电解质本身和离子浓度，与溶液酸度无关。 (　　)

三、填空题

1. 沉淀溶解的方法一般有________、________和________。

2. 对 A_mB_n 型难溶强电解质，若其溶解度为 S mol/L，则其溶度积常数表达式为________，S 与 K_{sp}之间的关系式为________。

3. 判断沉淀生成和溶解的规则是________，当 I_p ________ K_{sp}时，溶液达饱和；当 I_p ________ K_{sp}时，溶液未饱和，不会析出沉淀；当 I_p ________ K_{sp}时，溶液过饱和，有沉淀析出。

4. 加入含有共同离子的强电解质而产生的同离子效应使难溶电解质的溶解度降低的现象称为________，加入强电解质增大了离子强度使难溶电解质溶解度增大的现象称为________，两者效果相比，前者________后者(填大于，小于，等于)。

5. 已知 $K_{sp}[Ca(OH)_2]=5.5\times10^{-6}$，则其饱和溶液的 pH 是________。

6. 在含有同浓度 I^- 和 Cl^- 的溶液中，逐滴加入 $AgNO_3$ 溶液，最先看到的是________色的________沉淀。

7. 在溶液中含有两种以上的离子可与同一试剂反应产生沉淀，首先析出的是离子积 ________的化合物。这种按先后顺序沉淀的现象称为 ________。

四、问答题

1. 什么是难溶电解质的溶度和离子积？两者有什么区别和联系？

2. 请解释 $BaSO_4$ 在生理盐水中的溶解度大于在纯水中的溶解度；而 AgCl 在生理盐水中的溶解度却小于在纯水中的溶解度。

3. 向 2 mL 0.10 mol・L^{-1} $MgSO_4$ 溶液中加入数滴 2 mol・L^{-1}氨水，有白色沉淀生成；再加入数滴 1 mol・L^{-1} NH_4Cl 溶液，沉淀消失。试解释之。

4. 在含有固体 AgCl 的饱和溶液中，加入下列物质，对 AgCl 的溶解度有什么影响？并解释之。

(1) 盐酸；(2) $AgNO_3$；(3) KNO_3；(4) 氨水。

5. 将 H_2S 气体通入 $ZnSO_4$ 溶液中，ZnS 沉淀很不完全。但如果在 $ZnSO_4$ 溶液中先加 NaAc，再通入 H_2S 气体，ZnS 沉淀几乎完全。试解释其原因。

6. 解释下列现象：

(1) $Fe(OH)_3$ 溶于稀盐酸；

(2) $Mg(OH)_2$ 既能溶于稀盐酸，又能溶于 NH_4Cl 溶液。

7. 在含 $Ca_3(PO_4)_2$ 固体的饱和溶液中，分别加入下列物质，对 $Ca_3(PO_4)_2$ 的溶解度有什么影响，并解释之。

(1) 磷酸；(2) $Ca(NO_3)_2$；(3) KNO_3。

8. 在下列各系统中，各加入 1.00 g NH_4Cl 固体并使其溶解，对所指定的性质影响(定性地)如何？简单指出原因。

(1) 10.0 mL 0.1 mol·L^{-1} HCl 溶液(pH)；

(2) 10.0 mL 0.1 mol·L^{-1} NH_3 溶液(NH_3 的解离度和混合溶液的 pH)；

(3) 10.0 mL 纯水(pH)；

(4) 10.0 mL 含有 $PbCl_2$ 沉淀的饱和溶液($PbCl_2$ 的溶解度)。

五、计算题

1. 室温时溶解 0.50 g AgCl 需水多少体积？(已知 $K_{sp}(AgCl)=1.8\times10^{-10}$)

2. 根据下列物质的溶度积常数计算它们的溶解度。

(1) $SrCO_3$ 的 $K_{sp}=9.42\times10^{-10}$；

(2) Ag_3PO_4的 $K_{sp}(Ag_3PO_4)=1.8\times10^{-18}$。

3. 如某溶液中含有 0.10 mol·L^{-1}的 KI 和 0.10 mol·L^{-1}的 KCl,当向其中逐滴加入 $AgNO_3$ 溶液,使 Cl^- 有一半沉淀为 AgCl 时,I^- 浓度为多少？

4. 在含有 0.10 mol·L^{-1} Ba^{2+} 和 0.010 mol·L^{-1} Pb^{2+} 混合溶液中,逐滴加入 K_2CrO_4 溶液,哪种离子先沉淀？两者有无分离开的可能？

5. 在 100.0 mL 的 0.20 mol·L^{-1} $MnCl_2$ 溶液中,加入含有 NH_4Cl 的 0.10 mol·L^{-1} $NH_3\cdot H_2O$ 溶液 100.0 mL,为了不使 $Mn(OH)_2$ 沉淀形成,需含 NH_4Cl 多少克？

6. 假设溶于水中的 $Mn(OH)_2$ 完全解离,试计算：

(1) $Mn(OH)_2$ 在水中的溶解度(mol·L^{-1})；

(2) $Mn(OH)_2$ 饱和溶液中的[Mn^{2+}]和[OH^-]；

(3) $Mn(OH)_2$ 在 0.10 mol·L^{-1} NaOH 溶液中的溶解度[假如 $Mn(OH)_2$ 在 NaOH 溶液中不发生其他变化]；

(4) $Mn(OH)_2$ 在 0.20 mol·L^{-1} $MnCl_2$ 溶液中的溶解度。

7. 在浓度均为 0.010 mol·L^{-1}的 KCl 和 K_2CrO_4 的混合溶液中,逐滴加入 $AgNO_3$ 溶液时,AgCl 和 Ag_2CrO_4 哪个先沉淀析出？当第二种离子刚开始沉淀时,溶液中的第一种离子浓度为多少？(忽略溶液体积的变化)。{已知：$K_{sp}(AgCl)=1.77\times10^{-10}$,$K_{sp}(Ag_2CrO_4)=1.12\times10^{-12}$}

8. 大约有 50%的肾结石是由 $Ca_3(PO_4)_2$ 组成的。人体每天的正常排尿量为 1.4 L,其中约含有 0.10 g 的 Ca^{2+}。为使尿中不形成 $Ca_3(PO_4)_2$ 沉淀,其中的 PO_4^{3-} 浓度不得高于多少？

9. 城市饮用的硬水中 Ca^{2+} 浓度为 0.0020 mol·L^{-1},$K_{sp}(CaF_2)=3.45\times10^{-11}$。试计算：

(1) 若在这种水中加氟化钠(NaF)氟化,在 CaF_2 固体未析出前,F^- 可能达到的最高浓度是多少？

(2) 若在饮用水中允许存在 F^- 浓度为 1 mg·L^{-1}。上述经氟化后的水中,F^-

浓度是否超标？

10. 将 500 mL $c(MgCl_2)=0.20\ mol\cdot L^{-1}$和 500 mL $c(NH_3\cdot H_2O)=0.20\ mol\cdot L^{-1}$混合。

(1) 混合后溶液是否有沉淀生成？请通过计算加以说明。

(2) 若有沉淀，要加入多少克 NH_4Cl，才能使溶液无 $Mg(OH)_2$ 沉淀产生？(忽略加入 NH_4Cl 固体引起的体积变化)已知 $K_{sp}\{Mg(OH)_2\}=5.61\times10^{-12}$，$K_b(NH_3)=1.8\times10^{-5}$，$M_r(NH_4Cl)=53.5$。

练习题解答

一、填空题

1. D　2. A　3. C　4. D　5. A　6. C　7. B　8. A　9. B
10. D　11. C　12. C　13. D　14. D　15. B　16. B　17. A　18. C
19. B　20. B　21. D　22. B　23. B　24. B　25. A

二、判断题

1. ×　2. ×　3. ×　4. ×　5. √　6. ×　7. ×　8. √　9. ×
10. √　11. ×　12. ×

三、填空题

1. 生成弱电解质使沉淀溶解；利用氧化还原反应使沉淀溶解；利用配位反应使沉淀溶解

2. $K_{sp}=[A^{n+}]^m[B^{m+}]^n$；$K_{sp}=m^m n^n S^{m+n}$

3. 溶度积规则；=；<；>

4. 同离子效应；盐效应；大于

5. 12.35

6. 黄；AgI

7. 小；分级沉淀

四、问答题

1. 解　溶度积为一定温度下，难容电解质达到沉淀溶解平衡时(即饱和溶液中)有关离子浓度幂的乘积；而离子积则是难溶电解质在任意状态下离子浓度幂的乘积。一定温度下，溶度积为一常数，而离子积不是常数。溶度积是离子积的一个特例。利用溶度积和离子积的相对大小，可以判断沉淀的生成和溶解；离子积大于溶度积时有沉淀生成；反之无沉淀生成或沉淀溶解。

2. 解　$BaSO_4$ 在生理盐水中发生盐效应而使其溶解度增大；而 AgCl 在生理盐水中主要发生同离子效应而使其溶解度减小。

3. 解　向 $MgSO_4$ 溶液中加入氨水时，Mg^{2+} 与由氨与水发生质子转移产生的 OH^- 的量，足以达到其离子积 $I_p[Mg(OH)_2] > K_{sp}[Mg(OH)_2]$，从而生成 $Mg(OH)_2$ 沉淀。反应方程式为

$$NH_3 + H_2O \rightleftharpoons NH_4^+ + OH^-$$

$$Mg^{2+} + 2OH^- \rightleftharpoons Mg(OH)_2$$

总反应式为

$$Mg^{2+} + 2\,NH_3 \cdot H_2O \rightleftharpoons Mg(OH)_2 \downarrow + 2NH_4^+$$

再加入 NH_4Cl 溶液时，由于 NH_4^+ 浓度增大，抑制了氨的解离，溶液中 OH^- 浓度降低，致使溶液中 $I_p[Mg(OH)_2] < K_{sp}[Mg(OH)_2]$，沉淀溶解。

4. 解　(1) 盐酸和(2) $AgNO_3$，由于发生同离子效应，使 AgCl 的溶解度降低。但若加入盐酸浓度较大的话，Ag^+ 与 Cl^- 可以生成配合物 $[AgCl_2]^-$，此时 AgCl 的溶解度反而会增大。

(3) KNO_3，由于发生盐效应，将使 AgCl 的溶解度稍有增加。

(4) 氨水，由于 NH_3 与 Ag^+ 形成配离子，使游离的 Ag^+ 明显地减少，AgCl 的沉淀溶解平衡向右移动，AgCl 的溶解度大大增加。

5. 解　H_2S 与 $ZnSO_4$ 发生下列反应：

$$Zn^{2+} + H_2S = ZnS \downarrow + 2H^+$$

随着反应的进行，溶液中 H^+ 浓度逐渐增大，逆反应进行的趋势逐渐增大，使正反应不能进行到底，ZnS 沉淀不完全。当加入 NaAc 时，Ac^- 与溶液中的 H^+ 结合生成弱电解质 HAc，使反应产物中 H^+ 浓度降低，致使通入的反应物 H_2S 解离度及溶解度增大，从而大大提高了溶液中的 S^{2-} 浓度，双管齐下平衡向右移动，最终使 ZnS 几乎完全沉淀出来。

6. 解　(1) 在含有 $Fe(OH)_3$ 固体的饱和溶液中存在下列沉淀-溶解平衡：

$$Fe(OH)_3(s) \rightleftharpoons Fe^{3+}(aq) + 3OH^-(aq)$$

加入盐酸后，HCl 解离出 H^+ 与 OH^- 结合，OH^- 离子浓度降低，$c(Fe^{3+}) \cdot c^3(OH^-) < K_{sp}(Fe(OH)_3)$，平衡右移，故 $Fe(OH)_3$ 能溶于稀盐酸。

(2) 在含有 $Mg(OH)_2$ 固体的饱和溶液中存在下列沉淀-溶解平衡：

$$Mg(OH)_2(s) \rightleftharpoons Mg^{2+}(aq) + 2OH^-(aq)$$

加入盐酸后，HCl 解离出 H^+ 与 OH^- 结合，OH^- 离子浓度降低，$c(Mg^{2+}) \cdot c^2(OH^-) < K_{sp}(Mg(OH)_2)$，故 $Mg(OH)_2$ 能溶于稀盐酸。

加入 NH_4Cl 溶液后，$NH_4^+(aq) + OH^-(aq) \rightleftharpoons NH_3(aq) + H_2O$，$OH^-$ 离子浓度降低，同样使 $c(Mg^{2+}) \cdot c^2(OH^-) < K_{sp}[Mg(OH)_2]$，平衡右移，故 $Mg(OH)_2$ 又能溶于 NH_4Cl 溶液中。

7. 解　(1) 加入磷酸，产生同离子效应，$Ca_3(PO_4)_2$ 的溶解度减小。

(2) 加入 $Ca(NO_3)_2$，产生同离子效应，$Ca_3(PO_4)_2$ 的溶解度减小。

(3) 加入 KNO_3，产生盐效应，$Ca_3(PO_4)_2$ 的溶解度增大。

8. 解　(1) 几乎没有影响，因 HCl 为强酸，溶液中[H^+]很大。

(2) NH_3 的离解度减小，溶液的 pH 减小。因同离子效应。

(3) pH 减小，因 NH_4^+ 是离子酸，使水溶液显酸性。

(4) $PbCl_2$ 的溶解度减小，因同离子效应。

五、计算题

1. 解　0.5 g AgCl 物质的量为

$$n(AgCl)=\frac{0.50}{143.4}=3.49\times10^{-3}(mol)$$

$$[Ag^+]=[Cl^-]=\sqrt{K_{sp}}=\sqrt{1.77\times10^{-10}}=1.33\times10^{-5}(mol\cdot L^{-1})$$

设蓄水 x 升，则

$$x\times1.33\times10^{-5}=3.49\times10^{-3}$$

所以 $x=262$ (L)。

2. 解　(1)

$$SrCO_3 = Sr^{2+} + CO_3^{2-}$$

$$K_{sp}(SrCO_3) = [Sr^{2+}][CO_3^{2-}] = S^2$$

则

$$S = [Sr^{2+}] = [CO_3^{2-}] = \sqrt{K_{sp}} = \sqrt{5.60\times10^{-10}} = 2.37\times10^{-5}(mol\cdot L^{-1})$$

(2)

$$Ag_3PO_4 = 3Ag^+ + PO_4^{3-}$$

因为[Ag^+]=3[PO_4^{3-}]，[PO_4^{3-}]=S，所以

$$K_{sp}(Ag_3PO_4)=[Ag^+]^3[PO_4^{3-}]=S(3S)^3=27S^4$$

则

$$S=[PO_4^{3-}]=\sqrt[4]{K_{sp}/27}=\sqrt[3]{8.89\times10^{-17}/27}=4.26\times10^{-5}(mol\cdot L^{-1})$$

3. 解　假定溶液中加入 $AgNO_3$ 溶液时，体积不改变，则当[Cl^-]$=\frac{0.10}{2}=$ 0.050 ($mol\cdot L^{-1}$)时，

$$[Ag^+]=\frac{K_{sp}(AgCl)}{[Cl^-]}=\frac{1.77\times10^{-10}}{0.050}=3.54\times10^{-9}(mol\cdot L^{-1})$$

此时$[I^-]=\frac{K_{sp}(AgI)}{[Ag^+]}=\frac{8.52\times10^{-17}}{3.54\times10^{-9}}=2.41\times10^{-8}(mol\cdot L^{-1})$。

4. 解　查表知 $K_{sp}(PbCrO_4)=1.77\times10^{-14}\ mol\cdot L^{-1}$，$K_{sp}(BaCrO_4)=1.6\times10^{-10}\ mol\cdot L^{-1}$。

对于 $PbCrO_4$，

$$[CrO_4^{2-}]=\frac{K_{sp}(PbCrO_4)}{[Pb^{2+}]}=\frac{1.77\times10^{-14}}{0.010}=1.77\times10^{-12}(mol\cdot L^{-1})$$

即当$[CrO_4^{2-}]=1.77\times10^{-12}\ mol\cdot L^{-1}$时产生$PbCrO_4$沉淀。

对于$BaCrO_4$，

$$[CrO_4^{2-}]=\frac{K_{sp}(BaCrO_4)}{[Ba^{2+}]}=\frac{1.6\times10^{-10}}{0.10}=1.6\times10^{-9}(mol\cdot L^{-1})$$

即当$[CrO_4^{2-}]=1.6\times10^{-9}\ mol\cdot L^{-1}$时产生$BaCrO_4$沉淀。

所以Pb^{2+}先沉淀，Ba^{2+}后沉淀。

当Ba^{2+}开始沉淀时，$[CrO_4^{2-}]=1.6\times10^{-9}\ mol\cdot L^{-1}$。此时溶液中

$$[Pb^{2+}]=\frac{K_{sp}(PbCrO_4)}{[CrO_4^{2-}]}=\frac{1.77\times10^{-14}}{1.6\times10^{-9}}=1.1\times10^{-5}(mol\cdot L^{-1})$$

所以Pb^{2+}和Ba^{2+}基本上能用此法定性分离。

5. 解　溶液中，

$$[Mn^{2+}]=0.20\ mol\cdot L^{-1}\times100.0\ mL/(100.0\ mL+100.0\ mL)$$
$$=0.10\ mol\cdot L^{-1}$$

$$[NH_3]=0.10\ mol\cdot L^{-1}\times100.0\ mL/(100.0\ mL+100.0\ mL)$$
$$=0.050\ mol\cdot L^{-1}$$

由$K_{sp}=[Mn^{2+}][OH^-]^2$，得

$$[OH^-]=\sqrt{K_{sp}/[Mn^{2+}]}=\sqrt{2.06\times10^{-13}/0.10}\ mol\cdot L^{-1}$$
$$=1.4\times10^{-6}\ mol\cdot L^{-1}$$

由$K_b=\frac{[NH_4^+][OH^-]}{[NH_3]}$，得

$$[NH_4^+]=\frac{[NH_3]\cdot K_b}{[OH^-]}=\frac{0.050\times1.8\times10^{-5}}{1.4\times10^{-6}}\ mol\cdot L^{-1}$$
$$=0.64\ mol\cdot L^{-1}$$

6. 解

$$Mn(OH)_2(s)\rightleftharpoons Mn^{2+}(aq)+2OH^-(aq)$$
$$[Mn^{2+}][OH^-]^2=K_{sp}$$

(1) $S(2S)^2=K_{sp}$，则

$$S=\sqrt[3]{\frac{K_{sp}}{4}}=\sqrt[3]{\frac{2.06\times10^{-13}}{4}}\ mol\cdot L^{-1}=3.72\times10^{-5}\ mol\cdot L^{-1}$$

(2) $[Mn^{2+}]=S=3.72\times10^{-5}\ mol\cdot L^{-1}$，$[OH^-]=2S=7.44\times10^{-5}\ mol\cdot L^{-1}$。

(3) $[OH^-]=0.10\ mol\cdot L^{-1}$，则

$$S=[Mn^{2+}]=\frac{K_{sp}}{[OH^-]^2}=\frac{2.06\times10^{-13}}{(0.10)^2}\ mol\cdot L^{-1}=2.1\times10^{-11}\ mol\cdot L^{-1}$$

(4) $[Mn^{2+}]=0.20\ mol\cdot L^{-1}$，则

$$S=\sqrt{\frac{K_{sp}}{4[Mn^{2+}]}}=\sqrt{\frac{2.06\times10^{-13}}{4\times0.20}}\ mol\cdot L^{-1}=5.1\times10^{-7}\ mol\cdot L^{-1}$$

7. 解　AgCl 开始沉淀时：

$$[Ag^+]_{AgCl}=\frac{K_{sp}(AgCl)}{[Cl^-]}=\frac{1.77\times10^{-10}}{0.010}\ mol\cdot L^{-1}$$
$$=1.77\times10^{-8}\ mol\cdot L^{-1}$$

Ag_2CrO_4 开始沉淀时：

$$[Ag^+]_{Ag_2CrO_4}=\sqrt{\frac{K_{sp}(Ag_2CrO_4)}{[CrO_4^{2-}]}}=\sqrt{\frac{1.12\times10^{-12}}{0.010}}\ mol\cdot L^{-1}$$
$$=1.06\times10^{-5}\ mol\cdot L^{-1}$$

沉淀 Cl^- 所需$[Ag^+]$较小，AgCl 沉淀先生成。当$[Ag^+]=1.06\times10^{-5}\ mol\cdot L^{-1}$时，$Ag_2CrO_4$ 开始沉淀，此时溶液中剩余的 Cl^- 浓度为

$$[Cl^-]=\frac{K_{sp}(AgCl)}{[Ag^+]}=\frac{1.77\times10^{-10}}{1.06\times10^{-5}}\ mol\cdot L^{-1}=1.67\times10^{-5}\ mol\cdot L^{-1}$$

8. 解　尿中 Ca^{2+} 的浓度为

$$[Ca^{2+}]=\frac{0.10\ g}{40\ g\cdot mol^{-1}\cdot 1.4\ L}=1.8\times10^{-3}\ mol\cdot L^{-1}$$

当 $I_p<K_{sp}$时，不会有沉淀生成，即 $c^3(Ca^{2+})c^2(PO_4^{3-})<K_{sp}$，所以

$$[PO_4^{3-}]=\sqrt[2]{\frac{K_{sp}\{Ca_3(PO_4)_2\}}{[Ca^{2+}]^3}}=\sqrt[2]{\frac{2.07\times10^{-33}}{(1.8\times10^{-3})^3}}\ mol\cdot L^{-1}$$
$$=5.96\times10^{-13}\ mol\cdot L^{-1}$$

9. 解　(1)

$$[F^-]=\sqrt{\frac{K_{sp}(CaF_2)}{[Ca^{2+}]}}=\sqrt{\frac{3.45\times10^{-11}}{0.0020}}\ mol\cdot L^{-1}=1.3\times10^{-4}\ mol\cdot L^{-1}$$

(2) 上述经氟化后的水中，F^- 质量浓度为

$$1.3\times10^{-4}\ mol\cdot L^{-1}\times19\ g\cdot mol^{-1}=2.47\times10^{-3}\ g\cdot L^{-1}=2.47\ mg\cdot L^{-1}$$

饮用水中允许存在的 F^- 浓度为 $1\ mg\cdot L^{-1}$，故上述经氟化后的水中 F^- 浓度超标。

10. 解　(1) 混合后溶液中，$c(MgCl_2)=0.10\ mol\cdot L^{-1}$，$c(NH_3\cdot H_2O)=0.10\ mol\cdot L^{-1}$。

因为 $cK_b>20K_w$，$\frac{c}{K_b}>500$，所以

$$[OH^-]=\sqrt{K_b c(NH_3)}=\sqrt{1.8\times10^{-5}\times0.10}\ mol\cdot L^{-1}$$
$$=1.3\times10^{-3}\ mol\cdot L^{-1}$$

$$I_p = [Mg^{2+}][OH^-]^2 = 0.10 \times (1.3 \times 10^{-3})^2 = 1.7 \times 10^{-7} > K_{sp}\{Mg(OH)_2\}$$

有沉淀生成。

(2) 要使沉淀溶解,设需加入 x g NH_4Cl,则

$$[OH^-] \leqslant \sqrt{\frac{K_{sp}}{[Mg^{2+}]}} = \sqrt{\frac{5.61 \times 10^{-12}}{0.10}}\ \text{mol} \cdot \text{L}^{-1} = 7.5 \times 10^{-6}\ \text{mol} \cdot \text{L}^{-1}$$

所以

$$[NH_4^+] = \frac{K_b \cdot [NH_3 \cdot H_2O]}{[OH^-]} = \frac{1.8 \times 10^{-5} \times 0.10}{7.5 \times 10^{-6}}\ \text{mol} \cdot \text{L}^{-1} = 0.24\ \text{mol} \cdot \text{L}^{-1}$$

则

$$x = 0.24\ \text{mol} \cdot \text{L}^{-1} \times (0.50\ \text{L} + 0.50\ \text{L}) \times 53.5\ \text{g} \cdot \text{mol}^{-1} = 12.8\ \text{g}$$

第四章　缓冲溶液

内容提要

一、缓冲溶液和缓冲机制

(1) 缓冲溶液：能抵抗外加少量强酸、强碱或稍加稀释，而保持其 pH 基本不变的溶液。

(2) 缓冲机制：在由足量的抗酸成分和抗碱成分共存的体系中，通过共轭酸碱对的质子转移平衡移动来实现。

(3) 缓冲溶液的组成：一对共轭酸（抗碱成分）和共轭碱（抗酸成分）（缓冲对/缓冲系）。

二、缓冲溶液 pH 的计算

(1) $pH = pK_a + \lg\frac{[B^-]}{[HB]}$；$pH = pK_a + \lg\frac{c(B^-)}{c(HB)}$；

$pH = pK_a + \lg\frac{n(B^-)}{n(HB)}$；$pH = pK_a + \lg\frac{V(B^-)}{V(HB)}$。

(2) 缓冲比 $= [B^-]/[HB]$；总浓度 $= [B^-] + [HB]$；当$[B^-]/[HB]$时，$pH = pK_a$。

三、缓冲容量和缓冲范围

(1) 缓冲容量：单位体积缓冲溶液的 pH 发生一定变化时，所能抵抗外加一元强酸或一元强碱的物质的量。衡量缓冲溶液缓冲能力大小的尺度。

(2) 影响缓冲容量的因素：总浓度和缓冲比。

① 当缓冲比一定时，总浓度越大，缓冲容量越大。

② 当总浓度一定时，缓冲比等于 1，缓冲容量最大，缓冲比愈接近 1，缓冲容量愈大。

(3) 缓冲范围：$pK_a - 1 \sim pK_a + 1$。

四、缓冲溶液的配制

(1) 选择合适的缓冲系。

(2) 所配制的缓冲溶液总浓度要适当。

(3) 计算所需缓冲系的量。

(4) 校正:为考虑离子强度的影响,计算结果和实测值往往有差别。

五、血液中的缓冲系

血液 pH 范围:7.35～7.45。

练 习 题

一、选择题

1. 下列各组溶液等体积混合后,有缓冲作用的是 ( )

A. 0.1 mol·L^{-1} HCl+0.2 mol·L^{-1} NaAc

B. 0.02 mol·L^{-1} NaOH+0.02 mol·L^{-1} NH_3

C. 0.01 mol·L^{-1} HAc 和 0.02 mol·L^{-1} NaCl

D. 0.01 mol·L^{-1} NaOH 和 0.02 mol·L^{-1} NaCl

2. 下列各物质之间能构成缓冲系(对)的是 ( )

A. H_2SO_4 和 Na_2SO_4　　B. HCl 和 NaOH

C. NaH_2PO_4 和 Na_2HPO_4　　D. HAc 和 NaCl

E. NH_4Cl 和 NH_4Ac

3. 0.1 mol·L^{-1} $NH_3\cdot H_2O$($K_b=1.79\times10^{-5}$)40.0 mL 和 0.1 mol·L^{-1} HCl 20.0 mL 混合,所得溶液的 pH 约为 ( )

A. 1.79　　B. 2.25　　C. 4.75　　D. 6.75　　E. 9.25

4. HCl 和 NH_4Cl 两种溶液混合后,它们的浓度分别为 0.01 mol·L^{-1}和 0.05 mol·L^{-1},此混合溶液的 pH 为 ( )

A. 2.00　　B. 4.75　　C. 7.25　　D. 8.75　　E. 9.25

5. 欲配制 pH=4.50 的缓冲溶液,若用 HAc($K_a=1.76\times10^{-5}$)及 NaAc 配制,则两者的浓度比[c(NaAc)/c(HAc)]为 ( )

A. 4.75/1　　B. 1/4.75　　C. 4.50/1　　D. 1/1.78　　E. 1.78/1

6. 将 60 mL 0.10 的某一元弱碱与 30 mL 相同浓度的 HCl 溶液混合,测得混合溶液的 pH=5.0,则该弱碱的解离平衡常数 K_b 值为 ( )

A. 1.0×10^{-5}　　B. 1.0×10^{-6}

C. 1.0×10^{-9}　　D. 1.0×10^{-10}

7. 在溶液 0.10 mol·L^{-1} HAc 20.0 mL 中，加入 0.05 mol·L^{-1} NaOH 20.0 mL，则溶液中的$[H^+]$为 (　　)

A. 1.76×10^{-5} mol·L^{-1}　　B. 2.50×10^{-3} mol·L^{-1}

C. 3.52×10^{-5} mol·L^{-1}　　D. 6.60×10^{-4} mol·L^{-1}

E. 9.25×10^{-5} mol·L^{-1}

8. 已知 H_3PO_4 的 $pK_{a1}=2.21$，$pK_{a2}=7.21$，$pK_{a3}=12.32$。100 mL 0.1 mol·L^{-1} H_3PO_4 溶液和 150 mL 0.1 mol·L^{-1} NaOH 溶液混合后(忽略体积变化)，所得溶液的 pH 约为 (　　)

A. 2.12　　B. 7.21　　C. 12.32　　D. 4.68

9. 下列各缓冲溶液，β 最大的是 (　　)

A. 500 mL 中含有 0.15 mol HAc 和 0.05 mol NaAc

B. 500 mL 中含有 0.05 mol HAc 和 0.15 mol NaAc

C. 500 mL 中含有 0.1 mol HAc 和 0.1 mol NaAc

D. 1000 mL 中含有 0.15 mol HAc 和 0.05 mol NaAc

E. 1000 mL 中含有 0.1 mol HAc 和 0.1 mol NaAc

10. 人体血浆中最重要的缓冲对是 (　　)

A. $H_2PO_4^- - HPO_4^{2-}$　　B. $HCO_3^- - CO_3^{2-}$

C. $H_2CO_3 - HCO_3^-$　　D. $HPO_4^{2-} - PO_4^{3-}$

11. 若要制取 pH=9 的缓冲溶液，较为合适的缓冲对为 (　　)

A. HCOONa 和 HCOOH($K_a=1.8\times10^{-4}$)

B. NaAc 和 HAc($K_a=1.8\times10^{-5}$)

C. NH_4Cl 和 $NH_3\cdot H_2O$($K_b=1.8\times10^{-5}$)

D. $NaHCO_3$ 和 Na_2CO_3($K_a=5.6\times10^{-11}$)

12. 用 H_3PO_4 和 NaOH 来配制 pH=7.0 的缓冲溶液，此缓冲溶液中的抗酸成分是 (　　)

A. $H_2PO_4^-$　　B. HPO_4^{2-}

C. H_3PO_4　　D. H_3O^+

E. H_2O

13. 人体血液的 pH 一般维持在 7.35～7.45 之间，原因之一是 (　　)

A. 人体内有大量的水

B. 血液在不停地流动

C. 血液中既有晶体物质又有胶体物质

D. 血液中有以 $H_2CO_3 - HCO_3^-$ 为主的共轭酸碱对

E. 血液中有以 $CO_3^{2-} - CO_2$(溶)缓冲对

14. 下列有关缓冲溶液的叙述中，错误的是 (　　)

A. β 表示缓冲容量，β 越大，缓冲能力越大

B. 缓冲比一定时，缓冲对的总浓度越大，β 越大

C. 缓冲范围大体是 $pK_a \pm 1$

D. 缓冲溶液稀释后，缓冲比不变，所以 pH 不变，β 也不变

E. 总浓度一定时，缓冲比为 1∶1，则 β 最大

15. 在 1 L 缓冲溶液中，具有最大缓冲容量的缓冲溶液是　　（　　）

A. $[H_2PO_4^-]=[HPO_4^{2-}]=0.015\ mol \cdot L^{-1}$

B. $[NH_3]=[NH_4^+]=0.02\ mol \cdot L^{-1}$

C. $[HAc]=0.03\ mol \cdot L^{-1}$，$[Ac^-]=0.01\ mol \cdot L^{-1}$

D. $0.01\ mol \cdot L^{-1}$ $NaHCO_3$ 溶液

16. 六次甲基四铵$[(CH_2)_6N_4]$（$K_b=1.4\times10^{-9}$）及其盐$[(CH_2)_6N_4 \cdot H^+]$组成的缓冲溶液的缓冲范围为　　（　　）

A. pH＝4～6　　B. pH＝6～8

C. pH＝8～10　　D. pH＝9～10

E. pH＝10～11

17. 在配制缓冲溶液 Tris－Tris・HCl 时，常加入一定量的 NaCl，其作用是　　（　　）

A. 用 Na^+ 置换 Tris・HCl 中的 H^+

B. 调节缓冲溶液的离子强度和渗透浓度

C. 增大缓冲容量

D. 保持溶液的 pH 稳定

二、判断题

1. 凡是有一对缓冲对的溶液，均具备较强的缓冲能力。　　（　　）

2. 由于 HAc 溶液中存在 HAc 和 Ac^- 的质子转移平衡，所以 HAc 溶液是缓冲溶液。　　（　　）

3. 缓冲溶液用水稀释时，由于平衡的微小移动，所以其 pH 也有微小的改变。　　（　　）

4. 因 $NH_4Cl-NH_3 \cdot H_2O$ 缓冲溶液的 pH 大于 7，所以不能抵抗少量的强碱。　　（　　）

5. 当足量 HB 和 NaB 组成的缓冲溶液，[HB]和$[B^-]$近似等于 c(HB)和 c(NaB)。　　（　　）

6. 缓冲溶液就是能抵抗外来酸碱影响，保持溶液 pH 绝对不变的溶液。　　（　　）

7. 血液中起主要作用的缓冲溶液 $HCO_3^- - H_2CO_3$ 的缓冲比为 20∶1，仍具有缓冲作用，其主要的原因是 HCO_3^- 量很大，足以抵抗机体产生的酸性物质，而$[H_2CO_3]$变化及其碱作用则无关紧要。　　（　　）

8. 缓冲溶液在适度稀释时，缓冲容量减小，缓冲范围基本不变。 （ ）

9. 由于缓冲容量与总浓度有关，所以配制缓冲溶液时，总浓度越大越好。 （ ）

10. 若 $HAc-Ac^-$ 缓冲溶液中 $[Ac^-]>[HAc]$，则该缓冲溶液的抗酸能力大于抗碱能力。 （ ）

三、填空

1. 已知 H_2CO_3 的 $pK_{a1}=6.37$，$pK_{a2}=10.25$，$NaHCO_3-Na_2CO_3$ 缓冲系可用于配制 pH 从________到________之间的缓冲溶液。

2. $NaHCO_3$ 和 Na_2CO_3 组成的缓冲溶液，抗酸成分是________，抗碱成分是________，计算该缓冲溶液 pH 的公式为________。该缓冲系的有效缓冲范围是________。（已知 H_2CO_3 的 $pK_{a1}=6.35$，$pK_{a2}=10.33$）

3. 缓冲溶液 pH，计算结果和实测值往往有差别，其主要原因是________。

4. 影响缓冲溶液 pH 的主要因素是________，影响缓冲溶液缓冲容量的因素是________和________。缓冲溶液加少量水稀释时，pH ________，缓冲容量________。

5. 向 10 mL 0.1 $mol \cdot L^{-1}$ $NaHCO_3$ 溶液中加入 0.001 mol Na_2CO_3 固体（设溶液体积不变），则溶液的 H^+ 浓度将________，pH 将________，$[CO_3^{2-}]$________，该混合溶液为________，已知 $K_a(HCO_3^-)=5.6\times10^{-11}$，则其溶液的 $[H^+]=$________ $mol \cdot L^{-1}$，向该溶液中加入少量 NaOH 溶液或 HCl 溶液或少量水后，溶液的 pH ________。

四、计算题

1. 将 0.30 $mol \cdot L^{-1}$ 吡啶（C_5H_5N，$pK_b=8.77$）和 0.10 $mol \cdot L^{-1}$ HCl 溶液等体积混合，混合液是否为缓冲溶液？求此混合溶液的 pH。

2. 将 10.0 g Na_2CO_3 和 10.0 g $NaHCO_3$ 溶于水制备 250 g 缓冲溶液，求溶液的 pH。

3. 求 pH = 3.90，总浓度为 0.400 $mol \cdot L^{-1}$ 的 HCOOH（甲酸）- HCOONa（甲酸钠）缓冲溶液中，甲酸和甲酸钠的物质的量浓度（HCOOH 的 $pK_a=3.75$）。

4. 向 100 mL 某缓冲溶液中加入 0.20 g NaOH 固体，所得缓冲溶液的 pH 为 5.60。已知原缓冲溶液共轭酸 HB 的 $pK_a=5.30$，$c(HB)=0.25\ mol \cdot L^{-1}$，求原缓冲溶液的 pH。

5. 阿司匹林（乙酰水杨酸，以 HAsp 表示）以游离酸（未解离的）形式从胃中吸收，若患者服用解酸药，调整胃容物的 pH 为 2.95，然后口服阿司匹林 0.65 g。假设阿司匹林立即溶解，且胃容物的 pH 不变，问患者可以从胃中立即吸收的阿司匹林为多少克？（乙酰水杨酸的 $M_r=180.2$，$pK_a=3.48$）

6. 将 0.10 mol·L^{-1} HAc 溶液和 0.10 mol·L^{-1} NaOH 溶液以 3∶1 的体积比混合，求此缓冲溶液的 pH 及缓冲容量。

7. 某生物化学实验中需用巴比妥缓冲溶液，巴比妥（$C_8H_{12}N_2O_3$）为二元有机酸（用 H_2Bar 表示，$pK_{a1}=7.43$）。今称取巴比妥 18.4 g，先加蒸馏水配成 100 mL 溶液，在 pH 计监控下，加入 6.00 mol·L^{-1} NaOH 溶液 4.17 mL，并使溶液最后体积为 1000 mL。求此缓冲溶液的 pH 和缓冲容量。（已知巴比妥的 $M_r=184$ g·mol^{-1}）

8. 分别加 NaOH 溶液或 HCl 溶液于柠檬酸氢钠（缩写 Na_2HCit）溶液中。写出可能配制的缓冲溶液的抗酸成分、抗碱成分和各缓冲系的理论有效缓冲范围。如果上述三种溶液的物质的量浓度相同，它们以何种体积比混合，才能使所配制的缓冲溶液有最大缓冲容量？（已知 H_3Cit 的 $pK_{a1}=3.13$，$pK_{a2}=4.76$，$pK_{a3}=6.40$）

9. 现有（1）0.10 mol·L^{-1} NaOH 溶液，（2）0.10 mol·L^{-1} NH_3 溶液，（3）0.10 mol·L^{-1} Na_2HPO_4 溶液各 50 mL，欲配制 pH＝7.00 的溶液，问需分别加入多少 0.10 mol·L^{-1} HCl 溶液？配成的三种溶液有无缓冲作用？哪一种缓冲能力最好？

10. 用固体 NH_4Cl 和 NaOH 溶液来配制 1 L 总浓度为 0.125 mol·L^{-1}，pH＝9.00 的缓冲溶液，问需 NH_4Cl 多少克？求需 1.00 mol·L^{-1} 的 NaOH 溶液的体积（单位：mL）。

11. 用 0.020 mol·L^{-1} H_3PO_4 溶液和 0.020 mol·L^{-1} NaOH 溶液配制 100 mL pH＝7.40 的生理缓冲溶液，求需 H_3PO_4 溶液和 NaOH 溶液的体积（单位：mL）。

12. 今欲配制 37 ℃时，近似 pH 为 7.40 的生理缓冲溶液，计算在 Tris 和 Tris·HCl 浓度均为 0.050 mol·L^{-1} 的溶液 100 mL 中，需加入 0.050 mol·L^{-1} HCl 溶液的体积（mL）。在此溶液中需加入固体 NaCl 多少克，才能配成与血浆等渗的溶液？（已知 Tris·HCl 在 37 ℃时的 $pK_a=7.85$，忽略离子强度的影响。）

13. 正常人体血浆中，[HCO_3^-]＝24.0 mmol·L^{-1}，[$CO_2(aq)$]＝1.20 mmol·L^{-1}。若某人因腹泻使血浆中[HCO_3^-]减少到为原来的 90%，试求此人血浆的 pH，并判断是否会引起酸中毒。已知 H_2CO_3 的 $pK'_{a1}=6.10$。

14. 向 30.0 mL 0.50 mol·L^{-1} 弱酸 HB 中加入 10.0 mL 0.5 mol·L^{-1} NaOH，并用水稀释至 100 mL，测得 pH 为 6.00，求 HB 的 K_a。

15. 某 NH_4Cl-NH_3 缓冲溶液的 pH 为 9.50，[NH_4^+]＝0.100 mol·L^{-1}，现有 3.00 mol·L^{-1} NaOH 溶液和 NH_4Cl 固体，欲配上述缓冲溶液 500 mL，应如何配制？

16. 欲使 0.010 mol·L^{-1} HAc 100 mL 的 pH＝5.00，需加固体 NaOH 多少克？（忽略溶液体积变化）

17. 用 0.12 mol·L^{-1} H_3PO_4 和 0.30 mol·L^{-1} NaOH 配成 pH 为 7.21 的缓

冲溶液，求 H_3PO_4 与 NaOH 溶液的体积比。（H_3PO_4：$pK_{a1}=2.12$，$pK_{a2}=7.21$，$pK_{a3}=12.36$）

18. 欲配制 pH=5.00 含 HAc 0.20 mol·L^{-1}的缓冲溶液 1 L，需 1 mol·L^{-1} HAc 和 1 mol·L^{-1} NaAc 溶液各多少(单位：mL)？

19. 500 mL 0.200 mol·L^{-1}柠檬酸溶液(缩写为 H_3Cit)中，需加入多少 0.40 mol·L^{-1} NaOH，才能配制 pH=5.00 的缓冲溶液？

练习题解答

一、选择题

1. A　2. C　3. E　4. A　5. D　6. C　7. A　8. B　9. C
10. C　11. C　12. A　13. D　14. D　15. B　16. A　17. B

二、判断题

1. ×　2. ×　3. √　4. ×　5. √　6. ×　7. ×　8. √　9. ×
10. √

三、填空题

1. 9.25；11.25

2. CO_3^{2-}；HCO_3^-；$pH=pK_{a2}+\lg\frac{[CO_3^{2-}]}{[HCO_3^-]}$；9.33～11.33

3. 离子强度的影响(离子氛)

4. pK_a；总浓度；缓冲比；基本不变；减小

5. 减小；增大；增大；缓冲溶液；5.6×10^{-11}；不发生明显变化

四、计算题

1. 解　C_5H_5N 与 HCl 反应生成 $C_5H_5NH^+Cl^-$(吡啶盐酸盐)，混合溶液为 0.10 mol·L^{-1} C_5H_5N 和 0.050 mol·L^{-1} $C_5H_5NH^+Cl^-$ 的缓冲溶液，则

$$pK_a=14.00-8.77=5.23$$

$$pH=pK_a+\lg\frac{c(C_5H_5N)}{c(C_5H_5NH^+)}=5.23+\lg\frac{0.10}{0.05}=5.53$$

2. 解　由题知

$$n(HCO_3^-)=\frac{10.0\ g}{84.0\ g\cdot mol^{-1}}=0.119\ mol$$

$$n(CO_3^{2-})=\frac{10.0\ g}{106\ g\cdot mol^{-1}}=0.094\ mol$$

$$pH = pK_a + \lg\frac{n(CO_3^{2-})}{n(HCO_3^-)} = 10.33 + \lg\frac{0.094\ mol}{0.119\ mol} = 10.23$$

3. 解 设 $c(HCOONa) = x\ mol \cdot L^{-1}$,则

$$c(HCOOH) = 0.400\ mol \cdot L^{-1} - x\ mol \cdot L^{-1}$$

$$pH = 3.75 + \lg\frac{x\ mol \cdot L^{-1}}{(0.400 - x)\ mol \cdot L^{-1}} = 3.90$$

得

$$c(HCOO^-) = x\ mol \cdot L^{-1} = 0.234\ mol \cdot L^{-1}$$

$$c(HCOOH) = (0.400 - 0.234)\ mol \cdot L^{-1} = 0.166\ mol \cdot L^{-1}$$

4. 解 $n(NaOH) = \dfrac{0.20\ g/40\ g \cdot mol^{-1}}{100\ mL} \times \dfrac{1000\ mL}{1L} = 0.050\ mol \cdot L^{-1}$

加入 NaOH 后,

$$pH = 5.30 + \lg\frac{[B^-] + 0.050\ mol \cdot L^{-1}}{(0.25 - 0.050)\ mol \cdot L^{-1}} = 5.60$$

解得$[B^-] = 0.35\ mol \cdot L^{-1}$。

原溶液

$$pH = 5.30 + \lg\frac{0.35\ mol \cdot L^{-1}}{0.25\ mol \cdot L^{-1}} = 5.45$$

5. 解 $pH = pK_a + \lg\dfrac{n(Asp^-)}{n(HAsp)} = 3.48 + \lg\dfrac{n\ (Asp^-)}{n(HAsp)} = 2.95$

得$\dfrac{n(Asp^-)}{n(HAsp)} = 0.295$。

依题意

$$n(Asp^-) + n(HAsp) = \frac{0.65\ g}{180\ g \cdot mol^{-1}} = 0.0036\ mol$$

解得 $n(HAsp) = 0.00277\ mol$。

可吸收阿司匹林的质量$= 0.00277\ mol \times 180.2\ g \cdot mol^{-1} = 0.50\ g$。

6. 解 HAc 溶液和 NaOH 溶液的体积分别为 $3V$ 和 V,有

$$c(HAc) = (0.10 \times 3V - 0.10 \times V)\ mol \cdot L^{-1}/(3V + V) = 0.050\ mol \cdot L^{-1}$$

$$c(Ac^-) = 0.10\ mol \cdot L^{-1} \times V/(3V + V) = 0.025\ mol \cdot L^{-1}$$

则

$$pH = 4.75 + \lg\frac{0.025\ mol \cdot L^{-1}}{0.050\ mol \cdot L^{-1}} = 4.45$$

$$\beta = 2.303 \times \frac{0.050\ mol \cdot L^{-1} \times 0.025\ mol \cdot L^{-1}}{(0.050 + 0.025)\ mol \cdot L^{-1}} = 0.038\ mol \cdot L^{-1}$$

7. 解 H_2Bar 与 NaOH 的反应为

$$H_2Bar(aq) + NaOH(aq) \xlongequal{} NaHBar(aq) + H_2O(l)$$

反应生成的 NaHBar 的物质的量

$$n(\text{NaHBar}) = c(\text{NaOH}) \times V(\text{NaOH}) = 6.0\ \text{mol} \cdot \text{L}^{-1} \times 4.17\ \text{mL} = 25\ \text{mmol}$$

剩余 H_2Bar 的物质的量为

$$n_{余}(\text{H}_2\text{Bar}) = n(\text{H}_2\text{Bar}) - n(\text{NaOH}) = \frac{18.4\ \text{g}}{184\ \text{g} \cdot \text{mol}^{-1}} \times 1000 - 25\ \text{mmol} = 75\ \text{mmol}$$

$$\text{pH} = \text{p}K_\text{a} + \lg\frac{n(\text{HBar}^-)}{n(\text{H}_2\text{Bar})} = 7.43 + \lg\frac{25\ \text{mmol}}{75\ \text{mmol}} = 6.95$$

$$\beta = 2.303 \times \frac{(75\ \text{mmol}/1000\ \text{mL}) \times (25\ \text{mmol}/1000\ \text{mL})}{(75 + 25)\ \text{mmol}/1000\ \text{mL}} = 0.043\ \text{mol} \cdot \text{L}^{-1}$$

8. 解

溶液组成	缓冲系	抗酸成分	抗碱成分	有效缓冲范围	β 最大时体积比
$Na_2HCit + HCl$	$H_2Cit^- - HCit^{2-}$	$HCit^{2-}$	H_2Cit^-	3.76～5.76	2∶1
$Na_2HCit + HCl$	$H_3Cit - H_2Cit^-$	H_2Cit^-	H_3Cit	2.13～4.13	2∶3
$Na_2HCit + NaOH$	$HCit^{2-} - Cit^{3-}$	Cit^{3-}	$HCit^{2-}$	5.40～7.40	2∶1

9. 解 (1) HCl 与 NaOH 完全反应需 HCl 溶液 50 mL。

(2) $\text{HCl(aq)} + \text{NH}_3 \cdot \text{H}_2\text{O(aq)} = \text{NH}_4\text{Cl(aq)} + \text{H}_2\text{O(l)}$

NH_4^+ 的 $\text{p}K_\text{a} = 14.00 - 4.75 = 9.25$，则有

$$7.00 = 9.25 + \lg\frac{0.10\ \text{mol} \cdot \text{L}^{-1} \times 50\ \text{mL} - 0.10\ \text{mol} \cdot \text{L}^{-1} \times V(\text{HCl})}{0.10\ \text{mol} \cdot \text{L}^{-1} \times V(\text{HCl})}$$

解得 $V(\text{HCl}) = 49.7\ \text{mL}$。

(3) $\text{HCl(aq)} + \text{Na}_2\text{HPO}_4\text{(aq)} = \text{NaH}_2\text{PO}_4\text{(aq)} + \text{NaCl(aq)}$

H_3PO_4 的 $\text{p}K_{\text{a}2} = 7.21$，则有

$$7.00 = 7.21 + \lg\frac{0.10\ \text{mol} \cdot \text{L}^{-1} \times 50\ \text{mL} - 0.10\ \text{mol} \cdot \text{L}^{-1} \times V(\text{HCl})}{0.10\ \text{mol} \cdot \text{L}^{-1} \times V(\text{HCl})}$$

解得 $V(\text{HCl}) = 31\ \text{mL}$。

第一种混合溶液无缓冲作用；第二种 $\text{pH} < \text{p}K_\text{a} - 1$，缓冲能力极弱；第三种缓冲作用较强。

10. 解 需要 NH_4Cl 质量 $m = 0.125\ \text{mol} \cdot \text{L}^{-1} \times 1\ \text{L} \times 53.5\ \text{g} \cdot \text{mol}^{-1} = 6.69\ \text{g}$（$NH_3$ 和 NH_4Cl 两种缓冲组分均来源于 NH_4Cl 固体）。

设需要 NaOH 溶液 V L，则

$$9.00 = 9.25 + \lg\frac{1.00\ \text{mol} \cdot \text{L}^{-1} \times V(\text{NaOH})}{0.125\ \text{mol} \cdot \text{L}^{-1} \times 1 - 1.00\ \text{mol} \cdot \text{L}^{-1} \times V(\text{NaOH})}$$

解得 $V = 0.045\ \text{L}$。

11. 解 H_3PO_4 的 $\text{p}K_{\text{a}1} = 2.16$，$\text{p}K_{\text{a}2} = 7.21$，$\text{p}K_{\text{a}3} = 12.32$。

故使用 NaH_2PO_4 和 Na_2HPO_4 组成缓冲对，设需要 H_3PO_4 V mL，则 NaOH 为 100 - V mL。要形成 NaH_2PO_4 - Na_2HPO_4 缓冲对反应分两步完成：

(1)

	$H_3PO_4(aq)$ +	NaOH(aq)	$=NaH_2PO_4(aq) + H_2O(l)$
剩余量(mmol)	0	0.02(100 - V - V)	0.02V

第一步反应完。

(2)

	$NaH_2PO_4(aq)$	+ NaOH(aq)=	$Na_2HPO_4(aq)$ + $H_2O(l)$
剩余量(mmol)	0.02V - 0.02(100 - 2V)	0	0.02(100 - 2V)

第二步反应完。

$$7.40 = 7.21 + \lg \frac{0.02(100 - 2V)\ \text{mmol}}{0.02(3V - 100)\ \text{mmol}}$$

解得需要 H_3PO_4 $V = 38.4$ mL，则需要 NaOH 的 $V = 100\ \text{mL} - 38.4\ \text{mL} = 61.6$ mL。

12. 解 (1)

$$7.40 = 7.85 + \lg \frac{n(\text{Tris})}{n(\text{Tris} \cdot \text{HCl})}$$

$$= 7.85 + \lg \frac{0.0500\ \text{mol} \cdot \text{L}^{-1} \times 100\ \text{mL} - 0.0500\ \text{mol} \cdot \text{L}^{-1} \times V(\text{HCl})}{0.0500\ \text{mol} \cdot \text{L}^{-1} \times 100\ \text{mL} + 0.0500\ \text{mol} \cdot \text{L}^{-1} \times V(\text{HCl})}$$

即 $0.355 = \dfrac{100 - V(\text{HCl})}{100 + V(\text{HCl})}$，解得 $V(\text{HCl}) = 47.6$ mL。

(2) 设加入 NaCl x g，血浆渗透浓度为 300 $\text{mmol} \cdot \text{L}^{-1}$。

$$c(\text{Tris}) = \frac{0.050\ \text{mol} \cdot \text{L}^{-1} \times 100\ \text{mL} - 0.050\ \text{mol} \cdot \text{L}^{-1} \times 47.6\ \text{mL}}{147.6\ \text{mL}}$$

$$= 0.018\ \text{mol} \cdot \text{L}^{-1}$$

$$c(\text{Tris} \cdot \text{HCl}) = \frac{0.050\ \text{mol} \cdot \text{L}^{-1} \times 100\ \text{mL} + 0.050\ \text{mol} \cdot \text{L}^{-1} \times 47.6\ \text{mL}}{147.6\ \text{mL}}$$

$$= 0.050\ \text{mol} \cdot \text{L}^{-1}$$

$$(0.018 + 2 \times 0.050)\ \text{mol} \cdot \text{L}^{-1} + \frac{2x\ \text{g} \times 1000\ \text{mL} \cdot \text{L}^{-1}}{58.5\ \text{g} \cdot \text{mol}^{-1} \times 147.6\ \text{mL}} = 0.300\ \text{mol} \cdot \text{L}^{-1}$$

解得 $x = 0.79$，即需加入 NaCl 0.79 g。

13. 解

$$\text{pH} = \text{p}K'_{a1} + \lg \frac{[HCO_3^-]}{[CO_2(aq)]} = 6.10 + \lg \frac{24\ \text{mmol} \cdot \text{L}^{-1} \times 0.90}{1.2\ \text{mmol} \cdot \text{L}^{-1}} = 7.36$$

pH 虽接近 7.35，但由于血液中还有其他缓冲系的协同作用，不会引起酸中毒。

14. 解 两种溶液混合前

$n(\text{HB}) = 0.50 \times 30.0\ (\text{mmol})$，　$n(\text{NaOH}) = 0.50 \times 10\ (\text{mmol})$

混合后

$$n(HB) = 0.50 \times (30.0 - 10.0) = 0.50 \times 20.0 \text{ (mmol)}$$

$$n(NaB) = 0.50 \times 10.0 \text{ (mmol)}$$

由 $pH = pK_a + \lg \dfrac{n(B^-)}{n(HB)}$,得

$$6 = pK_a + \lg \frac{0.50 \times 10.0}{0.50 \times 20.0}$$

所以 $pK_a = 6.30$,$K_a = 5.0 \times 10^{-7}$。

15. 解 缓冲液由 NH_4Cl 与 NaOH 反应生成。

由缓冲公式 $9.50 = 9.25 + \lg \dfrac{[NH_3]}{[NH_4^+]}$,而 $[NH_4^+] = 0.100\ mol \cdot L^{-1}$,得

$$[NH_3] = 0.178\ mol \cdot L^{-1}$$

$$c_{总}(NH_4Cl) = [NH_3] + [NH_4^+] = 0.278\ (mol \cdot L^{-1})$$

所需 NH_4Cl 质量为

$$m(NH_4Cl) = 0.278 \times 500 \times 10^{-3} \times 53.5 = 7.44\ (g)$$

所需 $3.00\ mol \cdot L^{-1}$ NaOH 体积为

$$V(NaOH) = (0.178/3.00) \times 500 = 29.7\ (mL)$$

即把 7.44 g 溶于 29.7 mL $3.00\ mol \cdot L^{-1}$ NaOH 并加水稀释至 500 mL 即可。

16. 解 设需加固体 NaOH x g,则在 100 mL 溶液中

$$c(NaOH) = \frac{x\ g}{40\ g \cdot mol^{-1}} \div 0.1\ (L) = \frac{x}{4}\ (mol/L)$$

NaOH 与 HAc 反应生成 NaAc,则 $[Ac^-] = \dfrac{x}{4}$,$[HAc] = 0.01 - \dfrac{x}{4}$。

由缓冲公式得

$$5.00 = 4.75 + \lg \frac{x/4}{0.1 - x/4}$$

得 $x = 2.56$ g。

17. 解 根据题意知,$pH = pK_{a2} = 7.21$,则

$$pH = pK_{a2} + \lg \frac{[HPO_4^{2-}]}{[H_2PO_4^-]}, \quad 即 \frac{[HPO_4^{2-}]}{[H_2PO_4^-]} = 1$$

所涉及的反应为

$$2H_3PO_4 + 3NaOH = NaH_2PO_4 + Na_2HPO_4 + 3H_2O$$

由此可得

$$n(2H_3PO_4) = n(3NaOH)$$

$$\frac{1}{2}c(H_3PO_4)V(H_3PO_4) = \frac{1}{3}c(NaOH)V(NaOH)$$

$$\frac{V(H_3PO_4)}{V(NaOH)} = \frac{2c(NaOH)}{3c(H_3PO_4)} = \frac{2 \times 0.3}{3 \times 0.12} = 1.67$$

18．解　由缓冲公式得

$$pH = pK_a + \lg\frac{[Ac^-]}{[HAc]},\quad 即\ 5.00 = 4.75 + \lg\frac{[Ac^-]}{[HAc]}$$

得$\frac{[Ac^-]}{[HAc]} = 1.778$。

因为$[HAc] = 0.2\ mol \cdot L^{-1}$，所以

$$[Ac^-] = 0.2 \times 1.778 = 0.356\ mol \cdot L^{-1}$$

则

$$n(Ac^-) = 0.356 \times 1 = 0.356\ (mol)$$
$$n(HAc) = 0.2 \times 1 = 0.2\ (mol)$$

有

$$V(NaAc) = \frac{0.356}{1} \times 1000 = 356\ (mL)$$

$$V(HAc) = \frac{0.2}{1} \times 1000 = 200\ (mL)$$

所以，将 200 mL 1 $mol \cdot L^{-1}$ HAc 与 356 mL 1 $mol \cdot L^{-1}$ NaAc 混合，稀释至 1 L 即可得到所要求的缓冲溶液。

19．解　查表可知 H_3Cit 的 $pK_{a1} = 3.13$，$pK_{a2} = 4.76$，$pK_{a3} = 6.40$。

依题意，缓冲溶液的缓冲系应为 $H_2Cit^- - HCit^{2-}$，故 $pK_a = 4.76$，所加 NaOH 首先与全部 H_3Cit 反应，生成 H_2Cit^-，再与部分 H_2Cit^- 反应，生成 $HCit^{2-}$。因此

$$n(H_3Cit) = n(H_2Cit^-) + n(HCit^{2-})$$
$$n(NaOH) = n(H_2Cit^-) + 2n(HCit^{2-})$$

由题意，可得

$$pH = pK_a + \lg\frac{[n(HCit^{2-})]}{[n(H_2Cit^-)]},\quad 即\ 5.00 = 4.76 + \lg\frac{[n(HCit^{2-})]}{[n(H_2Cit^-)]}$$

得$\frac{[n(HCit^{2-})]}{[n(H_2Cit^-)]} = 1.74$。

而 $n(H_3Cit) = 0.200 \times 500 \times 10^{-3} = 0.100\ (mL)$，则

$$n(H_2Cit^-) = 0.0365\ (mol),\quad n(HCit^{2-}) = 0.0635\ (mol)$$
$$n(NaOH) = 0.0365 + 2 \times 0.0635 = 0.1635\ (mol)$$

于是

$$V(NaOH) = \frac{0.1635}{0.4} \times 1000 = 409\ (mL)$$

第五章[#]　胶　　体

内 容 提 要

一、胶体分散系

1. 胶体分散系的制备

胶体分散系包括溶胶、高分子溶液和缔合胶体三类。胶体的分散相的粒子的大小为1～100 nm,可以是一些小分子、离子或原子的聚集体,也可以是单个的大分子。

2. 胶体分散系的表面特性

胶体是高度分散的分散系统。高度分散使得分散相表面积急剧增大。分散相在分散介质中分散的程度称为分散度,用比表面积 S_0 表示:$S_0 = S/V$。比表面越大,分散度也越大。

二、溶胶

1. 溶胶的基本性质

多相性、高度分散性和聚结不稳定性是溶胶的基本特性,其光学性质、动力学性质和电学性质都是由这些基本特性引起的。

(1) 溶胶的光学性质。

溶胶有乳光现象。当胶粒的直径略小于入射光的波长时,光波就被散射,成为乳光,称为丁达尔(Tyndall)效应。丁达尔效应是溶胶区别于真溶液的一个基本特征。

(2) 溶胶的动力学性质。

由于瞬间胶粒受到来自周围各方介质分子碰撞的合力未被完全抵消,引起胶粒在介质中不停地做不规则的运动,称为布朗(Brown)运动。运动着的胶粒可使其本身不下沉,因而是溶胶的一个稳定因素。

当溶胶中的胶粒存在浓度差时,胶粒将从浓度大的区域向浓度小的区域迁移,这种现象称为扩散。扩散现象是由胶粒的布朗运动引起的。在重力场中胶粒受重力的作用而要下沉,这一现象称为沉降。溶胶的胶粒较小,扩散和沉降两种作用同时存在。当沉降速度等于扩散速度，系统处于平衡状态，胶粒的浓度从上到下逐渐增大，形成一个稳定的浓度梯度，称为沉降平衡。

2. 胶团结构及溶胶的稳定性

当胶核选择吸附阳离子时胶粒带正电，选择吸附阴离子时胶粒带负电。当溶胶的稳定因素受到破坏，即引起聚沉。其中最主要的是加入电解质引起的聚沉。聚沉作用主要是电解质中与胶粒带相反电荷的离子，反离子的价数愈高聚沉能力愈强。电解质聚沉能力的大小用临界聚沉浓度表示。带相反电荷的溶胶有相互聚沉能力。少量的高分子溶液加入溶胶中，可引起溶胶聚沉，这种现象称为敏化作用，而适量高分子溶液加入溶胶中，对溶胶有保护作用。

三、表面活性剂和乳状液

1. 表面活性剂

能显著减小表面张力的物质称为表面活性剂，表面活性剂分子中一般同时含有疏水性基团和亲水性基团。表面活性剂的活性决定于其组成中的亲水基团和疏水性基团的相对强弱，若亲脂基团的疏水性影响较大，表面活性就增大，它有集中在溶液表面形成正吸附的倾向，从而降低表面张力。

2. 缔合胶体

当进入水中的表面活性剂逐渐增多便可形成胶束，由胶束可形成稳定的缔合胶体。开始形成胶束时表面活性剂的最低浓度称为临界胶束浓度(CMC)。表面活性剂的临界胶束浓度的数值受温度、表面活性剂用量、分子缔合程度、溶液的 pH 以及电解质存在的影响。

3. 乳状液

乳状液是由两种液体所组成的分散系统，属于热力学不稳定的粗分散系。在乳状液中加入表面活性剂，可降低相界面张力形成保护膜，使乳状液得以稳定。乳状液可分为“水包油”型(O/W)和“油包水”型(W/O)两种不同类型。

练 习 题

一、选择题

1. 将较大的物质分散成细末时，做功所消耗的能量转变为 ( )

A. 系统内部能量　　B. 表面能

C. 势能　　D. 动能

2. 下列关于胶体的叙述不正确的是 ( )

A. 布朗运动是胶体微粒特有的运动方式，可以据此把胶体和溶液、悬浊液区别开来

B. 光线透过胶体时，胶体发生丁达尔效应

C. 用渗析的方法净化胶体时，使用的半透膜只能让较小的分子、离子通过

D. 胶体微粒具有较大的表面积，能吸附阳离子或阴离子，故在电场作用下会产生电泳现象

3. 使 $Fe(OH)_3$ 溶胶聚沉，效果最好的电解质是 ( )

A. $AlCl_3$ B. $NaNO_3$ C. Na_2SO_4 D. $MgBr_2$

E. $K_3[Fe(CN)]$

4. 下列关于溶胶和高分子溶液的叙述，正确的是 ( )

A. 都是均相热力学稳定系统

B. 都是多相热力学不稳定系统

C. 都是多相热力学稳定系统

D. 溶胶是多相热力学不稳定系统，高分子溶液是均相热力学稳定系统

E. 溶胶是均相热力学稳定系统，高分子溶液是多相热力学不稳定系统

5. 一般情况下，胶体微粒不易聚集而稳定，主要是因为 ( )

A. 胶体有丁达尔效应 B. 胶体有布朗运动

C. 胶粒很小，不受重力作用 D. 同种胶粒带同种电荷，它们互相排斥

6. 蛋白质溶液属于 ( )

A. 乳状液 B. 悬浊液 C. 溶胶 D. 胶体

E. 水溶胶

7. 含有泥沙的江河水(泥沙胶粒带负电荷)用作工业用水时，必须经过净化，用明矾可作净水剂，明矾除去江河水中泥沙的主要原因是 ( )

A. 明矾与泥沙发生了化学反应

B. 明矾溶液中的胶粒具有很强的吸附作用

C. 明矾溶液中的胶粒与泥沙胶粒所带的电荷电性相反

D. 明矾溶液中的胶粒与泥沙碰撞而沉淀

8. 下列事实与胶体性质无关的是 ( )

A. 在豆浆里加入盐卤做豆腐

B. 河流入海处易形成沙洲

C. 一束平行光线照射蛋白质溶液时，从侧面可以看到光亮的通路

D. 三氯化铁溶液中滴入氢氧化钠溶液出现红褐色沉淀

9. 用 $AgNO_3$ 和 KCl(过量)制备 AgCl 溶胶，下列说法错误的是 ( )

A. 胶核是 AgCl B. 胶核吸附的离子是 Cl^-

C. 在电场中胶粒向负极运动 D. 进入吸附层的 K^+ 愈多，ξ 电位愈小

E. 胶粒是带负电荷的

10. 电泳时，硫化砷胶粒移向正极，要使一定量硫化砷溶胶聚沉，下列电解质中需用的物质的量最小的是 ( )

A. NaCl　B. $CaCl_2$　C. $AlCl_3$　D. $MgSO_4$

E. Na_3PO_4

11. 下列关于 $Fe(OH)_3$ 胶体的说法不正确的是 (　　)

A. $Fe(OH)_3$ 溶液与硅酸溶胶混合将产生凝聚现象

B. $Fe(OH)_3$ 胶体粒子在电场影响下将向阳极移动

C. $Fe(OH)_3$ 胶体微粒不停地做布朗运动

D. 光线通过 $Fe(OH)_3$ 溶胶时会发生丁达尔现象

12. α-球蛋白等电点为4.8,将其置于 pH=6.5 的缓冲溶液中,α-球蛋白应该是 (　　)

A. 电中性　B. 带负电　C. 带正电　D. 不带电

13. 混合 $AgNO_3$ 和 KI 溶液制备 AgI 负溶胶时,$AgNO_3$ 和 KI 间的关系应是 (　　)

A. $c(AgNO_3)>c(KI)$　B. $V(AgNO_3)>V(KI)$

C. $n(AgNO_3)>n(KI)$　D. $n(AgNO_3)<n(KI)$

14. 已知土壤胶体带负电荷,在土壤里施用含氮量相等的下列肥料时,肥效较差的是 (　　)

A. $(NH_4)_2SO_4$　B. NH_4HCO_3

C. NH_4NO_3　D. NH_4Cl

15. 分散相粒子能透过滤纸但不能透过半透膜的分散系统是 (　　)

A. 粗分散系　B. 粗分散系和胶体分散系

C. 分子、离子分散系　D. 胶体分散系

16. 下列现象不能用胶体的知识解释的是 (　　)

A. 牛油与 NaOH 溶液共煮,向反应后所得液体中加入食盐,会有固体析出

B. 一支钢笔使用两种不同牌号的蓝黑墨水,易出现堵塞

C. 向 $FeCl_3$ 溶液中加入 Na_2CO_3 溶液,会出现红褐色沉淀

D. 在河水与海水的交界处,有三角洲形成

17. 要区别溶胶和大分子溶液,最常用的简单方法是 (　　)

A. 测定它们的分子量的大小　B. 观察能否透过半透膜

C. 观察体系是否均匀有界面　D. 观察丁达尔效应强弱

E. 利用电泳法,观察它们的泳动方向

18. 在外电场作用下,氢氧化铁胶体微粒移向阴极的原因是 (　　)

A. Fe^{3+} 带正电荷

B. $Fe(OH)_3$ 带负电吸引阳离子

C. 氢氧化铁胶体微粒吸附阳离子而带正电

D. 氢氧化铁胶体吸附阴离子而带负电

19. 肺泡是由上皮细胞构成的、用以提供血液与外界进行气体交换场所的微

小气泡，其之所以能克服表面张力而稳定存在，主要原因是 （ ）

A. 肺泡内有一定的气压　　B. 肺泡膜表面有一层表面活性物质存在

C. 肺泡膜是接近刚性的　　D. 肺泡膜表面内水的含量较少

20. 血液的凝固过程称为 （ ）

A. 胶凝　　B. 凝胶　　C. 聚沉　　D. 盐析

二、判断题

1. 溶胶在热力学和动力学上都是稳定系统。 （ ）
2. 若溶质分子比溶剂分子更能降低溶液的表面张力，此溶液将发生正吸附。 （ ）
3. 溶胶与真溶液一样是均相系统。 （ ）
4. 加入电解质可以使胶体稳定，加入电解质也可以使胶体聚沉；二者是矛盾的。 （ ）
5. 等电点为 4.7 的蛋白质，其水溶液要加碱调节才能使蛋白质处于等电状态。 （ ）
6. 乳化剂的作用是降低液-液界面上的张力，形成保护膜。 （ ）
7. 电解质离子的聚沉能力与其所带电荷数成反比。 （ ）
8. 在溶胶中加入电解质对电泳没有影响。 （ ）
9. 向溶胶中加入高分子溶液时，溶胶的稳定性增加。 （ ）
10. 加入少量电解质盐类，引起胶粒聚集沉降的作用称为盐析。 （ ）
11. 用电泳技术可分离、鉴定蛋白质。 （ ）
12. 在人体 $pH=7.4$ 情况下，血清蛋白（$pI<7$）常以负离子状态存在。（ ）
13. $CaCO_3$、$Ca_3(PO_4)_2$ 等微溶性无机盐在血液中以溶胶形式存在，血液中蛋白质对这些盐类有保护作用，所以它们在血中浓度比在纯水中大，而且稳定不析出。 （ ）
14. 老年人有皱纹和血管硬化的原因之一是由于皮肤和血管壁凝胶的膨润能力降低所致。 （ ）
15. 丁达尔效应是溶胶粒子对入射光的折射作用引起的。 （ ）
16. 人体的大部分组织都是以凝胶的形式存在。 （ ）
17. 在分离血清中的某些蛋白质时，常用$(NH_4)_2SO_4$ 进行盐析。 （ ）

三、填空题

1. 用 $AgNO_3$ 和过量 KI 溶液制备的 AgI 溶胶，胶核是________，它优先吸附________离子，从而带________电荷。

2. 硫化砷溶胶的胶团结构为$[(As_2S_3)_m \cdot nHS^- \cdot (n-x)H^+]^{x-} \cdot xH^+$，定位离子是________，反离子是________，该溶胶属于________，分别加入电解质

Na_2CO_3，$BaCl_2$，$Na_3[Fe(CN)_6]$和$[Co(NH_3)_6]Br_3$，均可使这种溶胶聚沉，对该硫化砷溶胶临界聚沉浓度最小的电解质是________，聚沉能力最大的电解质是________。

3．溶胶能保持相对稳定性的主要原因是________、________、________。

4．将 20 mol 0.001 mol·L^{-1} $AgNO_3$ 与 10 mol 0.001 mol·L^{-1} KI 混合制备 AgI 溶胶，其胶团结构式为________，其优先吸附的离子为________，反离子为________。将此溶胶置于外加电场中，则________向________极移动。这种现象称为________。若在此溶胶中加入等量的 $CaCl_2$ 或 Na_2SO_4，则________更易使溶胶发生聚沉。

5．从结构上分析，表面活性物质由________和________组成。

6．电渗是在外电场作用下，________通过多孔隔膜移动；而电泳则是________在外电场作用下在介质中运动。

7．蛋白质溶液属于________相系统，是________稳定系统，也是________稳定系统。

8．要获得稳定的乳状液，一定要有________的存在，使液-液表面张力________，同时，在被分散的液滴的周围形成一层________。

9．胶体溶液区别于其他分散系的本质原因是________________。制备 $Fe(OH)_3$ 胶体时，可将________逐滴加入到________中。反应的离子方程式为________________。若将得到的 $Fe(OH)_3$ 胶体加热至沸腾，出现的现象为________________，原因是________________。

10．蛋白质在等电点时，蛋白质分子呈________性。蛋白质溶液稳定性最________，黏度最________。

11．在陶瓷工业上常遇到因陶土里混有氧化铁而影响产品质量的情况，解决的方法是将陶土和水一起搅拌，使微粒直径处于 10^{-9}～10^{-7} m 之间，然后插入两根电极，接通直流电源，这时阳极聚集________，阴极聚集________，理由是________________。

四、回答题

1．指出血清蛋白（pI = 4.64）和血红蛋白（pI = 6.9）在由 $c(KH_2PO_4)$ = 0.15 mol·L^{-1}的溶液 80 mL 和 $c(Na_2HPO_4)$ = 0.16 mol·L^{-1}的溶液 50 mL 混合而成的溶液中的电泳方向。

2．将 25 mol 0.01 mol·L^{-1} KCl 和 50 mol 0.01 mol·L^{-1} $AgNO_3$ 溶液混合制备 AgCl 溶胶，写出胶团结构式，并指出电泳方向。

3．某同学在做实验时，不小心被玻璃划破了手指，实验教师在他的伤口处滴一滴氯化铁，就迅速止住了流血。请你解释其中的科学道理。

4．蛋白质的电泳与溶液的 pH 有什么关系？某蛋白质的等电点为 6.5，如溶液的 pH 为 8.6,该蛋白质大离子的电泳方向如何?

5. 汞蒸气易引起中毒,若将液态汞:(1) 盛入烧杯中;(2) 盛于烧杯中,其上覆盖一层水;(3) 散落成直径为 2×10^{-4} cm 的汞滴,问哪一种引起的危害性最大?为什么?

6. 为什么溶胶是热力学不稳定系统,同时溶胶又具有动力学稳定性?

7. 何谓表面能和表面张力?两者有何关系?

8. 硅酸溶胶的胶粒是由硅酸聚合而成的。胶核为 SiO_2 分子的聚集体,其表面的 H_2SiO_3 分子可以离解成 SiO_3^{2-} 和 H^+:

$$H_2SiO_3 \rightleftharpoons 2H^+ + SiO_3^{2-}$$

H^+ 离子扩散到介质中去。写出硅胶的结构式,指出硅胶的双电层结构及胶粒的电性。

9. 什么是表面活性剂?试从其结构特点说明它能降低溶液表面张力的原因。

10. 为什么溶胶会产生丁达尔效应?解释其本质原因。

11. 将等体积的 0.008 mol·L^{-1} KI 和 0.01 mol·L^{-1} $AgNO_3$ 混合制成 AgI 溶胶。现将 $MgSO_4$、$K_3[Fe(CN)_6]$ 及 $AlCl_3$ 三种电解质的同浓度等体积溶液分别滴加入上述溶胶后,试写出三种电解质对溶胶聚沉能力的大小顺序。若将等体积的 0.01 mol·L^{-1} KI 和 0.008 mol·L^{-1} $AgNO_3$ 混合制成 AgI 溶胶,试写出三种电解质对此溶胶聚沉能力的大小顺序。

12. 为制备 AgI 负溶胶,应向 25 mL 0.016 mol·L^{-1}的 KI 溶液中最多加入多少毫升 0.005 mol·L^{-1}的 $AgNO_3$ 溶液?

13. 有未知带何种电荷的溶胶 A 和 B 两种,A 中只需加入少量的 $BaCl_2$ 或多量的 NaCl,就有同样的聚沉能力;B 种加入少量的 Na_2SO_4 或多量的 NaCl 也有同样的聚沉能力,问 A 和 B 两种溶胶,原带有何种电荷?

练习题解答

一、选择题

1. B　2. A　3. E　4. D　5. D　6. D　7. C　8. D　9. C
10. C　11. B　12. B　13. D　14. A　15. D　16. C　17. D　18. C
19. B　20. A

二、判断题

1. ×　2. √　3. ×　4. ×　5. ×　6. √　7. ×　8. ×　9. ×
10. ×　11. √　12. √　13. √　14. √　15. ×　16. √　17. √

三、填空题

1. $(AgI)_m$；I^-；负

2. HS^-；H^+；负溶胶；$[Co(NH_3)_6]Br$；$[Co(NH_3)_6]Br_3$

3. 胶粒带电；水化膜的保护作用；布朗运动

4. $[(AgI)_m \cdot nAg^+ \cdot (n-x)NO_3^-]^{x+} \cdot xNO_3^-$；$Ag^+$；$NO_3^-$；胶粒；负；移动电泳；$Na_2SO_4$

5. 亲水性基团；亲脂性基团

6. 液体介质；胶粒

7. 均；动力学；热力学

8. 乳化剂；降低；保护膜

9. 分散质微粒直径在 $10^{-9} \sim 10^{-7}$ m 之间；$FeCl_3$ 溶液；沸腾的水；$Fe^{3+} + 3H_2O = Fe(OH)_3$ 胶体 $+ 3H^+$；生成红褐色沉淀；加热使 $Fe(OH)_3$ 胶体凝聚

10. 电中；差；小

11. 带负电荷的陶土胶体微粒；带正电荷的氧化铁胶体微粒；带负电荷的陶土微粒和带正电荷的氧化铁微粒通直流电流时，分别发生电泳

四、回答题

1. 解　由缓冲公式得

$$pH = pK_a + \lg \frac{n(B^-)}{n(HB)} = 7.21 + \lg \frac{0.16 \times 50}{0.15 \times 80} = 7.03$$

溶液的 pH 大于两蛋白质的等电点。由此可知，在这样的溶液中两蛋白质都带负电荷，电泳方向是向正极。

2. 解　胶团结构式：$[(AgCl)_m \cdot nAg^+ \cdot (n-x)NO_3^-]^{x+} \cdot xNO_3^-$。

电泳方向：向负极。

3. 答　利用了胶体的聚沉，血液是胶体，加入氯化铁（氯化铁是电解质）会使血液迅速聚沉，生成的沉淀会堵塞伤口从而达到止血的效果。

4. 答　蛋白质粒子在外电场中是否发生电泳现象，取决于蛋白质的等电点和溶液的 pH，当溶液的 pH 不等于某蛋白质的等电点时，蛋白质粒子就会电离而带电荷，在外加直流电场中即产生电泳现象；等电点为 6.5 的蛋白质在 pH 为 8.6 的溶液中，电泳方向是向正极移动。

5. 答　第(3)种情况引起汞中毒的危险性最大。这是因为液态汞分散成微小汞液滴后，比表面增大，处于表面上的高能量 Hg 原子的数目增加，更易挥发成汞蒸气，与人体各器官接触的机会激增，更易引起汞中毒。

6. 答　溶胶是高度分散的多相分散系统，高度分散性使得溶胶的比表面大，所以表面能也大，它们有自动聚积成大颗粒而减少表面积的趋势，即聚结不稳定

性。因而是热力学不稳定系统。另一方面，溶胶的胶粒存在剧烈的布朗运动，可使其本身不易发生沉降，是溶胶的一个稳定因素；同时带有相同电荷的胶粒间存在着静电斥力，而且胶团的水合双电层膜犹如一层弹性膜，阻碍胶粒相互碰撞合并变大。因此溶胶具有动力学稳定性。

7. 答 液体表层分子受力不均，液体表面有自动缩小的趋势。克服液相内部分子的引力增大表面而做的功以势能形式储存在表面分子，称为表面能；作用在单位长度表面上的力称为表面张力，两者为同一物理概念的不同表达。

8. 答 硅胶的结构式为

$$[(SiO_2)_m \cdot nSiO_3^{2-} \cdot 2(n-x)H^+]^{2x-} \cdot 2xH^+$$

胶核表面的 SiO_3^{2-} 离子和部分 H^+ 离子组成带负电荷的吸附层，剩余的 H^+ 离子组成扩散层，由带负电荷的吸附层和带正电荷的 H^+ 离子组成的扩散层构成电性相反的扩散双电层。胶粒带负电荷。

9. 答 在水中加入某些溶质可使水的表面张力降低，这种使水的表面张力降低的物质叫作表面活性物质(表面活性剂)。这种物质大都有一个亲水基团(—O)和一个疏水基团(—R)组成，且疏水基团大于亲水基团。当溶于水溶液中时，由于表面活性剂的两亲性，它就有集中在溶液表面的倾向(或集中在不相混溶两种液体的界面，或集中在液体和固体的接触面)，从而降低了表面张力。

10. 答 溶胶的胶粒直径介于1～100 nm之间，小于可见光的波长，当可见光照射溶胶时，胶粒对光的散射作用而产生丁达尔效应。

11. 解 $AgNO_3$ 溶液过量时胶粒带正电荷。电解质的阴离子主要起聚沉作用，聚沉能力的大小顺序为

$$K_3[Fe(CN)_6] > MgSO_4 > AlCl_3$$

KI 溶液过量时胶粒带负电荷。电解质的阳离子起主要聚沉作用，聚沉能力的大小顺序为

$$AlCl_3 > MgSO_4 > K_3[Fe(CN)_6]$$

12. 解 设制备 AgI 负溶胶，加入 $AgNO_3$ 溶液 x mL

$$25\ \text{mL} \times 0.016\ \text{mol} \cdot \text{L}^{-1} > x\ \text{mL} \times 0.005\ \text{mol} \cdot \text{L}^{-1}$$

解得 $x<80$，因此加入 $AgNO_3$ 溶液的量应小于 80 mL。

13. 解 根据 Shulze-Hardy 规则推断，对 A 溶胶产生聚沉作用是电解质中的 Ba^{2+} 和 Na^+，对 B 溶胶产生聚沉作用是电解质中的 SO_4^{2-} 和 Cl^-，所以原 A 溶胶带负电荷，B 溶胶带正电荷。

第六章# 化学反应热及反应方向和限度

内容提要

一、热力学概念

系统、环境、过程、状态函数的概念。

状态函数分类:① 广度性质;② 强度性质。

状态函数的变化值与过程无关。

二、热和功

热和功都是与过程相关,不是状态函数。

功的分类:体积功 $W_e = P_e \cdot \Delta V$;非体积功 W_f;总功 $W = W_e + W_f$。

三、热力学第一定律及反应热

$\Delta U = Q + W$;反应热 $Q_p = \Delta H$;摩尔反应热;$\Delta_r H_m^\ominus = Q_p/\xi$。

四、$\boldsymbol{U}$、$\boldsymbol{H}$、$\boldsymbol{S}$、$\boldsymbol{G}$

$H = U + pV$;$G = H - TS$。

H、U、S、G 是状态函数,属广度性质,绝对值无法测定,G、H 没有直观的物理意义。

稳定单质的 $\Delta_f G_m^\ominus$、$\Delta_f H_m^\ominus$ 为零,但 $S_m^\ominus$ 不为零。

五、自发过程及其特征

能量降低和混乱度增大是推动化学反应自发进行的两大因素。

六、自发反应方向的判据

1. 熵增加原理

$$\Delta S_{总} = \Delta S_{系统} + \Delta S_{环境} \geqslant 0$$

2．自由能降低原理 $\Delta G \leqslant 0$(表 6-1)

表 6-1

ΔH	ΔS	ΔG	自发性	$\Delta G<0$ 的条件
−	+	−	恒自发	任何温度
+	−	+	非自发	不存在
−	−	低 T − 高 T +	自发 非自发	$T_{转向} \leqslant \frac{\Delta H}{\Delta S}$
+	+	高 T + 低 T −	非自发 自发	$T_{转向} \geqslant \frac{\Delta H}{\Delta S}$

七、计算

1．反应热的计算

(1) 由已知的热化学方程式计算反应热(Hess 定律)。

(2) 由标准摩尔生成热、标准摩尔燃烧热计算反应热。

$$\Delta_r H_m^{\ominus} = \sum \nu_B \Delta_f H_m^{\ominus}(产物) - \sum \nu_B \Delta_f H_m^{\ominus}(反应物)$$

$$\Delta_r H_m^{\ominus} = \sum \nu_B \Delta_c H_m^{\ominus}(反应物) - \sum \nu_B \Delta_c H_m^{\ominus}(产物)$$

$$\Delta_r H_{m,T}^{\ominus} \approx \Delta_r H_{m,298.15\,K}^{\ominus}$$

2．反应 $\Delta_r S_m^{\ominus}$ 的计算

(1) Hess 定律。

(2) 由物质的标准摩尔熵计算反应的标准摩尔熵。

$$\Delta_r S_m^{\ominus} = \sum \nu_B S_m^{\ominus}(产物) - \sum \nu_B S_m^{\ominus}(反应物)$$

$$\Delta_r S_{m,T}^{\ominus} \approx \Delta_r S_{m,298.15\,K}^{\ominus}$$

3．反应 $\Delta_r G_m^{\ominus}$ 的计算

(1) Hess 定律。

(2) 由标准摩尔生成自由能计算标准生成自由能变。

$$\Delta_r G_m^{\ominus} = \sum \nu_B \Delta_f G_m^{\ominus}(产物) - \sum \nu_B \Delta_f G_m^{\ominus}(反应物)$$

(3) $\Delta_r G_{m,T}^{\ominus} = \Delta_r H_{m,T}^{\ominus} - T\Delta_r S_m^{\ominus} \approx \Delta_r H_{m,298.15\,K}^{\ominus} - T\Delta_r S_{m,298.15\,K}^{\ominus}$。

(4) 非标准状态 $\Delta_r G_m = \Delta_r G_m^{\ominus} + RT\ln Q$。

练　习　题

一、选择题

1．下列哪些量是状态函数？　(　　)

A. Q_p　　B. W　　C. Q_v　　D. U

2. 一封闭系统由状态 A 变化到状态 B，经历 1、2 两条不同途径，则　（　）

A. $Q_1 + W_1 = Q_2 - W_2$　　B. $Q_1 = Q_2$

C. $\Delta U_1 = \Delta U_2$　　D. $W_1 = W_2$

3. 下列物理量中哪个是强度性质?　（　）

A. H　　B. U　　C. Q　　D. T

4. 下列物理量中哪个是广度性质?　（　）

A. ΔH_m　　B. ΔU_m　　C. C　　D. G

5. 下列哪种过程的热量等于化学反应的反应热 $\Delta_r H_m$?　（　）

A. 氢气和氧气在绝热钢瓶中生成 1 mol $H_2O(l)$释放的能量

B. 氢气和氧气在传热的钢瓶中生成 1 mol $H_2O(l)$释放的能量

C. 氢气和氧气在燃料电池中生成 1 mol $H_2O(l)$释放的热量

D. 氢气和氧气在敞口的容器中生成 1 mol $H_2O(l)$释放的能量

6. 下列哪个过程的 ΔH 是正的?　（　）

A. 原子之间形成共价键　　B. 分子之间形成范德华力和氢键

C. 液体蒸发为气体　　D. 气体凝结为液体

7. 化学反应 $\Delta_r H = Q_P$ 成立必须满足的条件是　（　）

A. 等温　　B. 等压

C. 等温且等压　　D. 等温等压且非体积功为零

8. 下列说法中正确的是　（　）

A. 水的标准摩尔生成热即是氢气的标准摩尔燃烧热

B. 水蒸气的标准摩尔生成热即是氢气的标准摩尔燃烧热

C. 水的标准摩尔生成热即是氧气的标准摩尔燃烧热

D. 水蒸气的标准摩尔生成热即是氧气的标准摩尔燃烧热

9. 热力学第一定律公式 $\Delta U = Q + W$ 中 W 代表什么功?　（　）

A. 体积功　　B. 非体积功

C. 体积功和有用功之和　　D. 有用功

10. 热力学第一、第二定律适用于下列何种体系?　（　）

A. 开放体系　　B. 封闭体系　　C. 任意体系　　D. 孤立体系

11. 下列变化属于可逆过程的是　（　）

A. 渗透现象

B. 水在 100 ℃和 1 个大气压下蒸发为同温同压下的水蒸气

C. 水在 25 ℃和 1 个大气压下蒸发为同温同压下的水蒸气

D. 锌片在硫酸中剧烈反应

12. 下列对可逆过程和不可逆过程的叙述中，错误的是　（　）

A. 自发过程一定是不可逆过程

B. 可逆过程每一步都无限接近平衡状态

C. 始终态相同时，不可逆过程的 W、Q 与可逆过程的不同

D. 始终态相同时，不可逆过程的 ΔU、ΔH 与可逆过程的不同

13. 下列哪些物质的 $\Delta_f H_m^{\ominus}$ 和 $\Delta_f G_m^{\ominus}$ 皆不为零？（　　）

A. 金刚石　　B. 碳石墨　　C. 固态的 I_2　　D. 氮气

14. 下列哪种物质的标准摩尔生成热和标准摩尔燃烧热皆为零？（　　）

A. 氮气　　B. 二氧化碳　　C. 氢气　　D. 碳石墨

15. 有机物燃烧生成二氧化碳反应的 $\Delta_r H_m^{\ominus}$、$\Delta_r S_m^{\ominus}$ 和 $\Delta_r G_m^{\ominus}$ 的符号分别是（　　）

A. +、+、−　　B. −、−、+

C. −、+、−　　D. +、−、−

16. 用 ΔG 判断反应自发与否的条件是（　　）

A. 恒压　　B. 恒温恒容

C. 恒温恒压且非体积功为零　　D. 恒温恒压且非体积功不为零

17. 反应 $H_2(g)+\frac{1}{2}O_2(g)=H_2O(l)$，$\Delta_r H_m^{\ominus}=-285.8\ kJ\cdot mol^{-1}$，则下列式子中正确的是（　　）

A. $Q_p=285.8\ kJ\cdot mol^{-1}$

B. $\Delta U=Q_P=Q_V$

C. $\Delta_c H_m^{\ominus}[H_2(g)]=\Delta_f H_m^{\ominus}[H_2O(g)]=-285.8\ kJ\cdot mol^{-1}$

D. $\Delta_f H_m^{\ominus}[H_2O(g)]>\Delta_f H_m^{\ominus}[H_2O(l)]$

18. 25 ℃，CO(g)的 $\Delta_f G_m^{\ominus}=-137.3\ kJ\cdot mol^{-1}$，$\Delta_f H_m^{\ominus}=-110.5\ kJ\cdot mol^{-1}$，则当温度升高后，反应 C(石墨)$+1/2\ O_2(g)=CO(g)$的 $\Delta_r G_{m,298.15\,K}^{\ominus}$（　　）

A. 可能改变符号　　B. 符号及数值都不变

C. 绝对值变大　　D. 绝对值变小

19. 对制造干冰的反应 $CO_2(g)\longrightarrow CO_2(s)$，正确的推论是（　　）

A. $\Delta S<0$，$\Delta H<0$，低温有利于反应自发进行

B. $\Delta S>0$，$\Delta H<0$，任何温度均能自发进行

C. $\Delta S<0$，$\Delta H>0$，任何温度均能自发进行

D. $\Delta S>0$，$\Delta H>0$，低温有利于反应自发进行

20. 下列哪个反应的 $\Delta_r H_m^{\ominus}$ 代表 AgCl 的 $\Delta_f H_m^{\ominus}$？（　　）

A. $Ag^+(aq)+Cl^-(aq)\longrightarrow AgCl(s)$

B. $Ag(s)+\frac{1}{2}Cl_2(g)\longrightarrow AgCl(s)$

C. $AgCl(s)\longrightarrow Ag(s)+\frac{1}{2}Cl_2(aq)$

D. 2 Ag (s) + Cl_2(g)⟶2AgCl(s)

21. 已知:(1) $4NH_3(g) + 5O_2(g) = 4NO(g) + 6H_2O(l)$, $\Delta_r H_m^\ominus = -1170$ kJ·mol^{-1};(2) $4NH_3(g) + 3O_2(g) = 2N_2(g) + 6H_2O(l)$, $\Delta_r H_m^\ominus = -1530$ kJ·mol^{-1},则 NO(g)的标准摩尔生成热为 ( )

A. 90 kJ·mol^{-1}　　B. −90 kJ·mol^{-1}

C. 180 kJ·mol^{-1}　　D. −180 kJ·mol^{-1}

22. 反应 $CaCO_3(s) = CaO(s) + CO_2(g)$在高温时能自发进行,在低温时不能自发进行,则反应的 ( )

A. $\Delta S>0, \Delta H>0$　　B. $\Delta S>0, \Delta H<0$

C. $\Delta S<0, \Delta H>0$　　D. $\Delta S<0, \Delta H<0$

23. 在等温等压下,已知反应 A⟶2B 的反应热 $\Delta_r H_{m,1}^\ominus$ 及反应 2A⟶C 的反应热 $\Delta_r H_{m,2}^\ominus$,则反应 C⟶4B 的反应热 $\Delta_r H_{m,3}^\ominus$ 等于 ( )

A. $2\Delta_r H_{m,1}^\ominus + \Delta_r H_{m,2}^\ominus$　　B. $\Delta_r H_{m,2}^\ominus - 2\Delta_r H_{m,1}^\ominus$

C. $2\Delta_r H_{m,2}^\ominus + \Delta_r H_{m,1}^\ominus$　　D. $2\Delta_r H_{m,1}^\ominus - \Delta_r H_{m,2}^\ominus$

24. 反应 $2NO + O_2 = 2NO_2$ 的 $\Delta_r H_m^\ominus$ 为负值,当此反应达到平衡时,若使平衡向生成 NO_2 的方向移动,则可以 ( )

A. 升温升压　B. 升温降压　C. 降温升压　D. 降温降压

25. 某理想气体在恒外压为 101.3 kPa 下,从 10 L 膨胀到 16 L,同时吸热 125 J。则此过程的 ΔU 为 ( )

A. −248 J　B. +842 J　C. −483 J　D. +483 J

26. 下列物理量中哪些与温度基本无关? ( )

A. ΔH　B. S　C. H　D. ΔG

27. 某液体在其沸点蒸发为气体,则变化值为零的是 ( )

A. ΔH　B. ΔS　C. ΔU　D. ΔG

28. 在 298 K 及标准压力下,下列过程均为自发过程,其中主要推动力不是焓变的过程是 ( )

A. $H_2(g) + Cl_2(g) \longrightarrow 2HCl(g)$　　B. 碘蒸气的凝固

C. $2Cl(g) \longrightarrow Cl_2(g)$　　D. 渗透现象

29. 在 298 K 及标准压力下,下列反应均为非自发反应,其中在高温时仍为非自发的是 ( )

A. $Ag_2O(s) \longrightarrow 2Ag(s) + \frac{1}{2}O_2(g)$

B. $N_2O_4(g) \longrightarrow 2NO_2(g)$

C. $Fe_2O_3(s) + \frac{3}{2}C(s) \longrightarrow 2Fe(s) + \frac{3}{2}CO_2(g)$

D. $6C(gra) + 6H_2O(g) \longrightarrow C_6H_{12}O_6(s)$

30. 因为 25 ℃时 Ag_2O (s)的 $\Delta_f G_m^\ominus = -10.82\ kJ \cdot mol^{-1}$,所以 $Ag_2O(s) \longrightarrow 2Ag(s) + \frac{1}{2}O_2(g)$ ( )

A. 在标准态时是个非自发反应

B. 在标准态时是个自发反应

C. 在室温的标准态时是个自发反应

D. 在室温的标准态时是个非自发反应

31. 室温下,稳定状态的单质或化合物的标准摩尔熵为 ( )

A. 零

B. $1\ kJ \cdot mol^{-1} \cdot K^{-1}$

C. 大于零

D. 小于零

32. 下列叙述中正确的是 ( )

A. 恒温条件下,$\Delta_r G_m = \Delta_r H_m^\ominus - T\Delta_r S_m^\ominus$

B. 化学反应的 $\Delta_r H_m^\ominus$、$\Delta_r S_m^\ominus$、$\Delta_r G_m^\ominus$ 都与温度基本无关

C. $\Delta_r G_m < 0$ 的反应就一定能发生

D. 当温度接近 0 K 时,所有放热反应都能成为自发反应

33. 下列叙述中正确的是 ( )

A. 电解反应能发生,所以其 $\Delta_r G_m < 0$

B. 呼吸作用反应的 $\Delta_r H_m^\ominus < 0$

C. -5 ℃时,过冷水结冰的过程 $\Delta_r G_m > 0$

D. 反应 $H_2(g) + S(g) = H_2S(g)$的 $\Delta_r H_m^\ominus$ 就是 $H_2S(g)$的标准摩尔生成热

34. 由下列数据确定 $CH_4(g)$的 $\Delta_f H_m^\ominus$ 为 ( )

$$\Delta_f H_m^\ominus [CO_2(g)] = -393.5\ kJ \cdot mol^{-1}$$
$$\Delta_f H_m^\ominus [H_2O(l)] = -285.8\ kJ \cdot mol^{-1}$$
$$\Delta_c H_m^\ominus [CH_4(g)] = -890.3\ kJ \cdot mol^{-1}$$

A. $211\ kJ \cdot mol^{-1}$

B. $-74.8\ kJ \cdot mol^{-1}$

C. $890.3\ kJ \cdot mol^{-1}$

D. 缺少条件,无法算出

35. 下列叙述中正确的是 ( )

A. 凡是 $\Delta_r S_m^\ominus > 0$ 的反应都是自发的

B. 自发反应必能迅速完成

C. $\Delta H > 0$,$\Delta S > 0$ 的反应,温度升高,则 ΔG 下降

D. $\Delta_r G_{m,298\ K}^\ominus > 0$ 的反应,在任何条件下都是非自发的

36. 若反应 $H_2(g) + S(s) = H_2S(g)$的平衡常数为 K_1,$O_2(g) + S(s) = SO_2(g)$的平衡常数为 K_2,则反应 $H_2(g) + SO_2(g) = O_2(g) + H_2S(g)$的平衡常数 K 等于 ( )

A. $K_1 - K_2$

B. K_1/K_2

C. $K_1 \cdot K_2$

D. $K_1 + K_2$

37. 下列哪些变化过程体系的熵是增加的？　　(　　)

A. 垃圾分类投放　　B. 理想气体的等温等压混合过程

C. 水分子之间形成分子间氢键　　D. 海水淡化

38. 葡萄糖生成的 CO_2 反应步骤达十余步，其中之一为

$C_6H_{12}O_6 + H_3PO_4(l) \longrightarrow$ 6-磷酸葡萄糖 $+ H_2O(l)$，　$\Delta_r G_m^{\ominus} = 13.8\ kJ \cdot mol^{-1}$

而

$$ATP + H_2O(l) \longrightarrow ADP + H_3PO_4(l),\quad \Delta_r G_m^{\ominus} = -30.5\ kJ \cdot mol^{-1}$$

则 $C_6H_{12}O_6 + ATP \longrightarrow$ 6-磷酸葡萄糖 + ADP 反应的 $\Delta_r G_m^{\ominus}$ 为多少？　　(　　)

A. $16.7\ kJ \cdot mol^{-1}$　　B. $-16.71\ kJ \cdot mol^{-1}$

C. $16.7\ J \cdot mol^{-1}$　　D. $-16.7\ J \cdot mol^{-1}$

39. NAD^+ 和 NADH 是烟酰胺腺嘌呤二核苷酸的氧化态和还原态

$$NADH + H^+ \longrightarrow MAD^+ + H_2,\quad \Delta_r G_m^{\ominus} = -21.83\ kJ \cdot mol^{-1}$$

则当 pH＝7，NADH、NAD^+、H_2 都处于标准态时，上述反应的 $\Delta_r G_m$ 为多少？

(　　)

A. $18.12\ kJ \cdot mol^{-1}$　　B. $-18.12\ kJ \cdot mol^{-1}$

C. $18.12\ J \cdot mol^{-1}$　　D. $-18.12\ J \cdot mol^{-1}$

二、判断题

1. 按照 Hess 定律，化学反应的 Q_p 和 Q_v 都与反应的途径无关，因此它们也是状态函数。　　(　　)

2. 单质的标准摩尔生成热为零。　　(　　)

3. 一般有机化合物的 $\Delta_c H_m^{\ominus}$ 均小于零。　　(　　)

4. 因为盐的结晶是熵减小的过程，所以总是非自发的。　　(　　)

5. 在 ATP 的参与下，即使是 $\Delta_r G_m^{\ominus} > 0$ 的生化反应也可以发生。因此将 ATP 称为能量的“硬通货”。　　(　　)

6. 最稳定单质的 $\Delta_f H_m^{\ominus}$、$\Delta_f G_m^{\ominus}$、$\Delta_c H_m^{\ominus}$、$S_m^{\ominus}$ 皆为零。　　(　　)

7. 生物体的生长发育是一个熵减小的过程，与此伴随的是环境的熵值增加。

(　　)

8. 生命体系属于开放体系。　　(　　)

9. 等温等压下，渗透现象的发生符合熵增加原理。　　(　　)

10. 生命过程是有序度增加、熵减小的过程，这与熵增加原理相矛盾。　(　　)

三、填空题

1. 靠外界供给能量，本身也不减少能量，却能不断对外工作输出能量的机器称为________永动机。

2. 从单一热源吸热，并将所吸收的热全部变为功而不引起其他变化的机器称

为________永动机。

3. 浓硫酸溶于水时，反应________热，该过程的 ΔH ________于零，ΔS ________于零，ΔG ________于零。

4. 互为逆反应的两个反应之间 $\Delta_r G_m^\ominus$ 互为________数，平衡常数互为________数。

5. 反应 $CaCO_3(s) \rightleftharpoons CaO(s) + CO_2(g)$ 的平衡常数表达式为________。

6. $CaO(s) + H_2O(l) \rightleftharpoons Ca(OH)_2(s)$ 在 298 K 及标准压力下为自发反应，在高温时为非自发，这表明该反应 ΔH ________于零，ΔS ________于零。

7. 某反应在任何温度下都不能自发进行，则其 ΔH ________于零，ΔS ________于零。

8. 光合作用反应的 $\Delta_r S_m$ ________于零，$\Delta_r G_m$ ________于零，常温常压光照下 $\Delta_r G_m$ 判据是否适用？________，因为________。

四、计算题

1. 计算下列系统内能的变化：

(1) 系统放出 2.5 kJ 的热量，并且对环境做功 500 J。

(2) 系统放出 650 J 的热量，环境对系统做功 350 J。

2. 已知反应：

$$A + B \longrightarrow C + D, \quad \Delta_r H_{m,1}^\ominus = -40.0\ kJ \cdot mol^{-1}$$

$$C + D \longrightarrow E, \quad \Delta_r H_{m,2}^\ominus = 60.0\ kJ \cdot mol^{-1}$$

求下列各反应的 $\Delta_r H_m^\ominus$：

(1) $C + D \longrightarrow A + B$；

(2) $2C + 2D \longrightarrow 2A + 2B$；

(3) $A + B \longrightarrow E$。

3. 在一定温度下，4.0 mol $H_2(g)$ 与 2.0 mol $O_2(g)$ 混合，经一定时间反应后，生成了 0.6 mol $H_2O(g)$，请按下列两个不同反应式计算反应进度 ξ。

(1) $2H_2(g) + O_2(g) \longrightarrow 2H_2O(g)$；

(2) $H_2(g) + \frac{1}{2}O_2(g) \longrightarrow H_2O(g)$。

4. 已知下列反应的标准反应热：

(1) $C_6H_6(l) + 7\frac{1}{2}O_2(g) \longrightarrow 6CO_2(g) + 3H_2O(l)$，$\Delta_r H_{m,1}^\ominus = -3267.6\ kJ \cdot mol^{-1}$；

(2) $C(gra) + O_2(g) \longrightarrow CO_2(g)$，$\Delta_r H_{m,2}^\ominus = -393.5\ kJ \cdot mol^{-1}$；

(3) $H_2(g) + \frac{1}{2}O_2(g) \longrightarrow H_2O(l)$，$\Delta_r H_{m,3}^\ominus = -285.8\ kJ \cdot mol^{-1}$。

求下述不直接发生反应的标准反应热 $\Delta_r H_m^{\ominus}$：

$$6C(gra)+3H_2(g)=\!=\!=C_6H_6(l)$$

5. 肼 $N_2H_4(l)$是火箭的燃料，N_2O_4 作氧化剂，其燃烧反应的产物为 $N_2(g)$和 $H_2O(l)$，若 $\Delta_f H_m^{\ominus}(N_2H_4,l)=50.63\ kJ\cdot mol^{-1}$，$\Delta_f H_m^{\ominus}(N_2O_4,g)=9.16\ kJ\cdot mol^{-1}$，写出燃烧反应，并计算此反应的反应热 $\Delta_r H_m^{\ominus}$。

6. 已知：

(1) $2Fe(s)+\frac{3}{2}O_2(g)\longrightarrow Fe_2O_3(s)$，$\Delta_r H_m^{\ominus}=-824.2\ kJ\cdot mol^{-1}$；

(2) $4Fe_2O_3(s)+Fe(s)\longrightarrow 3Fe_3O_4(s)$，$\Delta_r H_m^{\ominus}=-57.2\ kJ\cdot mol^{-1}$。

求 $Fe_3O_4(s)$的标准摩尔生成热。

7. 人体肌肉活动中的一个重要反应是乳酸氧化成丙酮酸：

$$CH_3CH(OH)COOH(l)+\frac{1}{2}O_2(g)\longrightarrow CH_3COCOOH(l)+H_2O(l)$$

已知 37 ℃时，乳酸和丙酮酸的标准摩尔燃烧焓分别为 $-1364\ kJ\cdot mol^{-1}$ 和 $-1168\ kJ\cdot mol^{-1}$，计算该温度下乳酸氧化成丙酮酸反应的 $\Delta_r H_m^{\ominus}$。

8. 已知下列反应在 298.15 K，标准态下：

(1) $Fe_2O_3(s)+3CO(g)\longrightarrow 2Fe(s)+3CO_2(g)$，$\Delta_r H_{m,1}^{\ominus}=-24.8\ kJ\cdot mol^{-1}$，$\Delta_r G_{m,1}^{\ominus}=-29.4\ kJ\cdot mol^{-1}$；

(2) $3Fe_2O_3(s)+CO(g)\longrightarrow 2Fe_3O_4(s)+CO_2(g)$，$\Delta_r H_{m,2}^{\ominus}=-47.2\ kJ\cdot mol^{-1}$，$\Delta_r G_{m,2}^{\ominus}=-61.41\ kJ\cdot mol^{-1}$；

(3) $Fe_3O_4(s)+CO(g)\longrightarrow 3FeO(s)+CO_2(g)$，$\Delta_r H_{m,3}^{\ominus}=19.4\ kJ\cdot mol^{-1}$，$\Delta_r G_{m,3}^{\ominus}=5.21\ kJ\cdot mol^{-1}$。

试求：(4) $FeO(s)+CO(g)\longrightarrow Fe(s)+CO_2(g)$的 $\Delta_r H_{m,4}^{\ominus}$、$\Delta_r G_{m,4}^{\ominus}$和 $\Delta_r S_{m,4}^{\ominus}$。

9. 甲醇的分解反应为：$CH_3OH(l)\longrightarrow CH_4(g)+\frac{1}{2}O_2(g)$。

(1) 在 298.15 K 的标准态下此反应能否自发进行？

(2) 在标准态下此反应的温度应高于多少才能自发进行？

10. 试计算 298.15 K，标准态下的反应：$H_2O(g)+CO(g)\longrightarrow H_2(g)+CO_2(g)$的 $\Delta_r H_m^{\ominus}$、$\Delta_r G_m^{\ominus}$ 和 $\Delta_r S_m^{\ominus}$，并计算 298.15 K 时 $H_2O(g)$的 $S_m^{\ominus}$。

11. 计算下列反应在 298.15 K 标准态下的 $\Delta_r G_m^{\ominus}$，判断自发进行的方向，求出标准平衡常数 $K^{\ominus}$。

(1) $H_2(g)+\frac{1}{2}O_2(g)\rightleftharpoons H_2O(g)$；

(2) $N_2(g)+O_2(g)\rightleftharpoons 2NO(g)$；

(3) $3C_2H_2(g)\rightleftharpoons C_6H_6(l)$；

(4) $CO(g)+NO(g)\rightleftharpoons CO_2(g)+\frac{1}{2}N_2(g)$；(可用于汽车尾气的无害化)

(5) $C_6H_{12}O_6(s) \rightleftharpoons 2C_2H_5OH(l) + 2CO_2(g)$。

12. 某患者平均每天需要 6300 kJ 能量以维持生命。若每天只能吃 250 g 牛奶(燃烧值为 3.0 kJ・g^{-1})和 50 g 面包(燃烧值为 12 kJ・g^{-1}),则每天还需给他输入多少升质量浓度为 50.0 g・L^{-1}的葡萄糖(燃烧值为 15.6 kJ・g^{-1})溶液?

13. 在 298 K 下,反应

	$H_2O(l)$ +	C(石墨) →	$H_2(g)$ +	CO(g)
$\Delta_f H_m^\ominus$(kJ・mol^{-1})	−241.8	0	0	−110.5
$S_m^\ominus$(J・mol^{-1}・K^{-1})	188.7	5.69	130.6	197.9
$\Delta_f G_m^\ominus$(kJ・mol^{-1})	−228.6	0	0	−137.3

(1) 25 ℃时反应的 $\Delta_r H_m^\ominus$,$\Delta_r S_m^\ominus$,$\Delta_r G_m^\ominus$(用两种方法求 $\Delta_r G_m^\ominus$),该反应在标准态时能否自发进行?

(2) 求 25 ℃时反应的平衡常数。

(3) 求反应自发进行的最低温度。

14. 糖代谢的总反应为:

$$C_{12}H_{22}O_{11}(s) + 12O_2(g) = 12CO_2(g) + 11H_2O(l)$$

(1) 由查表所得热力学数据求 298.15 K,标准态下的 $\Delta_r G_m^\ominus$,$\Delta_r H_m^\ominus$ 和 $\Delta_r S_m^\ominus$。

(2) 如果在体内只有 30%的自由能变转化为非体积功,求在 37 ℃下 1.00 mol 的 $C_{12}H_{22}O_{11}(s)$进行代谢时可以得到多少非体积功。

15. 乙酰辅酶 A 的水解是细胞内一个重要的生化反应:

$$\text{乙酰辅酶 A(aq)} + H_2O(l) = CH_3COO^-(aq) + H^+(aq) + \text{辅酶 A(aq)}$$

若该反应在 25 ℃的 $\Delta_r G_m^\ominus = -15.48$ kJ・mol^{-1},求在 25 ℃,当 CH_3COO^-、辅酶 A 和乙酰辅酶 A 的浓度均为 10^{-2} mol・L^{-1},pH = 6.5 时,该反应的 $\Delta_r G_m$。

16. 在某细胞内 ADP 和 H_3PO_4 浓度分别为 3.0 mmol・L^{-1}和 1.0 mmol・L^{-1}。ATP 的水解反应为

$$ATP \xrightleftharpoons{H_2O} ADP + H_3PO_4$$

在 310.15 K 时,$\Delta_r G_m^\ominus = -31.05$ kJ・mol^{-1},试求 ATP 在细胞内的平衡浓度;若实际上 ATP 的浓度是 10 mmol・L^{-1},求反应的 $\Delta_r G_m$。

17. 欲用 MnO_2 与 HCl 溶液反应制备 $Cl_2(g)$,已知该反应的方程式为

$$MnO_2(s) + 4H^+(aq) + 2Cl^-(aq) \rightleftharpoons Mn^{2+}(aq) + Cl_2(g) + 2H_2O(l)$$

(1) 写出此反应的标准平衡常数 $K^\ominus$的表达式。

(2) 根据查表所得的热力学数据,求出 298.15 K 标准态下此反应的 $\Delta_r G_m^\ominus$ 及 $K^\ominus$值,并指出此反应能否自发进行。

(3) 若 HCl 溶液浓度为 12.0 mol・L^{-1},其他物质仍为标准态,反应在 298 K 时能否自发进行?

18. 已知下列反应:

$$2SO_2(g) + O_2(g) = 2SO_3(g)$$

在 800 K 时的 $K^{\ominus}=910$，试求 900 K 时此反应的 $K^{\ominus}$。（假设温度对此反应的 $\Delta_r H_m^{\ominus}$ 的影响可以忽略）

19．试由 298.15 K 时下述反应的热力学数据求 AgCl 的 K_{sp}（$K_{sp}=K^{\ominus}$）：

$$AgCl(s) \rightleftharpoons Ag^+(aq) + Cl^-(aq)$$

20．用有关热力学函数计算 Ag_2CO_3 在 298.15 K 和 373.15 K 时的溶度积常数。（假设 $\Delta_r H_m^{\ominus}$、$\Delta_r S_m^{\ominus}$ 不随温度变化）

练习题解答

一、选择题

1．D　2．C　3．D　4．D　5．D　6．C　7．D　8．A　9．C
10．B　11．B　12．D　13．A　14．A　15．C　16．C　17．D　18．C
19．A　20．B　21．A　22．A　23．D　24．C　25．C　26．A　27．D
28．D　29．D　30．D　31．C　32．D　33．B　34．B　35．C　36．B
37．B　38．B　39．A

二、判断题

1．×　2．×　3．√　4．×　5．√　6．×　7．√　8．√　9．√
10．×

三、填空题

1．第一类
2．第二类
3．放；小于；大于；小于
4．相反；倒
5．$K^{\ominus}=\dfrac{p_{CO_2}}{p^{\ominus}}$
6．小于；小于
7．大于；小于
8．小于；大于；不能；接受外界做功（紫外光）

四、计算题

1．解　(1) $\Delta U = Q + W = -2.5\ \text{kJ} + (-500\times10^{-3}\ \text{kJ}) = -3.0\ \text{kJ}$。

(2) $\Delta U = Q + W = -650\ \text{J} + 350\ \text{J} = -300\ \text{J}$。

2．解　(1) $C + D \rightleftharpoons A + B$，$\Delta_r H_m^{\ominus} = -\Delta_r H_{m,1}^{\ominus} = 40.0\ \text{kJ}\cdot\text{mol}^{-1}$。

(2) $2C+2D \xlongequal{} 2A+2B$, $\Delta_r H_m^\ominus = 2\times(-\Delta_r H_{m,1}^\ominus) = 80.0\ \text{kJ}\cdot\text{mol}^{-1}$。

(3) $A+B \xlongequal{} E$, $\Delta_r H_m^\ominus = \Delta_r H_{m,1}^\ominus + \Delta_r H_{m,2}^\ominus = -40.0\ \text{kJ}\cdot\text{mol}^{-1} + 60.0\ \text{kJ}\cdot\text{mol}^{-1} = 20.0\ \text{kJ}\cdot\text{mol}^{-1}$。

3. 解 $t=0, \xi=0, n(H_2)=4.0\ \text{mol}, n(O_2)=2.0\ \text{mol}, n(H_2O)=0$。

$t=t, \xi=t, n(H_2)=3.4\ \text{mol}, n(O_2)=1.7\ \text{mol}, n(H_2O)=0.6\ \text{mol}$。

按题中(1)式：

$$2H_2(g) + O_2(g) \xlongequal{} 2H_2O(g)$$

$$\xi = \frac{\Delta n(H_2O)}{\nu(H_2O)} = \frac{0.60\ \text{mol} - 0}{2} = 0.30\ \text{mol}$$

$$\xi = \frac{\Delta n(H_2)}{\nu(H_2)} = \frac{3.4\ \text{mol} - 4.0\ \text{mol}}{-2} = 0.30\ \text{mol}$$

$$\xi = \frac{\Delta n(O_2)}{\nu(O_2)} = \frac{1.7\ \text{mol} - 2.0\ \text{mol}}{-1} = 0.30\ \text{mol}$$

按题中(2)式：

$$H_2(g) + \frac{1}{2}O_2(g) \xlongequal{} H_2O(g)$$

$$\xi = \frac{\Delta n(H_2O)}{\nu(H_2O)} = \frac{0.60\ \text{mol} - 0}{1} = 0.60\ \text{mol}$$

$$\xi = \frac{\Delta n(H_2)}{\nu(H_2)} = \frac{3.4\ \text{mol} - 4.0\ \text{mol}}{-1} = 0.60\ \text{mol}$$

$$\xi = \frac{\Delta n(O_2)}{\nu(O_2)} = \frac{1.7\ \text{mol} - 2.0\ \text{mol}}{-\frac{1}{2}} = 0.60\ \text{mol}$$

4. 解 由 $6\times(2)+3\times(3)-(1)$得所求的反应 $6C(g)+3H_2(g) \xlongequal{} C_6H_6(l)$。

$$\begin{aligned}\Delta_r H_m^\ominus &= 6\Delta_r H_{m,2}^\ominus + 3\Delta_r H_{m,3}^\ominus - \Delta_r H_{m,1}^\ominus \\ &= 6\times(-393.5)\ \text{kJ}\cdot\text{mol}^{-1} + 3\times(-285.8)\ \text{kJ}\cdot\text{mol}^{-1} \\ &\quad -(-3267.6)\ \text{kJ}\cdot\text{mol}^{-1} \\ &= 49.2\ \text{kJ}\cdot\text{mol}^{-1}\end{aligned}$$

5. 解 $2N_2H_4(l) + N_2O_4(g) \xlongequal{} 3N_2(g) + 4H_2O(l)$

$$\begin{aligned}\Delta_r H_m^\ominus &= \sum \nu_B \Delta_f H_m^\ominus(B) \\ &= 0 + 4\times(-285.8\ \text{kJ}\cdot\text{mol}^{-1}) - [2\times(50.63\ \text{kJ}\cdot\text{mol}^{-1}) \\ &\quad + 9.16\ \text{kJ}\cdot\text{mol}^{-1}] \\ &= -1253.62\ \text{kJ}\cdot\text{mol}^{-1}\end{aligned}$$

6. 解 根据标准摩尔生成热的定义

$$3Fe(s) + 2O_2(g) \longrightarrow Fe_3O_4(s), \quad \Delta_r H_m^\ominus = \Delta_f H_m^\ominus[Fe_3O_4(s)]$$

而上述反应可由$\dfrac{(1)\times 4+(2)}{3}$得到

$$\Delta_f H_m^\ominus[Fe_3O_4(s)] = \frac{4\Delta_r H_{m1}^\ominus + 4\Delta_r H_{m2}^\ominus}{3} = -1118\ (kJ \cdot mol^{-1})$$

7. 解　由题意知

$$\Delta_r H_m^\ominus = \sum \nu_B \Delta_c H_m^\ominus(反应物) - \sum \nu_B \Delta_c H_m^\ominus(产物)$$
$$= \sum \Delta_c H_m^\ominus(乳酸) - \sum \Delta_c H_m^\ominus(丙酮酸)$$
$$= -1364 - (-1168) = -196\ (kJ \cdot mol^{-1})$$

8. 解　反应式(4)可由反应式(1)、(2)和(3)组合求出：$-\frac{1}{3}\times(3)+\frac{1}{2}\times(1)-\frac{1}{6}\times(2)$。在298.15 K标准态下，反应：$FeO(s)+CO(g)\longrightarrow Fe(s)+CO_2(g)$的$\Delta_r H_{m,4}^\ominus$、$\Delta_r G_{m,4}^\ominus$和$\Delta_r S_{m,4}^\ominus$分别为

$$\Delta_r H_{m,4}^\ominus = -\frac{1}{3}\times\Delta_r H_{m,3}^\ominus + \frac{1}{2}\times\Delta_r H_{m,1}^\ominus - \frac{1}{6}\times\Delta_r H_{m,2}^\ominus$$
$$= -\frac{1}{3}\times 19.4\ kJ \cdot mol^{-1} + \frac{1}{2}\times(-24.8)\ kJ \cdot mol^{-1}$$
$$-\frac{1}{6}\times(-47.2)\ kJ \cdot mol^{-1}$$
$$= -11.0\ kJ \cdot mol^{-1}$$

$$\Delta_r G_{m,4}^\ominus = -\frac{1}{3}\times\Delta_r G_{m,3}^\ominus + \frac{1}{2}\times\Delta_r G_{m,1}^\ominus - \frac{1}{6}\times\Delta_r G_{m,2}^\ominus$$
$$= -\frac{1}{3}\times 5.2\ kJ \cdot mol^{-1} + \frac{1}{2}\times(-29.4)\ kJ \cdot mol^{-1}$$
$$-\frac{1}{6}\times(-61.4)\ kJ \cdot mol^{-1}$$
$$= -6.20\ kJ \cdot mol^{-1}$$

$$\Delta_r S_{m,4}^\ominus = \frac{\Delta_r H_{m,4}^\ominus - \Delta_r G_{m,4}^\ominus}{298.15\ K}$$
$$= \frac{(-10.99)\times 10^3\ J \cdot mol^{-1} - (-6.20)\times 10^3\ J \cdot mol^{-1}}{298.15\ K}$$
$$= -16.10\ J \cdot K^{-1} \cdot mol^{-1}$$

9. 解　(1) 由题意知

$$\Delta_r H_m^\ominus = -74.6\ kJ \cdot mol^{-1} + \frac{1}{2}\times 0 - (-239.2\ kJ \cdot mol^{-1})$$
$$= 164.6\ kJ \cdot mol^{-1}$$

$$\Delta_r S_m^\ominus = 186.3\ J \cdot K^{-1} \cdot mol^{-1} + \frac{1}{2}\times 205.2\ J \cdot K^{-1} \cdot mol^{-1}$$
$$-126.8\ J \cdot K^{-1} \cdot mol^{-1}$$

$= 162.1\ \text{J}\cdot\text{K}^{-1}\cdot\text{mol}^{-1}$

$$\Delta_r G_m^\ominus = \Delta_r H_m^\ominus - T\Delta_r S_m^\ominus = 164.6\ \text{kJ}\cdot\text{mol}^{-1} - 298.15\ \text{K}\times 162.1\times 10^{-3}\ \text{J}\cdot\text{K}^{-1}\cdot\text{mol}^{-1} = 116.3\ \text{kJ}\cdot\text{mol}^{-1} > 0$$

$$(\text{或 } \Delta_r G_m^\ominus = \sum \nu_B \Delta_f G_m^\ominus(\text{产物}) - \sum \nu_B \Delta_f G_m^\ominus(\text{反应物}) = -50.5\ \text{kJ}\cdot\text{mol}^{-1} + 0 - (-166.6\ \text{kJ}\cdot\text{mol}^{-1}) = 116.3\ \text{kJ}\cdot\text{mol}^{-1} > 0)$$

在 25 ℃和标准态下反应不能自发进行。

(2) $T \geqslant \dfrac{\Delta_r H_{m,298.15\,K}^\ominus}{\Delta_r S_{m,298.15\,K}^\ominus} = \dfrac{164.6\times 10^3\ \text{J}\cdot\text{mol}^{-1}}{162.1\ \text{J}\cdot\text{K}^{-1}\cdot\text{mol}^{-1}} = 1015.42\ \text{K}(742.37\ ℃)$

10. 解 由题意知

$$\Delta_r H_m^\ominus = [0 + (-393.5\ \text{kJ}\cdot\text{mol}^{-1})] + [(-241.8\ \text{kJ}\cdot\text{mol}^{-1}) - (-110.5\ \text{kJ}\cdot\text{mol}^{-1})] = -41.2\ \text{kJ}\cdot\text{mol}^{-1}$$

$$\Delta_r G_m^\ominus = [0 + (-394.4\ \text{kJ}\cdot\text{mol}^{-1})] + [(-228.6\ \text{kJ}\cdot\text{mol}^{-1}) - (-137.2\ \text{kJ}\cdot\text{mol}^{-1})] = -28.6\ \text{kJ}\cdot\text{mol}^{-1}$$

$$\Delta_r S_m^\ominus = \frac{\Delta_r H_m^\ominus - \Delta_r G_m^\ominus}{298.15\ \text{K}} = \frac{-41.2\times 10^3\ \text{J}\cdot\text{mol}^{-1} - (-28.6\times 10^3\ \text{J}\cdot\text{mol}^{-1})}{298.15\ \text{K}} = -42.26\ \text{J}\cdot\text{K}^{-1}\cdot\text{mol}^{-1}$$

$$S_m^\ominus(H_2O,g) = S_m^\ominus(H_2,g) + S_m^\ominus(CO_2,g) - S_m^\ominus(CO,g) - \Delta_r S_m^\ominus = 130.7\ \text{J}\cdot\text{K}^{-1}\cdot\text{mol}^{-1} + 213.8\ \text{J}\cdot\text{K}^{-1}\cdot\text{mol}^{-1} - 197.77\ \text{J}\cdot\text{K}^{-1}\cdot\text{mol}^{-1} - (-42.26\ \text{J}\cdot\text{K}^{-1}\cdot\text{mol}^{-1}) = 189.1\ \text{J}\cdot\text{K}^{-1}\cdot\text{mol}^{-1}$$

11. 解 (1) $\Delta_r G_m^\ominus = -228.6\ \text{kJ}\cdot\text{mol}^{-1} - 0 - \dfrac{1}{2}\times 0 = -228.6\ \text{kJ}\cdot\text{mol}^{-1} < 0$，正向反应可以自发进行。

$$K^\ominus = \exp\left(\frac{-\Delta_r G_m^\ominus}{RT}\right) = \exp\left[\frac{-(-228.6\times 10^3\ \text{J}\cdot\text{mol}^{-1})}{8.314\ \text{J}\cdot\text{K}^{-1}\cdot\text{mol}^{-1}\times 298.15\ \text{K}}\right] = 1.10\times 10^{40}$$

(2) $\Delta_r G_m^\ominus = 2\times 87.6\ \text{kJ}\cdot\text{mol}^{-1} - 0 - 0 = 175.2\ \text{kJ}\cdot\text{mol}^{-1}$

$$K^\ominus = \exp\left(\frac{-\Delta_r G_m^\ominus}{RT}\right) = \exp\left[\frac{-175.2\times 10^3\ \text{J}\cdot\text{mol}^{-1}}{8.314\ \text{J}\cdot\text{K}^{-1}\cdot\text{mol}^{-1}\times 298.15\ \text{K}}\right] = 2.04\times 10^{-31}$$

(3) $\Delta_r G_m^\ominus = 124.5\ \text{kJ}\cdot\text{mol}^{-1} - 3\times 209.9\ \text{kJ}\cdot\text{mol}^{-1} = -505.2\ \text{kJ}\cdot\text{mol}^{-1}$。

$$K^\ominus = \exp\left(\frac{-\Delta_r G_m^\ominus}{RT}\right) = \exp\left[\frac{-(-505.2\times 10^3\ \text{J}\cdot\text{mol}^{-1})}{8.314\ \text{J}\cdot\text{K}^{-1}\cdot\text{mol}^{-1}\times 298.15\ \text{K}}\right]$$
$$= 3.13\times 10^{88}$$

(4) $\Delta_r G_m^\ominus = \left(-394.4\ \text{kJ}\cdot\text{mol}^{-1} + \frac{1}{2}\times 0\right) - (-137.2\ \text{kJ}\cdot\text{mol}^{-1} + 87.6\ \text{kJ}\cdot\text{mol}^{-1}) = -344.8\ \text{kJ}\cdot\text{mol}^{-1} < 0$。

$$K^\ominus = \exp\left(\frac{-\Delta_r G_m^\ominus}{RT}\right) = \exp\left[\frac{-(-344.8\times 10^3\ \text{J}\cdot\text{mol}^{-1})}{8.314\ \text{J}\cdot\text{K}^{-1}\cdot\text{mol}^{-1}\times 298.15\ \text{K}}\right]$$
$$= 2.50\times 10^{60}$$

(5) $\Delta_r G_m^\ominus = 2\times(-394.4\ \text{kJ}\cdot\text{mol}^{-1}) + 2\times(-174.8\ \text{kJ}\cdot\text{mol}^{-1}) - (-910.6\ \text{kJ}\cdot\text{mol}^{-1}) = -227.8\ \text{kJ}\cdot\text{mol}^{-1}$。

$$K^\ominus = \exp\left(\frac{-\Delta_r G_m^\ominus}{RT}\right) = \exp\left[\frac{-(-227.8\times 10^3\ \text{J}\cdot\text{mol}^{-1})}{8.314\ \text{J}\cdot\text{K}^{-1}\cdot\text{mol}^{-1}\times 298.15\ \text{K}}\right]$$
$$= 8.01\times 10^{39}$$

12. 解 设每天需输入 $50.0\ \text{g}\cdot\text{L}^{-1}$葡萄糖的体积为 V,则

$3.0\ \text{kJ}\cdot\text{g}^{-1}\times 250\ \text{g} + 12\ \text{kJ}\cdot\text{g}^{-1}\times 50\ \text{g} + 50\ \text{g}\cdot\text{L}^{-1}\times V\times 15.6\ \text{kJ}\cdot\text{g}^{-1} = 6300\ \text{kJ}$

得 $V = 6.31\ \text{L}$。

13. (1) 由题意知

$$\Delta_r H_m^\ominus = \sum \nu_B \Delta_f H_m^\ominus(\text{产物}) - \sum \nu_B \Delta_f H_m^\ominus(\text{反应物})$$
$$= -110.5 - (-241.8) = 131.3\ (\text{kJ}\cdot\text{mol}^{-1})$$

$$\Delta_r S_m^\ominus = \sum \nu_B S_m^\ominus(\text{产物}) - \sum \nu_B S_m^\ominus(\text{反应物})$$
$$= (197.9 + 130.6) - (188.7 + 5.69) = 134.1\ (\text{J}\cdot\text{mol}^{-1}\cdot\text{K}^{-1})$$

$\Delta_r G_m^\ominus$ 的求解有两种方法：

方法 1：

$$\Delta_r G_m^\ominus = \sum \nu_B \Delta_f G_m^\ominus(\text{产物}) - \sum \nu_B \Delta_f G_m^\ominus(\text{反应物})$$
$$= -137.3 - (-228.6) = 91.3\ (\text{kJ}\cdot\text{mol}^{-1})$$

方法 2：

$$\Delta_r G_m^\ominus = \Delta_r H_m^\ominus - T\Delta_r S_m^\ominus$$
$$= -131.3 - (298.2\times 134.1\times 10^{-3}) = 91.3\ (\text{kJ}\cdot\text{mol}^{-1})$$

(2) 因为 $\Delta_r G_m^\ominus = -RT\ln K = -2.303RT\lg K$,所以

$$\lg K = -\frac{\Delta_r G_m^\ominus}{2.303RT} = -\frac{91.3\times 1000}{2.303\times 8.314\times 298.2} = -16.00$$

得 $K = 1.00\times 10^{-16}$。

(3) 欲使反应自发进行,必须满足 $\Delta_r G_m^\ominus < 0$。

因为 $\Delta_r G_m^{\ominus} = \Delta_r H_m^{\ominus} - T\Delta_r S_m^{\ominus}$，所以

$$T > \Delta_r H_m^{\ominus} / \Delta_r S_m^{\ominus} = \frac{131.3 \times 1000}{134.1} = 979\ (\mathrm{K})$$

14. 解　(1) 由题意知

$$\begin{aligned}\Delta_r H_m^{\ominus} &= -393.5\ \mathrm{kJ \cdot mol^{-1}} \times 12 + (-285.8\ \mathrm{kJ \cdot mol^{-1}}) \times 11 \\ &\quad - 0 \times 12 - (-2226.1\ \mathrm{kJ \cdot mol^{-1}}) \\ &= -5640\ \mathrm{kJ \cdot mol^{-1}}\end{aligned}$$

$$\begin{aligned}\Delta_r S_m^{\ominus} &= 213.8\ \mathrm{J \cdot K^{-1} \cdot mol^{-1}} \times 12 + 70.0\ \mathrm{J \cdot K^{-1} \cdot mol^{-1}} \times 11 \\ &\quad - 205.2\ \mathrm{J \cdot K^{-1} \cdot mol^{-1}} \times 12 - 360.2\ \mathrm{J \cdot K^{-1} \cdot mol^{-1}} \\ &= 513\ \mathrm{J \cdot K^{-1} \cdot mol^{-1}}\end{aligned}$$

$$\begin{aligned}\Delta_r G_m^{\ominus} &= \Delta_r H_m^{\ominus} - T\Delta_r S_m^{\ominus} \\ &= -5640\ \mathrm{kJ \cdot mol^{-1}} - 298.15\ \mathrm{K} \times 513 \times 10^{-3}\ \mathrm{kJ \cdot K^{-1} \cdot mol^{-1}} \\ &= -5793\ \mathrm{kJ \cdot mol^{-1}}\end{aligned}$$

或

$$\begin{aligned}\Delta_r G_m^{\ominus} &= \sum \nu_B \Delta_f G_m^{\ominus}(\mathrm{B}) \\ &= -394.4\ \mathrm{kJ \cdot mol^{-1}} \times 12 + (-237.1\ \mathrm{kJ \cdot mol^{-1}}) \times 11 \\ &\quad - 0 \times 12 - (-1544.6\ \mathrm{kJ \cdot mol^{-1}}) \\ &= -5796\ \mathrm{kJ \cdot mol^{-1}}\end{aligned}$$

(2) 由题意知

$$\begin{aligned}\Delta_r G_{m,310.5}^{\ominus} &= \Delta_r H_m^{\ominus} - T\Delta_r S_m^{\ominus} \\ &= -5640\ \mathrm{kJ \cdot mol^{-1}} - 310.5\ \mathrm{K} \times 513 \times 10^{-3}\ \mathrm{kJ \cdot K^{-1} \cdot mol^{-1}} \\ &= -5799.11\ \mathrm{kJ \cdot mol^{-1}}\end{aligned}$$

$$\begin{aligned}W_f &= \Delta_r G_m^{\ominus}(310.5\ \mathrm{K}) \times 30\% = -5799.11\ \mathrm{kJ \cdot mol^{-1}} \times 30\% \\ &= -1740\ \mathrm{kJ \cdot mol^{-1}}\end{aligned}$$

15. 解　用 $\Delta_r G_m^{\ominus}$ 计算反应的 $\Delta_r G_m$：

$$\Delta_r G_m = \Delta_r G_m^{\ominus} + RT\ln \frac{\dfrac{[\mathrm{CH_3COO}]}{c^{\ominus}} \times \dfrac{[\mathrm{H^+}]}{c^{\ominus}} \times \dfrac{[\text{辅酶 A}]}{c^{\ominus}}}{\dfrac{[\text{乙酰辅酶 A}]}{c^{\ominus}}}$$

$$= -15.48 + 8.314 \times 298.15 \times \ln\left[\frac{(10^{-2})^2 \times 10^{-6.5}}{10^{-2}}\right] \times 10^{-3}$$

$$= -64.0\ \mathrm{kJ \cdot mol^{-1}}$$

16. 解　ADP 与 H_3PO_4 浓度即可以看成是平衡浓度，也可以看成任意时刻浓度。

$$K^{\ominus} = \exp\left(\frac{-\Delta_r G_m^{\ominus}}{RT}\right)$$

$$= \exp\left[\frac{-(-31.05\times10^{3}\,\mathrm{J\cdot mol^{-1}})}{8.314\,\mathrm{J\cdot K^{-1}\cdot mol^{-1}}\times310.15\,\mathrm{K}}\right]=1.7\times10^{5}$$

由 $K^{\ominus}=\dfrac{[\mathrm{ADP}][\mathrm{H_3PO_4}]}{[\mathrm{ATP}]}$,则

$$[\mathrm{ATP}]=\frac{[\mathrm{ADP}][\mathrm{H_3PO_4}]}{K^{\ominus}}=\frac{\left(\frac{3}{1000}/1\right)\times\left(\frac{1}{1000}/1\right)\times1000}{1.7\times10^{5}}$$

$$=1.8\times10^{-8}(\mathrm{mmol\cdot L^{-1}})$$

$$\Delta_r G_m=\Delta_r G_m^{\ominus}+RT\ln\frac{(c_{\mathrm{H_3PO_4}}/c^{\ominus})(c_{\mathrm{ADP}}/c^{\ominus})}{(c_{\mathrm{ATP}}/c^{\ominus})}$$

$$=-31.05\,\mathrm{kJ\cdot mol^{-1}}+8.314\times310.15\times\ln\frac{\left(\frac{1}{1000}/1\right)\left(\frac{3}{1000}/1\right)}{\left(\frac{10}{1000}/1\right)}$$

$$=-51.97\,\mathrm{kJ\cdot mol^{-1}}$$

17. 解　(1) 由题意知

$$K^{\ominus}=\frac{[c_{\mathrm{Mn^{2+}}}/c^{\ominus}][p_{\mathrm{Cl_2}}/p^{\ominus}]}{[c_{\mathrm{H^+}}/c^{\ominus}]^4\,[c_{\mathrm{Cl^-}}/c^{\ominus}]^2}$$

(2) 因为

$$\Delta_r G^{\ominus}_{m,298.15\,K}=\sum\nu_B\Delta_f G_m^{\ominus}(B)$$

$$=[(-237.1\,\mathrm{kJ\cdot mol^{-1}})\times2+0+(-228.1\times1)]$$

$$-[(-465.1\,\mathrm{kJ\cdot mol^{-1}})+4\times0+(-131.2\,\mathrm{kJ\cdot mol^{-1}})\times2]$$

$$=25.2\,\mathrm{kJ\cdot mol^{-1}}>0$$

故在 298.15 K 标准态下不能自发进行。

(3) 因为

$$\Delta_r G_m=\Delta_r G_m^{\ominus}+RT\ln Q$$

$$=25.2\,\mathrm{kJ\cdot mol^{-1}}+8.314\,\mathrm{J\cdot K^{-1}\cdot mol^{-1}}\times298\,\mathrm{K}\times\ln\frac{(1/1)(100/100)}{(12/1)^4\,(12/1)^2}$$

$$=-11.77\,\mathrm{kJ\cdot mol^{-1}}<0$$

故此时上面的反应能自发进行。

18. 解　由题意知

$$\Delta_r H^{\ominus}_{m,298.15\,K}=(-395.7\,\mathrm{kJ\cdot mol^{-1}})\times2-[0+(-296.8\mathrm{kJ\cdot mol^{-1}})\times2]$$

$$=-197.78\mathrm{kJ\cdot mol^{-1}}$$

$$\lg\frac{K^{\ominus}(900\,\mathrm{K})}{K^{\ominus}(800\,\mathrm{K})}=\lg\frac{K^{\ominus}(900\,\mathrm{K})}{910}=\frac{\Delta_r H^{\ominus}_{m,298.15\,K}}{2.303\times8.314}\left(\frac{900-800}{800\times900}\right)$$

$$\lg K^{\ominus}(900\,\mathrm{K})=\lg910+\frac{(-197.78\times1000)}{2.303\times8.314}\times\frac{100}{800\times900}$$

得 $K^{\ominus}=33.45$。

19. 解 由题意知

$$\Delta_r G^{\ominus}_{m,298.15\,K} = [(77.1\ kJ\cdot mol^{-1}) + (-131.2\ kJ\cdot mol^{-1})] - (-109.8\ kJ\cdot mol^{-1}) = 55.7\ kJ\cdot mol^{-1}$$

$$\Delta_r G^{\ominus}_m = -RT\ln K^{\ominus} = -RT\ln K_{sp}(AgCl)$$

得 $K_{sp}(AgCl)=1.75\times10^{-10}$。

20. 解

	$Ag_2CO_3(s) \rightleftharpoons$	$2Ag^+(aq)$ +	$CO_3^{2+}(aq)$
$\Delta_r G^{\ominus}_m(kJ\cdot mol^{-1})$	−437.2	77.1	−527.8
$\Delta_r H^{\ominus}_m(kJ\cdot mol^{-1})$	−505.8	105.6	−667.0
$S^{\ominus}_m(J\cdot K^{-1}\cdot mol^{-1})$	167.4	72.7	−56.8

298.15 K 时，

$$\Delta_r G^{\ominus}_m = \sum \nu_B \Delta_f G^{\ominus}_m(\text{产物}) - \sum \nu_B \Delta_f G^{\ominus}_m(\text{反应物})$$
$$= [2\times77.1\ kJ\cdot mol^{-1} + (-527.8)\ kJ\cdot mol^{-1}] - (-437.2\ kJ\cdot mol^{-1})$$
$$= 63.6\ kJ\cdot mol^{-1}$$

$$\Delta_r G^{\ominus}_m = -2.303RT\lg K_{sp}(Ag_2CO_3, 298.15\ K)$$

则

$$\lg K_{sp}(Ag_2CO_3, 298.15\ K) = \frac{-\Delta_r G^{\ominus}_m(Ag_2CO_3, 298.15\ K)}{2.303RT}$$
$$= \frac{-63.6\times10^3\ J\cdot mol^{-1}}{2.303\times8.314\ J\cdot K^{-1}\cdot mol^{-1}\times298.15\ K}$$
$$= -11.1$$

得 $K_{sp}(Ag_2CO_3, 298.15\ K)=7.94\times10^{-12}$。

373.15 K 时，

$$\Delta_r H^{\ominus}_m(298.15\ K) = \sum \nu_B \Delta_f H^{\ominus}_m(\text{产物}) - \sum \nu_B \Delta_f H^{\ominus}_m(\text{反应物})$$
$$= [2\times105.6\ kJ\cdot mol^{-1} + (-667.0)\ kJ\cdot mol^{-1}] - (-505.8)\ kJ\cdot mol^{-1}$$
$$= 50.0\ kJ\cdot mol^{-1}$$

$$\Delta_r S^{\ominus}_m(298.15\ K) = \sum \nu_B S^{\ominus}_m(\text{产物}) - \sum \nu_B S^{\ominus}_m(\text{反应物})$$
$$= [2\times72.7\ J\cdot K^{-1}\cdot mol^{-1} + (-56.8)\ J\cdot K^{-1}\cdot mol^{-1}] - 167.4\ J\cdot K^{-1}\cdot mol^{-1}$$
$$= -78.8\ J\cdot K^{-1}\cdot mol^{-1}$$

根据

$$\Delta_r G^{\ominus}_{m,T} = \Delta_r H^{\ominus}_{m,T} - T\Delta_r S^{\ominus}_{m,T} \approx \Delta_r H^{\ominus}_{m,298.15} - T\Delta_r S^{\ominus}_{m,298.15}$$

$$\Delta_r G_m^\ominus(373.15\ \text{K}) = 50.0\ \text{kJ} \cdot \text{mol}^{-1} - 373.15 \times (-78.8) \times 10^{-3}\ \text{kJ} \cdot \text{mol}^{-1} = 79.4\ \text{kJ} \cdot \text{mol}^{-1}$$

则

$$\lg K_{sp}(Ag_2CO_3, 373.15\ \text{K}) = \frac{-\Delta_r G_m^\ominus(Ag_2CO_3, 373.15\ \text{K})}{2.303RT} = \frac{-79.4\ \text{kJ} \cdot \text{mol}^{-1}}{2.303 \times 8.314 \times 10^{-3}\ \text{kJ} \cdot \text{K}^{-1} \cdot \text{mol}^{-1} \times 373.15\ \text{K}} = -11.11$$

得 $K_{sp}(Ag_2CO_3, 373.15\ \text{K}) = 7.76 \times 10^{-12}$。

第七章# 化学反应速率

内 容 提 要

一、化学反应速率的表示方法

化学反应速率：$v \stackrel{\text{def}}{=} \frac{1}{V}\frac{d\xi}{dt}$；恒容反应的体积 V 一定：$v = \frac{1}{V} \cdot \frac{d\xi}{dt} = \frac{1}{\nu_B} \cdot \frac{dc_B}{dt}$。

平均速率：$\bar{v} = -\frac{\Delta c}{\Delta t}$。

瞬时速率：$v = \lim\limits_{\Delta t \to 0}\bar{v} = \lim\limits_{\Delta t \to 0}\frac{-\Delta c}{\Delta t} = -\frac{dc}{dt}$。

化学反应速率通常指瞬时速率。速率是等于或大于零的值。

二、浓度对化学反应速率的影响

化学反应速率方程：

① 一般化学反应：$v = kc^{\alpha}(A) \cdot c^{\beta}(B)$，各浓度项指数 α、β 由实验确定。

② 元反应：$v = kc^{a}(A)c^{b}(B)$（质量作用定律），各浓度项指数 a、b 为相应反应物的系数。

反应级数 n：

$$n = \alpha + \beta$$

式中，α 为反应物 A 的反应级数，β 为反应物 B 的反应级数。一般反应级数指总反应级数 n。

速率常数 k：

① 为各反应物都为单位浓度时的反应速率，与反应物浓度无关，但与反应的本性及反应温度有关，其值可通过实验测定。

② 在相同条件下，反应的速率常数值愈大，表示该反应的速率愈大。

③ k 的量纲是[浓度]$^{1-n}$ · [时间]$^{-1}$。

简单级数反应及其特征：结果列表于 7-1 中。

表 7-1 简单级数反应及特征

反应级数	一级反应	二级反应	零级反应
微分速率方程	$-\frac{dc(A)}{dt}=kc(A)$	$-\frac{dc(A)}{dt}=kc^2(A)$	$-\frac{dc(A)}{dt}=k$
积分速率方程	$\ln c_0(A)-\ln c(A)=kt$	$\frac{1}{c(A)}-\frac{1}{c_0(A)}=kt$	$c_0(A)-c(A)=kt$
直线关系	$\ln c(A)$对 t	$1/c(A)$对 t	$c(A)$对 t
斜率	$-k$	k	$-k$
半衰期($t_{1/2}$)	$0.693/k$	$1/\{kc_0(A)\}$	$c_0(A)/2k$
k 的量纲	时间$^{-1}$	浓度$^{-1}$·时间$^{-1}$	浓度·时间$^{-1}$

三、化学反应速率理论

1. 碰撞理论

碰撞理论认为反应物分子之间能发生反应的碰撞称为有效碰撞,不能发生反应的碰撞称为弹性碰撞。反应物需具有足够的动能且碰撞时有恰当的方向(即碰在能起反应的部位上)这两个条件才能发生有效碰撞。

活化分子:能发生有效碰撞的分子。

活化能 E_a:活化分子具有的最低能量与反应物分子的平均能量之差。

$$E_a=E'-\overline{E}$$

2. 过渡态理论

过渡态理论认为反应物分子之间首先形成一种高能量的过渡态活化络合物。活化络合物很不稳定,既可以分解为反应物,又可以转化为生成物。

活化络合物比反应物分子的平均能量高出的这部分能量就是活化能,正、逆向反应的活化能分别为 E_a 和 E_a',则反应热 $\Delta_r H_m^{\ominus}=E_a-E_a'$。若 $E_a>E_a'$,$\Delta_r H_m^{\ominus}>0$,为吸热反应;若 $E_a<E_a'$,$\Delta_r H_m^{\ominus}<0$,为放热反应。

四、温度对化学反应速率的影响

Arrhenius 方程:

$$k=Ae^{-\frac{E_a}{RT}} \quad (指数形式)$$

$$\ln k=-\frac{E_a}{RT}+\ln A \quad (对数形式)$$

$$\ln\frac{k_2}{k_1}=\frac{E_a}{R}\left(\frac{T_2-T_1}{T_1T_2}\right) \quad (积分形式)$$

① 温度升高时,活化分子分数的大大增加是反应速率加快的重要原因。

② 相同温度下,活化能越大的反应,其反应速率越慢。

③ 改变相同的温度,对具有较大活化能反应的速率影响较大,即升高温度对活化能大的反应相对有利。

五、催化剂对化学反应速率的影响

催化剂:用量较少就能显著地加速反应而其本身最后并无损耗的物质是催化剂。

催化作用:这种显著改变反应速率的作用。

催化剂加快反应速率的根本原因是改变了反应途径,降低了反应的活化能。它能缩短达到平衡的时间,但不改变平衡常数,因此它不能使非自发反应变成自发反应。

六、化学反应机制

元反应:由反应物一步就能直接转化为产物的反应。

反应分子数:元反应中反应物微粒数之和。表示最少需要多少个粒子同时碰撞才能发生反应。元反应通常有单分子反应和双分子反应,三分子反应较少,三分子以上的反应至今尚未发现。

复合反应:多数化学反应需经历多个步骤才能完成,这类反应称为复合反应。复合反应中的每一步都是元反应,最慢一步的反应决定整个反应的速率,被称为速率控制步骤。

练 习 题

一、选择题

1. 反应 $3H_2(g)+N_2(g)\longrightarrow 2NH_3(g)$ 的反应速率可表示为 $-\frac{dc(N_2)}{dt}$,下列表示中与其相等的是 ( )

A. $\frac{dc(NH_3)}{dt}$　　B. $-\frac{dc(NH_3)}{dt}$

C. $\frac{2dc(NH_3)}{dt}$　　D. $\frac{dc(NH_3)}{2dt}$

2. 某化学反应的速率常数的单位为 $mol\cdot L^{-1}\cdot s^{-1}$,该反应是 ( )

A. 一级反应　　B. 二级反应

C. 零级反应　　D. 三级反应

3. 实验测得 $2ICl(g)+H_2(g)\longrightarrow I_2(g)+2HCl(g)$ 的反应速率正比于 ICl 浓度的一次方和 H_2 浓度的一次方。由此可知此反应是 ( )

A. 三分子反应,三级反应　　B. 双分子反应,二级反应

C. 三分子反应　　D. 二级反应

4. 实验表明反应 $A_2 + B_2 \longrightarrow 2AB$ 的速率方程式为 $V = kc(A_2) \cdot c(B_2)$,这表明该反应 (　　)

A. 是元反应　　B. 不是元反应

C. 可能是元反应　　D. 是双分子反应

5. 某一级反应的半衰期 $t_{1/2}$ 是 30 min,则其反应速率常数 k 为 (　　)

A. $0.023\ \text{min}^{-1}$　　B. $0.23\ \text{min}^{-1}$

C. $20.8\ \text{min}^{-1}$　　D. $43.3\ \text{min}^{-1}$

6. 关于反应级数的下列说法中,正确的是 (　　)

A. 反应级数必是正整数

B. 二级反应即是双分子反应

C. 化学反应式配平即可求得反应级数

D. 反应级数通常由实验确定

7. 对于反应 $Cl_2(g) + 2NO(g) \longrightarrow 2NOCl(g)$,实验发现,如两反应物浓度都加倍,则反应速率增至 8 倍,如仅将 Cl_2 的浓度加倍,则反应速率也加倍,该反应对 NO 的级数是 (　　)

A. 0　　B. 1　　C. 2　　D. 3

8. 糖在发酵时,其浓度由 $0.18\ \text{mol} \cdot \text{L}^{-1}$ 减至 $0.090\ \text{mol} \cdot \text{L}^{-1}$ 需 5 h,浓度由 $0.090\ \text{mol} \cdot \text{L}^{-1}$ 减至 $0.045\ \text{mol} \cdot \text{L}^{-1}$ 需 5 h,则该反应的半衰期为 (　　)

A. $0.693/k$　　B. $1/(c_0 k)$

C. c_0/k　　D. 无法求得

9. 某反应,$A \longrightarrow Y$,如果反应物 A 的浓度减少一半,它的半衰期也缩短一半,则该反应的级数为 (　　)

A. 零级　　B. 一级

C. 二级　　D. 以上答案均不正确

10. 已知 $A + 2B \longrightarrow C$,则其速率方程式为 (　　)

A. $V = kc(A)c^2(B)$　　B. $V = kc(A)c(B)$

C. $V = kc^2(B)$　　D. 无法确定

11. 对于一个化学反应来说,下列叙述中正确的是 (　　)

A. $\Delta_r H_m^\ominus$ 愈小反应愈快　　B. $\Delta_r G_m^\ominus$ 愈小反应愈快

C. E_a 愈小反应愈快　　D. K 愈小反应愈快

12. 一个放射性同位素的半衰期为 20 天,80 天后该同位素还剩原来的 (　　)

A. 1/4　　B. 1/6　　C. 1/8　　D. 1/16

13. 某元反应的速率常数 $k = 0.14\ \text{min}^{-1}$,则当反应物浓度由 $0.2\ \text{mol} \cdot \text{L}^{-1}$ 变为 $0.1\ \text{mol} \cdot \text{L}^{-1}$ 时所用时间与反应物浓度由 $0.1\ \text{mol} \cdot \text{L}^{-1}$ 变为 $0.05\ \text{mol} \cdot \text{L}^{-1}$

时所用时间的比值为（　　）

A. 10　　B. 100　　C. 0.01　　D. 1

14. 反应 $H_2(g)+I_2(g)=2HI(g)$ 的速率方程式为 $V=kc(H_2)c(I_2)$，可以得出此反应（　　）

A. 一定是元反应　　B. 双分子反应

C. 对 I_2 来说是一级反应　　D. 对 H_2 来说是一级反应

15. 对于一级反应，在下列各种说法中，不正确的是（　　）

A. $\ln c$ 对时间 t 作图得一直线

B. 半衰期与反应物起始浓度无关

C. k 的单位为(时间)$^{-1}$

D. 同一反应物消耗百分率相同时所需时间不一样

16. 化学反应：A(aq)＋B(aq)══Z(aq)，若其速率方程为 $v=k_A\cdot c^2(A)\cdot c^{1/2}(B)$，当A和B的浓度都增加到原来的4倍时，反应速率将增加到原来的（　　）

A. 4倍　　B. 16倍　　C. 32倍　　D. 64倍

17. 一个反应的活化能为 $83.68\ kJ\cdot mol^{-1}$，在室温(27 ℃)时，温度每增加1 K，反应速率常数增加的百分数为（　　）

A. 4%　　B. 11%　　C. 50%　　D. 90%

18. 元反应：$H+Cl_2=HCl+Cl$ 的反应分子数是（　　）

A. 单分子反应　　B. 双分子反应

C. 三分子反应　　D. 四分子反应

19. 一级反应、二级反应和零级反应的半衰期（　　）

A. 都与 k 和 c_0 有关　　B. 都与 c_0 有关

C. 都与 k 有关　　D. 不一定与 k 和 c_0 有关

20. 关于催化剂的说法，正确的是（　　）

A. 不能改变反应的 ΔG、ΔH、ΔS、ΔU

B. 不能改变反应的 ΔG，能改变 ΔH、ΔS、ΔU

C. 不能改变反应的 ΔG、ΔH，能改变 ΔS、ΔU

D. 都能改变

二、判断题

1. 当反应 $A\longrightarrow B$ 的反应物浓度加倍时，如果反应速率也加倍，则该反应必定是一级反应。（　　）

2. 温度升高，导致分子间有效碰撞频率增加，这是温度对反应速率影响的主要因素。（　　）

3. 对一个化学反应来说，E_a 愈大反应愈快。（　　）

4．浓度增加，活化分子分数增加，所以反应速率升高。（ ）

5．化学反应速率常数 k 与反应物的浓度无关。（ ）

6．升高温度，使吸热反应的反应速率增大，放热反应的反应速率减小。（ ）

7．凡速率方程式中各物质浓度的指数等于反应方程式中其化学式前的系数时，此反应为元反应。（ ）

8．如果催化剂使正反应速率提高3倍，那么必然也能使逆反应速率提高3倍。（ ）

9．反应速率与反应物浓度的乘积成正比。（ ）

三、填空题

1．根据化学反应的碰撞理论，两个分子或离子要发生有效碰撞的条件是________和________。

2．反应速率常数是一个与________无关，而与________有关的常数。

3．有一化学反应 $A \rightleftharpoons B + C$，正向反应活化能为 E_{a1}，逆向反应活化能为 E_{a2}。若正向反应是吸热的，则 E_{a1}________E_{a2}。

4．某反应速率常数 $k = 1.6 \times 10^{-2}\ s^{-1}$，则此反应为________级反应，以________对________作图得一直线，直线的斜率是________。

5．二级反应 $t_{1/2}$ = ________，________与________呈直线关系。

6．过渡态理论认为，化学反应时反应物都首先要形成________。

7．反应物只经一步就直接形成生成物的反应称为________。

8．温度升高使分子的碰撞频率增加，这是温度对反应速率影响的________原因。

9．在一定条件下，活化能越大，活化分子的分数越________，化学反应速率就越________。

10．________叫均相反应；________叫多相反应。

11．若反应 $A + 2B = C$ 是元反应，则其反应的速率方程可以写成 $v = -\dfrac{dc(A)}{dt}$ = ________，则其反应分子数是________。

12．某反应，反应物消耗$\dfrac{5}{9}$所需的时间是它消耗$\dfrac{1}{3}$所需时间的2倍，这个反应是________级反应。

13．反应 $A + B = C$ 的速率方程为 $v = -\dfrac{dc(A)}{dt} = kc(A) \cdot c(B)$，则该反应的总级数是________级，若浓度以 $mol \cdot L^{-1}$ 为单位，时间以 s 为单位，则速率常数的单位是________。

四、问答及计算题

1．解释并理解下列名词：

(1) 反应速率；(2) 瞬时速率；(3) 元反应；(4) 速率常数；(5) 反应级数；(6) 半衰期；(7) 有效碰撞；(8) 活化能。

2．反应的速率常数 k 的物理意义是什么？它的值与什么因素有关？当时间单位为 h，浓度单位为 $mol \cdot L^{-1}$ 时，对一级、二级和零级反应，速率常数的单位各是什么？

3．化学反应的等压反应热 $\Delta_r H_m^\ominus$ 与反应的活化能 E_a 之间有什么关系？

4．在相同温度下有如下两个反应：

(1) $A + D \longrightarrow E, E_{a1}$；

(2) $G + J \longrightarrow L, E_{a2}$，

当 $E_{a2} > E_{a1}$ 时，温度的改变对哪一个反应的影响大？请根据 Arrhenius 方程说明原因。

5．试用活化分子的概念解释浓度、温度及催化剂对化学反应速率的影响。

6．反应级数与反应分子数有何区别？

7．反应 $A + B \longrightarrow C$ 的速率方程式为 $v = kc(A)c(B)$，它是否一定是元反应？为什么？

8．反应物间所有的碰撞都是有效碰撞吗？为什么？

9．增加反应物浓度、升高温度和使用催化剂都能提高反应速率，其原因是否相同？

10．有一化学反应：$aA + bB \longrightarrow C$，在 25 ℃时，将 A、B 溶液按不同浓度混合，得到表 7-2 所列实验数据：

表 7-2

编号	$c_0(A)(mol \cdot L^{-1})$	$c_0(B)(mol \cdot L^{-1})$	$v(mol \cdot L^{-1} \cdot s^{-1})$
1	1.000	1.000	1.2×10^{-2}
2	2.000	1.000	2.3×10^{-2}
3	4.000	1.000	4.9×10^{-2}
4	1.000	1.000	1.2×10^{-2}
5	1.000	2.000	4.8×10^{-2}
6	1.000	4.000	1.9×10^{-1}

(1) 求出此反应的速率方程式；

(2) 此反应对 A 及 B 各为几级反应？反应总级数是多少？

(3) 求反应的速率常数。

11．乙醛的分解反应 $CH_3CHO(g) \longrightarrow CH_4(g) + CO(g)$，测得不同浓度时的

反应速率数据见表7-3。

表7-3

$c(CH_3CHO)(mol\cdot L^{-1})$	0.10	0.20	0.30	0.40
$v(mol\cdot L^{-1}\cdot s^{-1})$	0.020	0.081	0.182	0.318

计算:(1) 该反应的反应级数;

(2) 当 $c(CH_3CHO)=0.15\ mol\cdot L^{-1}$时反应速率。

12. 已知在320℃时反应 $SO_2Cl_2(g)\longrightarrow SO_2(g)+Cl_2(g)$是一级反应,速率常数为$2.2\times10^{-5}\ s^{-1}$。试计算:

(1) 10.0 g SO_2Cl_2 分解一半所需时间。

(2) 2.00 g SO_2Cl_2 经2 h后还剩多少?

13. 已知NaOCl分解反应的速率常数在25℃时 $k=0.00093\ s^{-1}$,在30℃时 $k=0.00144\ s^{-1}$。试求在40℃时,NaOCl要用多少时间能分解掉99%。

14. 尿素在294 K分解成氨和二氧化碳的活化能为$126.0\ kJ\cdot mol^{-1}$,同样温度下在有尿素酶存在时,反应活化能为$46.0\ kJ\cdot mol^{-1}$。问:

(1) 反应因酶的存在速率将增大多少倍?

(2) 无酶催化时,在什么温度下才能达到上述酶促反应速率?

15. 实验测得下列反应:$2I^-+S_2O_8^{2-}\longrightarrow I_2+2SO_4^{2-}$,在276 K时 $k_1=1.4\times10^{-3}\ L\cdot mol^{-1}\cdot s^{-1}$,在286 K时 $k_2=2.9\times10^{-3}\ L\cdot mol^{-1}\cdot s^{-1}$,求反应的活化能。

16. 已知100℃条件下3 min可煮熟鸡蛋,在某高原上测得纯水沸点为90℃,求在此高原上多长时间可以煮熟鸡蛋?假定鸡蛋被煮熟(蛋白质变质)过程的活化能为$5.18\times10^2\ kJ\cdot mol^{-1}$。

17. 某药物溶液的初始含量为$5.0\ g\cdot L^{-1}$,室温下放置20个月后含量降为$4.2\ g\cdot L^{-1}$。如药物含量降低10%即失效,且其含量降低的反应为一级反应,问:

(1) 药物的有效期为几个月?

(2) 半衰期是多少?

18. 在SO_2氧化成SO_3反应的某一时刻,SO_2的反应速率为$13.60\ mol\cdot L^{-1}\cdot h^{-1}$,试求$O_2$和$SO_3$的反应速率各是多少?

19. 多数农药的水解反应是一级反应,它们的水解速率是杀虫效果的重要参考指标。溴氰菊酯在20℃时的半衰期是23天。试求在20℃时的水解常数。

20. 试证明:当一级反应已完成99.9%时所需的反应时间约为其半衰期的10倍。

21. 气体A的分解反应为A(g)⟶产物,当A的浓度为$0.50\ mol\cdot L^{-1}$时,反应速率为$0.014\ mol\cdot L^{-1}\cdot s^{-1}$。如果该反应分别属于:(1) 零级反应;(2) 一级反应;(3) 二级反应,则反应速率常数各是多少?

22. 某化合物分解反应的活化能为14.40 kJ·mol^{-1}，已知在553 K时，该分解反应的速率常数为$3.5\times 10^{-2}\ s^{-1}$，若要此反应在12 min内分解率达到90%，则应如何控制反应的温度？

23. 已知气态乙醛的热分解反应为二级反应，当乙醛的初始浓度为0.005 mol·L^{-1}，在500 ℃反应300 s后已有27.8%分解；在510 ℃反应300 s后已有36.2%分解。求该反应的活化能及在400 ℃时反应的速率常数。

24. 某药物分解30%即失效，将其放置在3 ℃的冰箱内的保存期为2年。某人购回此药后因故在室温下(25 ℃)放置了两周。通过计算说明此药物是否已经失效。已知该药物的分解百分数与药物浓度无关，且分解活化能为$E_a=135.0$ kJ·mol^{-1}。

25. 经呼吸O_2进入体内，在血液中发生反应：Hb(血红蛋白)+O_2 $\longrightarrow$ HbO_2(氧合血红蛋白)，此反应对Hb和O_2均为一级反应。在肺部两者的正常浓度应不低于8.0×10^{-6}和1.6×10^{-6} mol·L^{-1}，正常体温37 ℃下，该反应的速率常数$k=1.98\times 10^{6}$ L·mol^{-1}·s^{-1}，计算：

（1）正常人肺部血液中O_2的消耗速率和HbO_2的生成速率各是多少？

（2）若某位患者的HbO_2生成速率达到1.3×10^{-4} mol·L^{-1}·s^{-1}，通过输氧使Hb浓度维持正常值，肺部O_2浓度应为多少？

26. 青霉素G的分解为一级反应，实验测得有关数据见表7-4。

表 7-4

T(K)	310	316	327
k(h^{-1})	2.16×10^{-2}	4.05×10^{-2}	0.119

求反应的活化能和指数前因子A。

27. 在28 ℃，鲜牛奶大约4 h开始变质，但在5 ℃的冰箱中可保持48 h。假定变质反应的速率与变质时间成反比，求牛奶变质反应的活化能。

28. 反应$2HI(g) \longrightarrow H_2(g)+I_2(g)$在无催化剂、金及铂催化时活化能分别为184 kJ·mol^{-1}、105 kJ·mol^{-1}及42 kJ·mol^{-1}，试估算25 ℃时金、铂催化时反应速率分别是无催化剂时的多少倍。

29. 人体中某种酶催化下反应的活化能是50.0 kJ·mol^{-1}，试估算此反应在发烧至40 ℃的患者体内比正常人(37 ℃)加快的倍数(不考虑温度对酶活力的影响)。

30. 镭原子蜕变为一个氡和一个α粒子的半衰期是1622年，此蜕变反应是一级反应。问1.0000 g的无水RaBr在10年内放出氡的体积在0 ℃时是多少？(单位：cm^3)

练习题解答

一、选择题

1. D　2. C　3. D　4. C.　5 A　6. D　7. C　8. A　9. A
10. D　11. C　12.. D　13. D　14. C　15. D　16. C　17. B　18. B
19. C　20. A

二、判断题

1. √　2. √　3. ×　4. ×　5. √　6. ×　7. ×　8. √　9. ×

三、填空题

1. 有足够的能量;合适的方向

2. 反应物浓度;反应物本性、温度和催化剂

3. $>$

4. 一;$\lg c$;t;$-k/2.302$

5. $1/kc_0$;$1/c$;t

6. 一种高能量的过渡状态即活化络合物

7. 元反应

8. 次要

9. 小;小

10. 催化剂处在溶液或气相中,与反应物形成均相体系的催化作用;催化剂自成一相(常为固相),与反应物形成非均相体系的催化作用

11. $k \cdot c(\mathrm{A}) \cdot c^2(\mathrm{B})$;3

12. 一

13. 二;$\mathrm{L \cdot mol^{-1} \cdot s^{-1}}$

四、问答及计算题

1. 解　(1) 反应体系中各物质的数量随时间的变化率。

(2) 反应在每一时刻的真实速率。

(3) 反应物分子直接碰撞一步就能转化为生成物的化学反应。

(4) 反应速率方程式中的系数 k,在数值上等于各反应物浓度均为 $1\ \mathrm{mol \cdot L^{-1}}$ 时的反应速率;与反应的本性及反应温度有关。

(5) 反应速率方程式中各反应物浓度方次之和。

(6) 反应物反应掉一半所需要的时间。

(7) 能发生反应的碰撞。

(8) 活化分子具有的最低能量 E' 与反应物分子的平均能量 $\bar{E}$ 之差。

2. 解 在数值上等于各反应物浓度均为 $1\ \text{mol}\cdot\text{L}^{-1}$ 时的反应速率，故 k 又称为反应的比速率。

它与反应物浓度无关，但与反应的本性及反应温度有关。

一级反应：h^{-1}；二级反应：$\text{L}\cdot\text{mol}^{-1}\cdot\text{h}^{-1}$；零级反应：$\text{mol}\cdot\text{L}^{-1}\cdot\text{h}^{-1}$。

3. 解 $\Delta_r H_m^\ominus = E_a - E_a'$。

4. 解 Arrhenius 方程为：$\ln k = -\dfrac{E_a}{RT} + \ln A$，对 E_a 越大的反应，其直线斜率越小（因 $E_a>0$），即 k 的变化就越大，速率的变化也越大，即表明相同的温度变化对 E_a 值大的反应影响显著，因此，对反应(2)影响大。

5. 解 在一定温度下，活化分子在分子总数中所占的比值即活化分子分数是一定的。增加反应物浓度，即增加了单位体积内的分子总数，从而增加了活化分子的总数，使单位时间内有效碰撞机会增加，因此反应速率加快。

在浓度一定，即单位体积内分子总数一定时，升高温度能使更多分子获得能量而成为活化分子，增加了活化分子分数，从而增加了活化分子总数，这是反应速率加快的主要原因。同时，升高温度，使得分子平均能量增加，单位时间内碰撞次数增加，这是反应速率加快的次要原因。

在其他条件一定时，使用正催化剂能改变反应历程，降低反应的活化能，使更多的分子成为活化分子，有效碰撞频率增加，因此反应速率加快。

6. 解 反应级数是指反应速率方程式中各反应物浓度方次之和。反应级数的大小表明了浓度对反应速率的影响程度。反应级数越大，浓度对反应速率的影响也就越大。

反应分子数是指元反应中反应物系数之和。也可以说，它是需要同时碰撞才能发生化学反应的分子数。

反应分子数是对元反应而言的，它是简单的正整数（1 或 2，很少是 3）。

反应级数可以是正整数，也可以是分数、负数或零。对复合反应来说，反应级数大多数是由实验确定的。

7. 解 反应的速率方程中各反应物浓度项的指数等于其在反应式中的计量系数，仍不能确定该反应是元反应。这是由于反应机理要由多方面实验来确定，仅由速率方程式来确定是不够的。这就是说，元反应的速率方程可根据化学反应方程式直接写出，但速率方程式在形式上与根据化学反应方程式直接写出相一致的反应不一定是元反应，所以该反应不一定是元反应，它只是表明了反应速率与 A 和 B 浓度之间的数学关系。

8. 解 不是。碰撞理论认为反应物分子之间能发生反应的碰撞称为有效碰撞；不能发生反应的碰撞称为弹性碰撞。反应物需具有足够的动能且碰撞时有恰当的方向(即在能起反应的部位上碰撞)才能发生有效碰撞。

9. 解　增大反应物浓度、升高温度、使用催化剂加快反应速率的原因不尽相同。增大反应物浓度,使得单位体积内活化分子数增加,从而使单位时间内的有效碰撞次数增多,化学反应速率增大。温度升高时反应物分子的平均动能增加,具有平均动能分子的分数下降,而活化分子的分子分数却显著增加,表明活化分子数的增加将使反应物分子间的有效碰撞增多从而使化学反应速率加快。催化剂能加快反应速率的原因是催化剂参与反应并改变反应的途径,新的反应途径有较低的活化能,因而能使反应速率增加。

10. 解　由实验数据 1、2、3 可知,反应速率与 A 浓度成正比,即

$$v \propto c(\mathrm{A})$$

由实验数据 4、5、6 可知,反应速率与 B 浓度的平方成正比,即

$$v \propto c^2(\mathrm{B})$$

得该反应速率方程为

$$v = k \cdot c(\mathrm{A}) \cdot c^2(\mathrm{B})$$

此反应对 A 为一级,对 B 为二级,反应的总级数为三级。

将任一组实验数据代入速率方程式,即可求出速率常数 k:

$$k = \frac{v}{c(\mathrm{A})c^2(\mathrm{B})} = \frac{1.2 \times 10^{-2}}{1.000 \times (1.000)^2}$$

$$= 1.2 \times 10^{-2}(\mathrm{L^2 \cdot mol^{-2} \cdot s^{-1}})$$

11. 解　(1) 设反应的速率方程为 $v = kc^n$。

将第一、二组数据分别代入,得

$$0.020 = k(0.10)^n$$

$$0.081 = k(0.20)^n$$

上两式相除,得 $n = 2$。

故该反应的反应级数为 2。

(2) $k = \frac{v}{c^2} = \frac{0.020}{(0.10)^2} = 2.0\ (\mathrm{L \cdot mol^{-1} \cdot s^{-1}})$。

当 $c = 0.15\ \mathrm{mol \cdot L^{-1}}$ 时反应速率为

$$v = kc^2(\mathrm{CH_3CHO}) = 2.0 \times (0.15)^2 = 0.045\ (\mathrm{mol \cdot L^{-1} \cdot s^{-1}})$$

12. 解　(1) $t_{1/2} = \frac{0.693}{k} = \frac{0.693}{2.2 \times 10^{-5}} = 3.5 \times 10^4\ (\mathrm{s})$。

(2) 设反应在 V L 容器中进行,SO_2Cl_2 的摩尔质量为 $M\ (\mathrm{g \cdot mol^{-1}})$,2.00 g SO_2Cl_2 经 2 h 后剩 x g,由

$$\lg \frac{c}{c_0} = -\frac{kt}{2.303}, \quad 即 \lg \frac{x/MV}{2.00/MV} = -\frac{kt}{2.303}$$

得

$$\lg x = \lg 2 - \frac{kt}{2.303} = \lg 2 - \frac{2.2 \times 10^{-5} \times 3600 \times 2}{2.303} = 0.232$$

所以 $x = 1.71$ g。

13. 解 先求在 40 ℃时的 k,

$$\ln \frac{k(303\ \text{K})}{k(298\ \text{K})} = \frac{E_a}{8.314\ \text{J} \cdot \text{mol}^{-1} \cdot \text{K}^{-1}}\left(\frac{303-298}{298 \times 303}\right)$$

解得 $E_a = 65643\ (\text{J} \cdot \text{mol}^{-1})$。

$$\ln \frac{k(313\ \text{K})}{k(298\ \text{K})} = \frac{65643\ \text{J} \cdot \text{mol}^{-1}}{8.314\ \text{J} \cdot \text{mol}^{-1} \cdot \text{K}^{-1}}\left(\frac{313-298}{298 \times 313}\right)$$

解得 $k(313\ \text{K}) = 0.00331\ (\text{s}^{-1})$。

因为是一级反应,所以

$$t = \frac{1}{0.00331} \ln \frac{1}{1-0.99} = 1391\ (\text{s})$$

14. 解 (1) 由公式 $k = A\text{e}^{-E_a/RT}$ 得

$$\ln \frac{k_2}{k_1} = \frac{E_{a1} - E_{a2}}{RT}$$

设无酶催化及有酶催化时的反应速率常数和活化能分别为 k_1、k_2 及 E_{a1}、E_{a2},则

$$\ln \frac{k_2}{k_1} = \frac{126.0 - 46.0}{8.314 \times 10^{-3} \times 294} = 32.7$$

得 $\dfrac{k_2}{k_1} = 1.6 \times 10^{14}$。

即因酶的催化作用,反应加快约 1.6×10^{14} 倍。

(2) 该反应两速率相等时应有

$$\text{e}^{-E_{a1}/RT_1} = \text{e}^{-E_{a2}/RT_2}$$

即

$$-126.0\ \text{kJ} \cdot \text{mol}^{-1}/(8.314 \times 10^{-3}\ \text{kJ} \cdot \text{mol}^{-1} \cdot \text{K}^{-1} \times T_1)$$
$$= -46.0\ \text{kJ} \cdot \text{mol}^{-1}/(8.314 \times 10^{-3}\ \text{kJ} \cdot \text{mol}^{-1} \cdot \text{K}^{-1} \times 294\ \text{K})$$

解得 $T_1 = 805\ (\text{K})$。

即在无催化下,需在 805 K 才能达到 294 K 时酶促反应的速率。

15. 解 由 Arrhenius 方程式

$$\lg \frac{k_2}{k_1} = \frac{E_a}{2.303R}\left(\frac{T_2 - T_1}{T_1 T_2}\right)$$

代入有关数据得

$$\lg \frac{2.9 \times 10^{-3}}{1.4 \times 10^{-3}} = \frac{E_a}{2.303 \times 8.314}\left(\frac{286-276}{286 \times 276}\right)$$

解得 $E_a = 47.8 \times 10^3\ (\text{J} \cdot \text{mol}^{-1}) = 47.8\ (\text{kJ} \cdot \text{mol}^{-1})$。

16. 解　反应速率常数与反应时间成反比，即$\frac{k_2}{k_1}=\frac{t_1}{t_2}$，由

$$\ln\frac{k_2}{k_1}=\frac{E_a}{R}\left(\frac{T_2-T_1}{T_1T_2}\right)$$

得

$$\ln\frac{t_1}{t_2}=\frac{E_a}{R}\left(\frac{T_2-T_1}{T_1T_2}\right)$$

$$=\frac{(373\ \text{K}-363\ \text{K})\times5.18\times10^2\ \text{kJ}\cdot\text{mol}^{-1}\times1000}{8.314\ \text{J}\cdot\text{mol}^{-1}\cdot\text{K}^{-1}\times373\ \text{K}\times363\ \text{K}}=4.605$$

即$\frac{t_1}{t_2}=1.00\times10^2$，得 $t_1=3.00\times10^2$ min。

17. 解　因为该药物的分解为一级反应，所以，$\lg\frac{c_0}{c}=\frac{k\cdot t}{2.303}$，则

$$k=\frac{2.303}{t}\lg\frac{c_0}{c}=\frac{2.303}{20}\lg\frac{5.0}{4.2}=8.72\times10^{-3}(\text{m}^{-1})$$

设该药物的有效期为 x 个月，则

$$x=\frac{2.303}{k}\lg\frac{c_0}{(1-10\%)c_0}=\frac{2.303}{8.72\times10^{-3}}\lg\frac{1}{0.9}=12\ (\text{m})$$

所以

$$t_{1/2}=\frac{0.693}{k}=\frac{0.693}{8.72\times10^{-3}}=80\ (\text{m})$$

18. 解　反应为

$$SO_2+1/2O_2=\!=\!=SO_3$$
$$v(SO_2)=2v(O_2)=v(SO_3)$$

则有

$$v(O_2)=1/2\times13.60\ \text{mol}\cdot\text{L}^{-1}\cdot\text{h}^{-1}=6.8\ \text{mol}\cdot\text{L}^{-1}\cdot\text{h}^{-1}$$
$$v(SO_3)=13.60\ \text{mol}\cdot\text{L}^{-1}\cdot\text{h}^{-1}$$

19. 解　由题意知，溴氰菊酯的水解为一级反应，故

$$t_{1/2}=0.693/k=23\ \text{d}$$
$$k=3.01\times10^{-2}\ \text{d}^{-1}$$

20. 解　由题意知，

$$t_{1/2}=0.693/k$$
$$t=\frac{1}{k}\ln\frac{c_0}{c_0-99.9\%c_0}=\frac{1}{k}\ln1000$$

则

$$\frac{t}{t_{1/2}}=\frac{\frac{1}{k}\ln 1000}{\frac{0.693}{k}}=\frac{\ln 1000}{0.693}=9.968\approx 10$$

21．解 （1）若为零级反应，$v=k$，则

$$k=0.014\ \text{mol}\cdot\text{L}^{-1}\cdot\text{s}^{-1}$$

（2）若为一级反应，$v=kc$，则

$$k=v/c=0.014\ \text{mol}\cdot\text{L}^{-1}\cdot\text{s}^{-1}/0.50\ \text{mol}\cdot\text{L}^{-1}=0.028\ \text{s}^{-1}$$

（3）若为二级反应，$v=kc^2$，则

$$k=v/c^2=0.014\ \text{mol}\cdot\text{L}^{-1}\cdot\text{s}^{-1}/(0.50\ \text{mol}\cdot\text{L}^{-1})^2$$
$$=0.056\ \text{L}\cdot\text{mol}^{-1}\cdot\text{s}^{-1}$$

22．解 已知 $T_1=553$ K 时，$k_1=3.5\times10^{-2}\ \text{s}^{-1}$。

由题意可知该反应为一级反应，设此反应在 12 min 内分解率达到 90%时的速率常数为 k_2

$$\ln\frac{c_0}{10\%c_0}=k_2t$$

则 $k_2=3.2\times10^{-3}\ \text{s}^{-1}$。

应设定的温度为 T_2，根据 Arrhenius 方程

$$\ln\frac{k_2}{k_1}=\frac{E_a}{R}\left(\frac{1}{T_1}-\frac{1}{T_2}\right)$$

则

$$\ln\frac{3.2\times10^{-3}}{3.5\times10^{-2}}=\frac{14.40\times10^3\ \text{J}\cdot\text{mol}^{-1}}{8.314\ \text{J}\cdot\text{mol}^{-1}\cdot\text{K}^{-1}}\left(\frac{T_2-553\ \text{K}}{553\ \text{K}\times T_2}\right)$$

得 $T_2=313.35$ K。

23．解 设 500 ℃时速率常数为 k_1，510 ℃时速率常数为 k_2

$$k_1=\frac{1}{t_1}\left(\frac{1}{c}-\frac{1}{c_0}\right)$$

$$k_1=\frac{1}{300\ \text{s}}\left(\frac{1}{0.005(1-27.8\%)\ \text{mol}\cdot\text{L}^{-1}}-\frac{1}{0.005\ \text{mol}\cdot\text{L}^{-1}}\right)$$

解得 $k_1=0.257\ \text{L}\cdot\text{mol}^{-1}\cdot\text{s}^{-1}$。

$$k_2=\frac{1}{t_2}\left(\frac{1}{c}-\frac{1}{c_0}\right)$$

$$k_2=\frac{1}{300\ \text{s}}\left(\frac{1}{0.005(1-36.2\%)\ \text{mol}\cdot\text{L}^{-1}}-\frac{1}{0.005\ \text{mol}\cdot\text{L}^{-1}}\right)$$

解得 $k_2=0.378\ \text{L}\cdot\text{mol}^{-1}\cdot\text{s}^{-1}$。

根据 Arrhenius 方程

$$\ln\frac{k_2}{k_1}=\frac{E_a}{R}\left(\frac{1}{T_1}-\frac{1}{T_2}\right)$$

得 $E_a=193.5\ \text{kJ}\cdot\text{mol}^{-1}$。

设 400 ℃时速率常数为 k_3

$$\ln\frac{k_3}{k_1}=\frac{E_a}{R}\left(\frac{1}{T_1}-\frac{1}{T_3}\right)$$

$$\ln\frac{k_3}{0.257}=\frac{193.5\times10^3\ \text{J}\cdot\text{mol}^{-1}}{8.314\ \text{J}\times\text{mol}^{-1}\cdot\text{K}^{-1}}\left(\frac{1}{773\ \text{K}}-\frac{1}{673\text{K}}\right)$$

解得 $k_3=2.93\times10^{-3}\ \text{L}\cdot\text{mol}^{-1}\cdot\text{s}^{-1}$。

24. 解　由题意可知此药物分解反应为一级反应。276 K 时，

$$\ln\frac{c_0}{c_0-30\%c_0}=K_{276}\times2\times365$$

得 $K_{276}=4.89\times10^{-4}\ \text{d}^{-1}$。

下面求 K_{298}。

由公式

$$\ln\frac{k_2}{k_1}=\frac{E_a}{R}\left(\frac{T_2-T_1}{T_1T_2}\right)$$

$$\ln\frac{K_{298}}{4.89\times10^{-4}}=\frac{135.0\times10^3\ \text{J}\cdot\text{mol}^{-1}}{8.314\ \text{J}\cdot\text{mol}^{-1}\cdot\text{K}^{-1}}\times\frac{(298-276)\ \text{K}}{298\ \text{K}\times276\ \text{K}}$$

得 $K_{298}=0.0379\ \text{d}^{-1}$。

室温下(25 ℃)放置了两周,其药物分解为

$$\ln\frac{c_0}{c_0-x\%c_0}=K_{298}\times2\times7$$

得 $x\%=41.2\%$。

故药物已失效。

25. 解　由题可知此反应为二级反应,且根据反应方程式,O_2 的消耗速率与 HbO_2 的生成速率相同,即

$$v(O_2)=v(HbO_2)=k\times c(O_2)\times c(Hb)$$

(1) $v(O_2)=v(HbO_2)=1.98\times10^6\ \text{L}\cdot\text{mol}^{-1}\cdot\text{s}^{-1}\times8.0\times10^{-6}\ \text{mol}\cdot\text{L}^{-1}\times1.6\times10^{-6}\ \text{mol}\cdot\text{L}^{-1}$
$=2.53\times10^{-5}\ \text{mol}\cdot\text{L}^{-1}\cdot\text{s}^{-1}$

(2) $c(O_2)=\dfrac{v(HbO_2)}{kc(Hb)}=\dfrac{1.3\times10^{-4}\ \text{mol}\cdot\text{L}^{-1}\cdot\text{s}^{-1}}{1.98\times10^6\ \text{L}\cdot\text{mol}^{-1}\cdot\text{s}^{-1}\times8.0\times10^{-6}\ \text{mol}\cdot\text{L}^{-1}}$
$=8.2\times10^{-6}\ \text{mol}\cdot\text{L}^{-1}$

26. 解　由公式

$$\ln\frac{k_2}{k_1}=\frac{E_a}{R}\left(\frac{T_2-T_1}{T_1T_2}\right)$$

则

$$E_a = R\frac{T_1T_2}{(T_2 - T_1)}\ln\frac{k_2}{k_1}$$
$$= \frac{8.314\ \text{J}\cdot\text{mol}^{-1}\cdot\text{K}^{-1}\times 310\ \text{K}\times 316\ \text{K}}{(316-310)\ \text{K}}\ln\frac{4.05\times10^{-2}}{2.16\times10^{-2}}$$
$$= 85.3\ \text{kJ}\cdot\text{mol}^{-1}$$

用相同的方法，用不同温度下的 k 求出三个 E_a 后，求得均值：$E_a=85.5\ \text{kJ}\cdot\text{mol}^{-1}$。

又 $\ln A=\ln k+\frac{E_a}{RT}$，即

$$\ln A = \ln 2.16\times10^{-2}+\frac{85.5\times10^3\ \text{J}\cdot\text{mol}^{-1}}{8.314\ \text{J}\cdot\text{mol}^{-1}\cdot\text{K}^{-1}\times 310\ \text{K}}$$

得 $A=4.04\times10^{12}$。

同理，将不同温度下的 k 值代入上述关系式，求出三个 A 值后，得均值：$A=5.47\times10^{12}$。

27. 解 $v\propto k$，由题 $v\propto\frac{1}{t}$，即$\frac{k_2}{k_1}=\frac{t_1}{t_2}$。

$$E_a = R\frac{T_2T_1}{T_1-T_2}\ln\frac{k_1}{k_2} = R\frac{T_2T_1}{T_1-T_2}\ln\frac{t_2}{t_1}$$
$$= \frac{8.314\ \text{J}\cdot\text{mol}^{-1}\cdot\text{K}^{-1}\times 301\ \text{K}\times 278\ \text{K}}{(301-278)\ \text{K}}\ln\frac{48}{4} = 75.2\ \text{kJ}\cdot\text{mol}^{-1}$$

28. 解 设无催化剂时的速率常数为 k_1，金、铂为催化剂时的速率常数分别为 k_2、k_3。

由 $\ln k=-\frac{E_a}{RT}+\ln A$，有

$$\ln\frac{k_2}{k_1}=\frac{E_{a1}-E_{a2}}{RT}=\frac{(184-105)\times10^3\ \text{J}\cdot\text{mol}^{-1}}{8.314\ \text{J}\cdot\text{mol}^{-1}\cdot\text{K}^{-1}\times298\ \text{K}}=31.87$$

得$\frac{k_2}{k_1}=7.1\times10^{13}$，故金催化是无催化剂时的 7.1×10^{13}倍。

同理

$$\ln\frac{k_3}{k_1}=\frac{E_{a1}-E_{a3}}{RT}=\frac{(184-42)\times10^3\ \text{J}\cdot\text{mol}^{-1}}{8.314\ \text{J}\cdot\text{mol}^{-1}\cdot\text{K}^{-1}\times298\ \text{K}}=57.31$$

得$\frac{k_3}{k_1}=7.8\times10^{24}$，故铂催化是无催化剂时的 7.8×10^{24}倍。

29.解 由

$$\ln\frac{k_2}{k_1} = \frac{E_a}{R}\left(\frac{T_2-T_1}{T_1T_2}\right) = \frac{50.0\times10^3\ \text{J}\cdot\text{mol}^{-1}}{8.314\ \text{J}\cdot\text{mol}^{-1}\cdot\text{K}^{-1}}\times\frac{(313-310)\ \text{K}}{313\ \text{K}\times310\ \text{K}} = 0.19$$

得$\frac{k_2}{k_1}=1.2$，故 40 ℃患者体内此酶的催化反应比正常人(37 ℃)快 1.2 倍。

30. 解　一级反应半衰期 $t_{\frac{1}{2}}=0.693/k$，则

$$k=\frac{0.693}{1622}$$

得 $k=4.273\times10^{-4}\ \mathrm{y}^{-1}$。

1.0000 g 无水 RaBr 的物质的量为

$$n_0=\frac{m}{M}=\frac{1.0000\ \mathrm{g}}{305.9\ \mathrm{g\cdot mol^{-1}}}=3.269\times10^{-3}\ \mathrm{mol}$$

经历 10 年无水 RaBr 的物质的量为 n_t，有 $\ln\frac{n_0}{n_t}=kt$，即

$$\ln\frac{3.269\times10^{-3}}{n_t}=4.273\times10^{-4}\times10$$

$$\frac{3.269\times10^{-3}}{n_t}=1.0043$$

得 $n_t=3.255\times10^{-3}\ \mathrm{mol}$。

10 年内放出氡的物质的量为 n，则

$$n=n_0-n_t=(3.269-3.255)\times10^{-3}=0.014\times10^{-3}\ \mathrm{mol}$$

10 年内放出氡的体积在 0 ℃时为

$$V=\frac{nRT}{P}=\frac{0.014\times10^{-3}\mathrm{mol}\times8.314\ \mathrm{kPa\cdot L\cdot K^{-1}\cdot mol^{-1}}\times273.15\ \mathrm{K}}{100\ \mathrm{kPa}}$$

$$=0.3179\times10^{-3}\ \mathrm{L}=0.3179\ \mathrm{cm^3}$$

第八章　氧化还原反应与电极电位

内 容 提 要

一、氧化还原反应

1．氧化值

氧化值是某元素原子的表观荷电数，这种荷电数是假设把化学键中的电子指定给电负性较大的原子而求得的。

2．氧化还原反应

元素的氧化值发生了变化的化学反应称为氧化还原反应。氧化还原反应可被拆分成两个半反应。

3．氧化还原反应方程式的配平

采用离子-电子法(或半反应法)配平氧化还原反应方程式的方法是：

(1) 写出氧化还原反应的离子方程式。

(2) 将离子方程式拆成氧化和还原两个半反应。

(3) 根据物料平衡和电荷平衡，分别配平半反应(注意不同介质中配平方法的差异)。

(4) 根据氧化剂和还原剂得失电子数相等，找出两个半反应的最小公倍数，并把它们配平合并。

(5) 可将配平的离子方程式写为分子方程式。

二、原电池与电极电位

1．原电池

将化学能转化成电能的装置称为原电池。将两个电极组合起来构成一个原电池，原电池可用电池组成式表示。习惯上把正极写在右边，负极写在左边；用"|"表示两相之间的界面；中间用"‖"表示盐桥。

2．电极电位的产生和电池电动势

电极电位的产生可用双电层理论解释。

3．标准电极电位

标准氢电极(SHE)：Pt(s) | H_2(100 kPa) | H^+ ($a=1$)，并规定在 298.15 K，氢

气分压 100 kPa，氢离子浓度 1 mol·L^{-1}（严格地是活度 1）时，$\varphi_{\text{SHE}}=0.0000$ V。在标准状态下，将待测电极与 SHE 组成原电池（SHE 为负极），测得原电池的电动势等于待测电极的标准电极电位。

三、电池电动势与化学反应 Gibbs 自由能

1. 电池电动势与化学反应 Gibbs 自由能的关系

在等温、等压可逆过程中（可逆电池），系统 Gibbs 自由能的降低值与电池电动势之间存在如下关系：

$$\Delta_r G_m = -nFE$$

2. 用电池电动势判断氧化还原反应的自发性

在等温等压标准态下，氧化还原反应自发性的判据：$\Delta_r G_m^\ominus<0$，$E^\ominus>0$，反应正向自发进行；$\Delta_r G_m^\ominus>0$，$E^\ominus<0$，反应逆向自发进行；$\Delta_r G_m^\ominus=0$，$E^\ominus=0$，反应达到平衡。同理，$\Delta_r G_m$ 和 E 可作为非标准态下的氧化还原反应自发性的判据。

3. 电池标准电动势和平衡常数

氧化还原反应的平衡常数可根据关系式 $RT\ln K^\ominus=nFE^\ominus$ 计算。在 298.15 K 下，将 $R=8.314$ J·K^{-1}·mol^{-1}，$F=96485$ C·mol^{-1}代入上式得

$$\lg K^\ominus=\frac{nE^\ominus}{0.05916\ \text{V}}$$

有些平衡常数，如：酸（碱）质子转移平衡常数 K_a（K_b）、水的离子积常数 K_w、溶度积常数 K_{sp}、配位平衡稳定常数 K_s等，若它们的平衡可以由两个电极反应式组成，同样可用电池的标准电动势计算其平衡常数。

四、电极电位的 Nernst 方程式及影响电极电位的因素

1. 电极电位的 Nernst 方程式

对电池反应：$a\text{Ox}_1+b\text{Red}_2 \rightleftharpoons d\text{Red}_1+e\text{Ox}_2$，其电池电动势的 Nernst 方程式为

$$E=E^\ominus-\frac{RT}{nF}\ln\frac{c_{\text{Red}_1}^d\,c_{\text{Ox}_2}^e}{c_{\text{Ox}_1}^a\,c_{\text{Red}_2}^b}$$

在 298.15 K 时，

$$E=E^\ominus-\frac{0.05916\ \text{V}}{n}\lg\frac{c_{\text{Red}_1}^d\,c_{\text{Ox}_2}^e}{c_{\text{Ox}_1}^a\,c_{\text{Red}_2}^b}$$

对电极反应：$p\text{Ox}+ne^- \rightleftharpoons q\text{Red}$ 其电极电位的 Nernst 方程式为

$$\varphi(\text{Ox/Red})=\varphi^\ominus(\text{Ox/Red})+\frac{RT}{nF}\ln\frac{c_{\text{Ox}}^p}{c_{\text{Red}}^q}$$

在 298.15 K 时，

$$\varphi(\text{Ox/Red})=\varphi^\ominus(\text{Ox/Red})+\frac{0.05916\ \text{V}}{n}\lg\frac{c_{\text{Ox}}^p}{c_{\text{Red}}^q}$$

2. 电极溶液中物质浓度对电极电位的影响

由 Nernst 方程式可知，电极中各物质的浓度对电极电位产生影响，若 H^+、OH^- 作为介质参加反应，也会对电极电位产生影响。氧化还原电对中氧化型或还原型物质生成沉淀、弱酸、弱碱、配合物等，将使其浓度降低，也使电极电位发生变化。

五、电位法测定溶液的 pH

应用电位法测定溶液的 pH，应有一个参比电极和一个指示电极。参比电极的电极电位已知且性能稳定，常用饱和甘汞电极(SCE)。指示电极的电极电位与被测 H^+ 离子浓度(活度)有关，常用玻璃电极，其电极电位符合 Nernst 方程式。

练 习 题

一、选择题

1. 已知下列反应在标准状态下皆正向自发进行：

$$Cu^{2+} + Sn^{2+} \rightleftharpoons Cu + Sn^{4+}$$

$$2Fe^{3+} + Cu \rightleftharpoons 2Fe^{2+} + Cu^{2+}$$

且 $\varphi^\ominus(Cu^{2+}/Cu) = (1)$，$\varphi^\ominus(Sn^{4+}/Sn^{2+}) = (2)$，$\varphi^\ominus(Fe^{3+}/Fe^{2+}) = (3)$，则有关 $\varphi^\ominus$ 的大小顺序是　(　　)

A. (3)＞(2)＞(1)　　B. (2)＞(1)＞(3)

C. (3)＞(1)＞(2)　　D. (1)＞(3)＞(2)

2. 今有电池：(－)Pt(s)|$H_{2(P)}$|$H^+(c_1)$ ‖ $Cu^{2+}(c_2)$|Cu(s) (＋)，要增加电池电动势的方法是　(　　)

A. 负极加大 $c(H^+)$　　B. 正极加大 $c(Cu^{2+})$

C. 负极降低 H_2 的分压　　D. 正极加入氨水

3. 当 pH＝10 时，氢电极的电极电势是　(　　)

A. －0.59 V　　B. －0.30 V

C. 0.30 V　　D. 0.59 V

4. 已知 298.15 K 时标准状态下反应：$2Ag^+ + Cu = Cu^{2+} + 2Ag$，$\varphi^\ominus(Ag^+/Ag) = +0.7996$ V，$\varphi^\ominus(Cu^{2+}/Cu) = +0.3419$ V，此反应的标准平衡常数的对数为　(　　)

A. $\lg K^\ominus = 42.50$　　B. $\lg K^\ominus = 15.47$

C. $\lg K^\ominus = 10.63$　　D. $\lg K^\ominus = 7.737$

5. 实验室中常用加热二氧化锰与浓盐酸的混合物来制备氯气，其反应为

$$MnO_2(s) + 4HCl(浓) \longrightarrow MnCl_2 + Cl_2(g) + 2H_2O$$

反应之所以能够向右进行，是因为 ( )

A. $\varphi^{\ominus}(MnO_2/Mn^{2+})>\varphi^{\ominus}(Cl_2/Cl^-)$

B. 高的 Cl^- 离子浓度提高了氧化剂的氧化性

C. 高的 H^+ 离子浓度提高了还原剂的还原性

D. 高的 H^+ 离子浓度提高了氧化剂的氧化性，高的 Cl^- 离子浓度提高了还原剂的还原性

6. $K_2Cr_2O_7$ 被 1 mol 的 Fe^{2+} 完全还原为 Cr^{3+} 时，所消耗的 $K_2Cr_2O_7$ 为 ( )

A. 3 mol　　B. 1/3 mol

C. 1/5 mol　　D. 1/6 mol

7. 与下列原电池电动势无关的因素有 ( )

$$(-)Zn(s)|ZnSO_4(aq)\|HCl(aq)|H_2(100\ kPa)|Pt(s)(+)$$

A. $ZnSO_4$ 的浓度　　B. Zn 电极板的面积

C. HCl(aq)的浓度　　D. 温度

8. 下列说法错误的是 ( )

A. 在下列电池中，若向银半电池加入 NaCl 固体，并使 Cl^- 离子浓度达 $1\ mol\cdot L^{-1}$ 时，电池的正负极将变号：

$$(-)Pt(s)|Fe^{2+}(1\ mol\cdot L^{-1}),Fe^{3+}(1\ mol\cdot L^{-1})\|Ag^+(1\ mol\cdot L^{-1})|Ag(s)(+)$$

B. 同类型的金属难溶盐电极，K_{sp} 愈小者其电极电位愈低

C. 下列电池组成式，只有 $c_2>c_1$ 才成立：

$$(-)Zn(s)|Zn^{2+}(c_1)\|Zn^{2+}(c_2)|Zn(s)(+)$$

D. 在氧化还原反应中，如果两个电对的电极电位相差愈大，则反应进行愈快

9. 根据公式 $\lg K^{\ominus}=nE^{\ominus}/0.05916\ V$，下列说法中错误的是 ( )

A. $K^{\ominus}$ 与温度有关　　B. $K^{\ominus}$ 与浓度无关

C. $K^{\ominus}$ 与浓度有关　　D. $K^{\ominus}$ 与反应方程式的书写方式有关

10. 已知 $\varphi^{\ominus}(Zn^{2+}/Zn)=-0.76\ V$，$\varphi^{\ominus}(Ag^+/Ag)=0.80\ V$，将这两电对组成原电池，则电池的标准电动势为 ( )

A. 2.36 V　　B. 0.04 V　　C. 0.84 V　　D. 1.56 V

11. 下列关于电极电位的叙述中，正确的是 ( )

A. 电对的 φ 愈小，表明该电对的氧化态得电子倾向愈大，是愈强的氧化剂

B. 电对的 φ 愈大，其还原态愈易得电子，是愈强的还原剂

C. 电对的 φ 愈小，其还原态愈易失电子，是愈强的还原剂

D. 电对的 φ 愈大，其氧化态是愈弱的氧化剂

12. 下列原电池中，电动势最大的是 ( )

A. $(-)Zn|Zn^{2+}(c)\|Cu^{2+}(c)|Cu(+)$

B. $(-)Zn|Zn^{2+}(0.1c)\|Cu^{2+}(0.2c)|Cu(+)$

C. $(-)Zn|Zn^{2+}(c)\parallel Cu^{2+}(0.1c)|Cu(+)$

D. $(-)Zn|Zn^{2+}(0.1c)\parallel Cu^{2+}(c)|Cu(+)$

13. 已知：$\varphi^{\ominus}(Fe^{3+}/Fe^{2+})=0.77\ V$，$\varphi^{\ominus}(Br_2/Br^-)=1.07\ V$，$\varphi^{\ominus}(H_2O_2/H_2O)=1.78\ V$，$\varphi^{\ominus}(Cu^{2+}/Cu)=0.34\ V$，$\varphi^{\ominus}(Sn^{4+}/Sn^{2+})=0.15\ V$，则下列各组物质在标准态下能够共存的是 ( )

A. Fe^{3+}，Cu　　B. Fe^{3+}，Br_2

C. Sn^{2+}，Fe^{3+}　　D. H_2O_2，Fe^{2+}

14. 在标准状态下，下列氧化剂中仅能氧化 Cr^{2+} 而不能氧化 Pb、Cu^+、Fe^{2+}、Mn^{2+} 的是 ( )

A. Cu^{2+}　　B. Fe^{3+}　　C. MnO_4^-　　D. Pb^{2+}

15. 对于电池反应 $Cu^{2+}+Zn = Zn^{2+}+Cu$，下列说法中正确是 ( )

A. 当 $c(Cu^{2+})=c(Zn^{2+})$时，反应达到平衡

B. 当 $\varphi^{\ominus}(Cu^{2+}/Cu)=\varphi^{\ominus}(Zn^{2+}/Zn)$ 时，反应达到平衡

C. 当 $\varphi(Cu^{2+}/Cu)=\varphi(Zn^{2+}/Zn)$ 时，反应达到平衡

D. 当原电池的电动势为 0 时，电池反应达到平衡

16. 已知 $\varphi^{\ominus}(Fe^{2+}/Fe)=-0.45\ V$，$\varphi^{\ominus}(Ag^+/Ag)=0.80\ V$，$\varphi^{\ominus}(Fe^{3+}/Fe^{2+})=0.77\ V$，标准状态下，上述电对中最强的氧化剂和还原剂分别是 ( )

A. Ag^+，Fe^{2+}　　B. Ag^+，Fe

C. Fe^{3+}，Fe　　D. Fe^{2+}，Ag

E. Fe^{3+}，Fe^{2+}

二、判断题

1. CH_4 中，C 与 4 个 H 形成四个共价键，因此 C 的氧化值是 4。 ( )

2. 由于电极电位是强度性质，因此与物质的数量无关，所以电极 $Ag(s)|Ag^+(1.0\ mol\cdot L^{-1})$与 $Ag(s)|Ag^+(2.0\ mol\cdot L^{-1})$的电极电位相同。 ( )

3. 组成原电池的两个电对的电极电位相等时，电池反应处于平衡状态。 ( )

4. 标准电极电位的数值与半反应式的书写形式无关。 ( )

5. 浓差电池 $Ag|AgNO_3(c_1)\parallel AgNO_3(c_2)|Ag$，$c_1<c_2$，则左端为负极。 ( )

6. 玻璃电极的电极电位与 H^+ 离子活度的关系式符合 Nernst 方程，因此玻璃电极的电极电位也是氧化还原反应产生的。 ( )

7. 若电池的 $E>0$ 时，则电池反应的 $\Delta_r G>0$。 ( )

8. 增加反应 $I_2+2e^- \rightleftharpoons 2I^-$ 中有关离子的浓度，则电极电位增加。 ( )

9. 在电极反应 $MnO_4^-(aq)+8H^+(aq)+5e^- \rightleftharpoons Mn^{2+}(aq)+4H_2O(l)$中，若溶液的 pH 增大，则 $\varphi^{\ominus}(MnO_4^-/Mn^{2+})$也变大。 ( )

三、填空题

1. 下列化合物中元素的氧化值：Fe_3O_4 中 Fe 的为________；Na_2FeO_4 中 Fe 为________；Na_2O_2 中的 O 为________；KO_2 中的 O 为________；NaH 中的 H 为________；BrF_3 中的 Br 为________，F 为________。

2. 在标准状态下，将下列氧化还原反应：$2Fe^{3+} + 2I^- = 2Fe^{2+} + I_2$ 装置成电池，其电池组成式为________________，其中负极发生________反应，正极发生________反应，电池电动势 $E^\ominus$ = ________，此电池反应的标准平衡常数在 25 ℃时为________。

3. 电池电动势是在________的条件下测定的，因此电池电动势是指电池正、负极之间的平衡电位差。

4. 在 298.15 K 有电池$(-)Zn(s)|Zn^{2+}(c_1) \| Ag^+(c_2)|Ag(s)(+)$，电池反应为________，若 c_1 增大10 倍，电池电动势 E 将比原来________V，若 c_2 增大10 倍，则 E 将比原来________V。

5. 对于电极反应 $M^{n+} + xe^- \rightleftharpoons M^{(n-x)+}$，若加入 $M^{(n-x)+}$ 的沉淀剂或络合剂，则此电极电位将________，M^{n+} 的氧化性将________。

6. 在 298.15 K 时，有电池$(-)Zn(s)|Zn^{2+}(1\ mol \cdot L^{-1}) \| H^+(x\ mol \cdot L^{-1})|H_2(100\ kPa)|Pt(s)(+)$，电动势为 0.462 V，而 $\varphi^\ominus(Zn^{2+}/Zn)$ 为 −0.7618 V，则氢电极溶液的 pH 为________。

7. 把反应 $Cu^{2+} + Zn \rightleftharpoons Cu + Zn^{2+}$ 组成原电池，测得电池电动势为 1.0 V，这是因为________离子浓度比________离子浓度大。$\{\varphi^\ominus(Cu^{2+}/Cu) = +0.3402\ V$，$\varphi^\ominus(Zn^{2+}/Zn) = -0.7618\ V\}$

8. 最常用的参比电极为________。最常用的 pH 指示电极为________，可用该电极测定 pH 的原理是________________。

四、问答及计算题

1. 指出下列化合物中划线元素的氧化值：$K_2\underline{Cr}O_4$、$Na_2\underline{S_2}O_3$、$Na_2\underline{S}O_3$、$\underline{Cl}O_2$、$\underline{N_2}O_5$、$Na\underline{H}$、$K_2\underline{O_2}$、$K_2\underline{Mn}O_4$。

2. 利用离子-电子法配平下列各反应方程式：

(1) $MnO_4^-(aq) + H_2O_2(aq) + H^+(aq) \longrightarrow Mn^{2+}(aq) + O_2(g) + H_2O(l)$

(2) $Cr_2O_7^{2-}(aq) + SO_3^{2-}(aq) + H^+(aq) \longrightarrow Cr^{3+}(aq) + SO_4^{2-}(aq) + H_2O(l)$

(3) $As_2S_3(s) + ClO_3^-(aq) + H_2O(l) \longrightarrow Cl^-(aq) + H_2AsO_4(sln) + SO_4^{2-}(aq) + H^+(aq)$

3. 在原电池中盐桥的作用是什么？是否可以取消？

4. 根据标准电极电位(强酸性介质中)，按下列要求排序：

(1) 按氧化剂的氧化能力增强排序：$Cr_2O_7^{2-}$、MnO_4^-、MnO_2、Cl_2、Fe^{3+}、Zn^{2+}。

(2) 按还原剂的还原能力增强排序：Cr^{3+}、Fe^{2+}、Cl^-、Li、H_2。

5. 根据标准电极电位，判断标准态时下列反应的自发方向，并写出对应的电池组成式。

(1) $Zn(s)+Ag^+(aq) \rightleftharpoons Zn^{2+}(aq)+Ag(s)$

(2) $Cr^{3+}(aq)+Cl_2(g) \rightleftharpoons Cr_2O_7^{2-}(aq)+Cl^-(aq)$

(3) $Fe^{3+}(aq)+I_2(s) \rightleftharpoons IO_3^-(aq)+Fe^{2+}(aq)$

6. 根据标准电极电位，分别找出满足下列要求的物质(在标准态下)：

(1) 能将 Co^{2+} 还原成 Co，但不能将 Zn^{2+} 还原成 Zn；

(2) 能将 Br^- 氧化成 Br_2，但不能将 Cl^- 氧化成 Cl_2。

7. 根据下列半反应，说明在标准态下 H_2O_2 能否自发分解成 H_2O 和 O_2：

$$H_2O_2(aq)+2H^+(aq)+2e^- \rightleftharpoons 2H_2O(l),\quad \varphi^\ominus = 1.776\ V$$

$$O_2(g)+2H^+(aq)+2e^- \rightleftharpoons H_2O_2(aq),\quad \varphi^\ominus = 0.695\ V$$

8. 根据标准电极电位和电极电位 Nernst 方程式计算下列电极电位：

(1) $2H^+(0.10\ mol\cdot L^{-1})+2e^- \rightleftharpoons H_2(200\ kPa)$；

(2) $Cr_2O_7^{2-}(1.0\ mol\cdot L^{-1})+14H^+(0.0010\ mol\cdot L^{-1})+6e^- \rightleftharpoons 2Cr^{3+}(1.0\ mol\cdot L^{-1})+7H_2O$；

(3) $Br_2(l)+2e^- \rightleftharpoons 2Br^-(0.20\ mol\cdot L^{-1})$。

9. 设溶液中 MnO_4^- 离子和 Mn^{2+} 离子的浓度相等(其他离子均处于标准态)，问在下列酸度：(1) pH=0.0；(2) pH=5.5，MnO_4^- 离子能否氧化 I^- 和 Br^- 离子。

10. 二氧化氯常作为消毒剂用于水的净化处理。

(1) 二氧化氯的生成反应为：$2NaClO_2(aq)+Cl_2(g) = 2ClO_2(g)+2NaCl(aq)$，已知：

$$ClO_2(g)+e^- \rightleftharpoons ClO_2^-(aq),\quad \varphi^\ominus = 0.954\ V$$

$$Cl_2(g)+2e^- \rightleftharpoons 2Cl^-(aq),\quad \varphi^\ominus = 1.358\ V$$

计算该反应的 $E^\ominus$、$\Delta_r G_m^\ominus$ 和 $K^\ominus$。

(2) 二氧化氯的消毒作用在于：$ClO_2(g) \longrightarrow ClO_3^-(aq)+Cl^-(aq)$，请配平该反应式。

11. 已知：$Co^{3+}(aq)+3e^- \rightleftharpoons Co(s)$，$\varphi^\ominus = 1.26\ V$；$Co^{2+}(aq)+2e^- \rightleftharpoons Co(s)$，$\varphi^\ominus = -0.28\ V$。

(1) 求当钴金属溶于 $1.0\ mol\cdot L^{-1}$ 硝酸时，反应生成的是 Co^{3+} 还是 Co^{2+}(假设在标准状态下)；

(2) 如改变硝酸的浓度可以改变(1)中的结论吗？已知 $\varphi^\ominus(NO_3^-/NO)=0.96\ V$。

12. 实验测得下列电池在 298.15 K 时，$E=0.420\ V$。求胃液的 pH(SCE 的电极电位为 0.2412V)。

(−) Pt(s) | H_2(100 kPa) ‖ 胃液 | SCE(+)

13. 在酸性介质中，随 pH 升高，下列氧化型物质中，哪些离子(物质)的氧化能力增强？哪些离子(物质)的氧化能力减弱？哪些离子(物质)的氧化能力不变？

Hg_2^{2+}、$Cr_2O_7^{2-}$、MnO_4^-、Cl_2、Cu^{2+}、H_2O_2

14. 求 298.15 K 时，下列电池的电动势，并指出正、负极：

$Cu(s)|Cu^{2+}(1.0\times10^{-4}\ mol\cdot L^{-1})\,\|\,Cu^{2+}(1.0\times10^{-1}\ mol\cdot L^{-1})|Cu(s)$

15. 已知 298.15 K 时下列原电池的电动势为 0.3884 V：

$(-)Zn(s)|Zn^{2+}(x\ mol\cdot L^{-1})\,\|\,Cd^{2+}(0.20\ mol\cdot L^{-1})|Cd(s)(+)$

则 Zn^{2+} 离子的浓度应该是多少？

16. 298.15 K 时，

$$Hg_2SO_4(s) + 2e^- \rightleftharpoons 2Hg(l) + SO_4^{2-}(aq),\quad \varphi^{\ominus} = 0.6125\ V$$

$$Hg_2^{2+}(aq) + 2e^- \rightleftharpoons 2Hg(l),\quad \varphi^{\ominus} = 0.7973\ V$$

试求 Hg_2SO_4 的溶度积常数。

17. 已知 298.15 K 时，下列电极的标准电极电位

$$Hg_2Cl_2(s) + 2e^- \rightleftharpoons 2Hg(l) + 2Cl^-(aq),\quad \varphi^{\ominus} = 0.268\ V$$

当 KCl 的浓度为多大时，该电极的 $\varphi = 0.327$ V？

18. 在 298.15 K，以玻璃电极为负极，以饱和甘汞电极为正极，用 pH 为 6.0 的标准缓冲溶液组成电池，测得电池电动势为 0.350 V；然后用活度为 0.01 $mol\cdot L^{-1}$ 某弱酸(HA)代替标准缓冲溶液组成电池，测得电池电动势为 0.231 V。计算此弱酸溶液的 pH，并计算弱酸的解离常数 K_a。

19. 设计一原电池，计算 AgCl 的溶度积常数 K_{sp}，并写出原电池的组成式。

20. 已知 $\varphi^{\ominus}(Cu^{2+}/Cu) = 0.340$ V，$\varphi^{\ominus}(Ag^+/Ag) = 0.799$ V，将铜片插入 0.10 $mol\cdot L^{-1}$ $CuSO_4$ 溶液中，银片插入 0.10 $mol\cdot L^{-1}$ $AgNO_3$ 溶液中组成原电池。

(1) 计算原电池的电动势；

(2) 写出电极反应、电池反应和原电池符号；

(3) 计算电池反应的平衡常数。

21. 现有下列几种物质：Cl_2、I_2、$FeCl_3$、$FeCl_2$、Zn、$ZnCl_2$、$SnCl_4$、$SnCl_2$。

(1) 根据 $\varphi^{\ominus}$ 判断在标准态下其中最强的氧化剂和最强的还原剂，并写出它们之间的反应。

(2) 在标准态下按氧化能力由高到低的顺序排列上述各物质。

22. 已知下列反应：

$2FeCl_3 + SnCl_2 \rightleftharpoons SnCl_4 + 2FeCl_2$

$2KMnO_4 + 10FeSO_4 + 8H_2SO_4 \rightleftharpoons 2MnSO_4 + 5Fe_2(SO_4)_3 + K_2SO_4 + 8H_2O$

在标准态下均按正方向进行。试指出(不查表)：

(1) 这两个反应中氧化还原电对的标准电极电位的相对大小顺序。

(2) 在标准状态下，这些物质中最强的氧化剂和最强的还原剂。

23. 通过计算说明下列电池组成式书写是否正确。其电动势为多少？

$(-)Ag(s)|Ag^+(1.0\ mol\cdot L^{-1})\parallel Ag^+(0.0010\ mol\cdot L^{-1})|Ag(s)(+)$

24. 由标准氢电极和镍电极组成电池。当 $c_{Ni^{2+}}=0.010\ mol\cdot L^{-1}$时，电池电动势 $E=0.288\ V$，其中镍为负极，计算镍电极的标准电极电位。

25. 已知 298.15 K 时标准态下的氧化还原反应：

$$2MnO_4^- + 10Cl^- + 16H^+ \rightleftharpoons 2Mn^{2+} + 5Cl_2 + 8H_2O$$

(1) 试将上述反应拆分成两个半电池反应并组成电池，写出电池组成式，并判断标准状态下此反应进行的方向。

(2) 若 $c_{H^+}=0.0100\ mol\cdot L^{-1}$，$P_{Cl_2}=1000\ kPa$，其他离子浓度仍为 $1.00\ mol\cdot L^{-1}$，求此电池在 298.15 K 下的电动势 E 及自由能变化 $\Delta_r G_m$，并判断反应进行的方向。

(3) 求此反应的标准平衡常数 $K^\ominus$。

26. 应用标准电极电位数据，解释下列现象：

(1) 为使 Fe^{2+} 溶液不被氧化，常放入铁钉。

(2) H_2S 溶液，久置会出现浑浊。

(3) 无法在水溶液中制备 FeI_3。

($\varphi^\ominus(Fe^{3+}/Fe^{2+})=0.77\ V$，$\varphi^\ominus(Fe^{2+}/Fe)=-0.45\ V$，$\varphi^\ominus(S/H_2S)=0.14\ V$，$\varphi^\ominus(O_2/H_2O)=1.23\ V$，$\varphi^\ominus(I_2/I^-)=0.54\ V$)

27. 已知锰的元素电势图：

(1) 求 $\varphi^\ominus(MnO_4^{2-}/MnO_2)$和 $\varphi^\ominus(MnO_2/Mn^{3+})$的值；

(2) 指出图中哪些物质能发生歧化反应；

(3) 指出金属 Mn 溶于稀 HCl 或 H_2SO_4 中的产物是 Mn^{2+} 还是 Mn^{3+}，为什么？

MnO_4^- —0.56— MnO_4^{2-} —?— MnO_2 —?— Mn^{3+} —1.5— Mn^{2+} —−1.18— Mn

（MnO_4^- 至 MnO_2：1.70；MnO_2 至 Mn^{2+}：1.23）

28. 已知半电池反应：

$$Ag^+ + e^- \longrightarrow Ag,\quad \varphi^\ominus(Ag^+/Ag)=+0.7991\ V$$

$$AgBr(s) + e^- \longrightarrow Ag + Br^-,\quad \varphi^\ominus(AgBr/Ag)=+0.0711\ V$$

试计算 $K_{sp}^\ominus(AgBr)$。

练习题解答

一、选择题

1. C　2. B　3. A　4. B.　5 D　6. D　7. B　8. D　9. C
10. D　11. C　12. D　13. B　14. D　15. D　16. B

二、判断题

1. ×　2. ×　3. √　4. √　5. √　6. ×　7. ×　8. ×　9. ×

三、填空题

1. $+\frac{8}{3}$；+6；−1；$-\frac{1}{2}$；−1；+3；−1

2. (−)Pt(s)|I_2(s)|I^-(1 mol·L^{-1})‖Fe^{2+}(1 mol·L^{-1}),Fe^{3+}(1 mol·L^{-1})|Pt (s)(+)；氧化；还原；+0.235 V；8.8×10^7

3. 电流强度趋近于零,电池中各物种浓度不变(即趋近于平衡态)

4. $2Ag^+ + Zn \rightleftharpoons Zn^{2+} + 2Ag$；降低 0.02958；升高 0.05916

5. 增大；增强

6. 5.07

7. Zn^{2+}；Cu^{2+}

8. 饱和甘汞电极；玻璃电极；玻璃电极的电极电位将随膜电位而变,由于膜内侧[H^+]固定,电极电位将随膜外侧[H^+]而变

四、问答及计算题

1. 解　划线元素的氧化值分别为：+6；+2；+4；+4；+5；−1；−1；+6。

2. 解　(1) $2MnO_4^-(aq) + 5H_2O_2(aq) + 6H^+(aq) \longrightarrow 2Mn^{2+}(aq) + 5O_2(g) + 8H_2O(l)$

(2) $Cr_2O_7^{2-}(aq) + 3SO_3^{2-}(aq) + 8H^+(aq) \longrightarrow 2Cr^{3+}(aq) + 3SO_4^{2-}(aq) + 4H_2O(l)$

(3) $As_2S_3(s) + 5ClO_3^-(aq) + 5H_2O(l) \longrightarrow 5Cl^-(aq) + 2AsO_4^{2-}(aq) + 3SO_4^{2-}(aq) + 10H^+(aq)$

3. 解　盐桥的主要作用是：沟通两个半电池,保持电荷平衡并消除液接电位。盐桥不能取消。

4. 解　电极电位的高低反映了氧化剂、还原剂得失电子的难易。电极电位愈高,表明氧化还原电对中的氧化态愈易得电子变成它的还原态,此氧化态的氧化性愈强；电极电位愈低,表明氧化还原电对中的还原态愈易失去电子变成它的氧化态,此还原态的还原性愈强。据此：

(1) 氧化剂能力增强顺序：Zn^{2+}、Fe^{3+}、MnO_2、$Cr_2O_7^{2-}$、Cl_2、MnO_4^-。

(2) 还原剂能力增强顺序：Cl^-、Cr^{3+}、Fe^{2+}、H_2、Li。

5. 解　将氧化还原反应设计成原电池,电极电位高的作正极,则：

(1) 因为

$$\varphi^\ominus(Ag^+/Ag) = 0.7996 > \varphi^\ominus(Zn^{2+}/Zn) = -0.762\ V$$

所以,反应将按所写反应式正向进行。

电池组成式：

$$(-)\ Zn(s)|Zn^{2+}(1\ mol\cdot L^{-1})\|Ag^+(1\ mol\cdot L^{-1})|Ag(s)(+)$$

（2）因为

$$\varphi^{\ominus}(Cl_2/Cl^-)=1.358\ V>\varphi^{\ominus}(Cr_2O_7^{2-}/Cr^{3+})=1.232\ V$$

所以，反应将按所写反应式正向进行。

电池组成式：

$(-)Pt(s)|Cr^{3+}(1\ mol\cdot L^{-1}),Cr_2O_7^{2-}(1\ mol\cdot L^{-1}),H^+(1\ mol\cdot L^{-1})\|$

$Cl^-(1\ mol\cdot L^{-1})|Cl_2(100\ kPa)|Pt(s)\ (+)$

（3）因为

$$\varphi^{\ominus}(IO_3^-/I_2)=1.195\ V>\varphi^{\ominus}(Fe^{3+}/Fe^{2+})=0.771\ V$$

所以，反应将逆向进行。

电池组成式：

$(-)\ Pt(s)|Fe^{2+}(1\ mol\cdot L^{-1}),Fe^{3+}(1\ mol\cdot L^{-1})\ \|IO_3^-(1\ mol\cdot L^{-1}),$

$H^+(1\ mol\cdot L^{-1})|I_2(s)|Pt(s)(+)$

6．解　电极电位高的电对中氧化态可以氧化电极电位低的电对中的还原态，而电极电位低的电对中的还原态可以还原电极电位高的电对中氧化态。因此只要找到的氧化还原电对的电极电位处于题中所涉及两个电对的电极电位之间即可。如(1) Fe 粉；(2) MnO_2。

7．解　将以上两个电极组成电池，电极电位高的作正极。

正极发生还原反应：

$$H_2O_2(aq)+2H^+(aq)+2e^- \rightleftharpoons 2H_2O(l)$$

负极发生氧化反应：

$$H_2O_2(aq)\rightleftharpoons O_2(g)+2H^+(aq)+2e^-$$

电池反应为：

$$2H_2O_2(aq)\rightleftharpoons O_2(g)+2H_2O(l),\quad E^{\ominus}>0$$

说明在标准状态下 H_2O_2 能自发分解成 H_2O 和 O_2。

8．解　(1) $n=2$，

$$\varphi(H^+/H_2)=\varphi^{\ominus}(H^+/H_2)+\frac{0.05916\ V}{2}\lg\frac{c^2(H^+)}{p/p^{\ominus}}=-0.068\ V$$

(2) $n=6$，

$$\varphi(Cr_2O_7^{2-}/Cr^{3+})=\varphi^{\ominus}(Cr_2O_7^{2-}/Cr^{3+})+\frac{0.05916\ V}{6}\lg\frac{c(Cr_2O_7^{2-})c^{14}(H^+)}{c^2(Cr^{3+})}$$

$$=1.232\ V-0.414\ V=0.818\ V$$

(3) $n=2$，

$$\varphi(Br_2/Br^-)=\varphi^{\ominus}(Br_2/Br^-)+\frac{0.05916\ V}{2}\lg\frac{1}{c^2(Br^-)}$$

$$=1.066\ V+0.0414\ V=1.107\ V$$

9．解　已知 $\varphi^{\ominus}(MnO_4^-/Mn^{2+})=1.507\ V$，$\varphi^{\ominus}(Br_2/Br^-)=1.066\ V$，$\varphi^{\ominus}(I_2/$

I^-) = 0.5355 V。

电极反应：

$$MnO_4^-(aq) + 8H^+(aq) + 5e^- \rightleftharpoons Mn^{2+}(aq) + 4H_2O(l)$$

(1) pH = 0.0 时，即为标准状态，MnO_4^- 离子能氧化 I^- 和 Br^- 离子。

(2) pH = 5.5 时，

$$\varphi(MnO_4^-/Mn^{2+}) = \varphi^{\ominus}(MnO_4^-/Mn^{2+}) + \frac{0.05916\ V}{5}\lg\frac{c(MnO_4^-)c^8(H^+)}{c(Mn^{2+})}$$

10. 解 (1) 反应的离子方程式为

$$2ClO_2^-(aq) + Cl_2(g) = 2ClO_2(g) + 2Cl^-(aq)$$

则

$$E^{\ominus} = \varphi_+^{\ominus} - \varphi_-^{\ominus} = 1.358\ V - 0.954\ V = 0.404\ V$$

$$\Delta_r G_m^{\ominus} = -nFE^{\ominus} = -2 \times 96485\ C \cdot mol^{-1} \times 0.404\ V$$

$$= -77\ 960\ J \cdot mol^{-1}$$

$$\lg K^{\ominus} = \frac{nE^{\ominus}}{0.05916\ V} = \frac{2 \times 0.404\ V}{0.05916\ V}$$

得 $K^{\ominus} = 4.5 \times 10^{13}$。

(2) 配平得：$6ClO_2(g) + 3H_2O(l) = 5ClO_3^-(aq) + Cl^-(aq) + 6H^+(aq)$。

11. 解 (1) 根据题意，HNO_3 是氧化剂，Co 为还原剂。电极电位值愈低，表明氧化还原电对中的还原剂失电子能力愈强，是较强的还原剂。由于 $\varphi^{\ominus}(Co^{2+}/Co) < \varphi^{\ominus}(Co^{3+}/Co)$，在标准状态下，当钴金属溶于 1.0 mol·L^{-1} 硝酸时，反应生成的是 Co^{2+}。

(2) 由于 $\varphi^{\ominus}(Co^{2+}/Co) = -0.28\ V$，$\varphi^{\ominus}(NO_3^-/NO) = 0.96\ V$，

$$E = \varphi^{\ominus}(NO_3^-/NO) - \varphi^{\ominus}(Co^{2+}/Co) = 0.96\ V - (-0.28\ V)$$

$$= 1.24\ V > 0.3\ V$$

标准电极电位差值大于 0.3 V，故改变硝酸的浓度也难改变(1)中的结论。

12. 解 由题意知

$$\varphi(H^+/H_2) = \varphi^{\ominus}(H^+/H_2) + \frac{0.05916\ V}{2}\lg\frac{c^2(H^+)}{p_{H_2}/p^{\ominus}} = -0.05916\ VpH$$

$$E = \varphi_{SEC} - \varphi(H^+/H_2) = 0.2412\ V - (-0.05916\ VpH) = 0.420\ V$$

得 pH = 3.02。

13. 解 在半反应中，没有 H^+ 参与的电对氧化能力不变：Hg_2^{2+}、Cl_2、Cu^{2+}；H^+ 在氧化型一边的电极电位下降，氧化能力减弱：$Cr_2O_7^{2-}$、MnO_4^-、H_2O_2；H^+ 在还原型一边的电极电位上升，氧化性增强。

14. 解 由题意知

$$\varphi_{右} = \varphi^{\ominus}(Cu^{2+}/Cu) + \frac{0.05916\ V}{2}\lg(1.0 \times 10^{-1})$$

$$= \varphi^{\ominus}(Cu^{2+}/Cu) - 0.0296\ V$$

$$\varphi_{左} = \varphi^{\ominus}(Cu^{2+}/Cu) + \frac{0.05916\ V}{2}\lg(1.0\times10^{-4})$$

$$= \varphi^{\ominus}(Cu^{2+}/Cu) - 0.1184\ V$$

右边为正极，左边为负极。

$$E = \varphi_{+} - \varphi_{-} = 0.1184\ V - 0.0296\ V = 0.0888\ V$$

15. 解　查表知

$$\varphi^{\ominus}(Cd^{2+}/Cd) = -0.403\ V;\quad \varphi^{\ominus}(Zn^{2+}/Zn) = -0.762\ V$$

$$E^{\ominus} = \varphi^{\ominus}(Cd^{2+}/Cd) - \varphi^{\ominus}(Zn^{2+}/Zn)$$

$$= -0.403\ V - (-0.762\ V) = 0.359\ V$$

电池反应为：

$$Cd^{2+} + Zn \rightleftharpoons Zn^{2+} + Cd$$

由

$$E = E^{\ominus} - \frac{0.05916\ V}{2}\lg Q$$

$$0.3884\ V = 0.359\ V - \frac{0.05916\ V}{2}\lg\frac{c(Zn^{2+})}{0.20}$$

得 $c(Zn^{2+}) = 0.021\ mol\cdot L^{-1}$。

16. 解　由于 $\varphi^{\ominus}(Hg_2^{2+}/Hg) > \varphi^{\ominus}(Hg_2SO_4/Hg)$，所以在标准态下：

正极反应　$Hg_2^{2+}(aq) + 2e^- \rightleftharpoons 2Hg(l)$

负极反应　$2Hg(l) + SO_4^{2-}(aq) \rightleftharpoons Hg_2SO_4(s) + 2e^-$

电池反应　$Hg_2^{2+}(aq) + SO_4^{2-}(aq) \rightleftharpoons Hg_2SO_4(s)$

此反应标准平衡常数 $K^{\ominus}$ 与 Hg_2SO_4 的 K_{sp} 之间关系为：$K_{sp} = \frac{1}{K^{\ominus}}$。则

$$E^{\ominus} = \varphi_{+}^{\ominus} - \varphi_{-}^{\ominus} = 0.7973\ V - 0.6125\ V = 0.185\ V,\quad n = 2$$

$$\lg K^{\ominus} = \frac{nE^{\ominus}}{0.05916\ V} = \frac{2\times0.185\ V}{0.05916\ V}$$

得 $K^{\ominus} = 1.8\times10^{6}$。则

$$K_{sp} = \frac{1}{K^{\ominus}} = 5.6\times10^{-7}$$

17. 解　由题意知

$$\varphi(Hg_2Cl_2/Hg) = \varphi^{\ominus}(Hg_2Cl_2/Hg) + \frac{0.05916\ V}{2}\lg\frac{1}{c^2(Cl^-)}$$

$$0.327\ V = 0.268\ V + \frac{0.05916\ V}{2}\lg\frac{1}{c^2(Cl^-)}$$

解得 $c(Cl^-) = 0.1\ mol\cdot L^{-1}$。

18. 解　根据 $pH = pH_s + \dfrac{(E - E_s)F}{2.303RT}$，即

$$pH = 6.0 + \frac{(0.231\ V - 0.350\ V)}{0.05916\ V} = 4.0$$

故$[H_3O^+] = 1.0 \times 10^{-4}\ mol \cdot L^{-1}$。

又 $c(HA) \approx \alpha(HA) = 0.01\ mol \cdot L^{-1}$，则

$$K_a = \frac{[H_3O^+][A^-]}{[HA]} \approx \frac{[H_3O^+]^2}{c[HA]} = 1.0 \times 10^{-6}$$

19. 设计以 Ag 电极和 Ag－AgCl 电极组成的原电池

$$(-)\ Ag(s)|AgNO_3 \parallel KCl|AgCl(s)|Ag(+)$$

正极反应　$AgCl(s) + e^- \longrightarrow Ag + Cl^-$，　$\varphi^\ominus = 0.223\ V$

负极反应　$Ag \longrightarrow Ag^+ + e^-$，　$\varphi^\ominus = 0.799\ V$

电池反应　$AgCl(s) \longrightarrow Ag^+ + Cl^-$（此反应的平衡常数即为 K_{sp}）

则

$$E^\ominus = \varphi^\ominus_{氧} - \varphi^\ominus_{还} = 0.223\ V - 0.799\ V = -0.576\ V$$

$$\lg K_{sp} = \frac{nE^\ominus}{0.05916\ V} = \frac{1 \times (-0.576\ V)}{0.05916V} = -9.74$$

解得 $K_{sp} = 1.82 \times 10^{-10}$。

20. (1) $\varphi(Cu^{2+}/Cu) = \varphi^\ominus(Cu^{2+}/Cu) + \dfrac{0.05916\ V}{2}\lg\dfrac{c(Cu^{2+})}{1}$

$$= 0.340\ V + \frac{0.05916V}{2}\lg 0.10 = 0.310\ V$$

$$\varphi(Ag^+/Ag) = \varphi^\ominus(Ag^+/Ag) + \frac{0.05916\ V}{1}\lg\frac{c(Ag^+)}{1}$$

$$= 0.799\ V + 0.05916\ V\lg 0.10 = 0.740\ V$$

所以银电极为正极，铜电极为负极。

电池的电动势 $E = \varphi_+ - \varphi_- = 0.430\ V$。

(2) 正极反应　$Ag^+ + e^- \longrightarrow Ag$

负极反应　$Cu \longrightarrow Cu^{2+} + 2e^-$

电池反应　$2Ag^+ + Cu \longrightarrow 2Ag + Cu^{2+}$

原电池组成　$(-)Cu|Cu^{2+}(0.1\ mol \cdot L-1) \parallel Ag^+(0.1\ mol \cdot L-1)|Ag(+)$

(3) 由 $E^\ominus = 0.459\ V, n = 2, \lg K^\ominus = \dfrac{nE^\ominus}{0.05916\ V} = 15.52, K^\ominus = 3.3 \times 10^{15}$。

21. 解　查表知，$\varphi^\ominus(Cl_2/Cl^-) = 1.358\ V$，$\varphi^\ominus(Fe^{3+}/Fe^{2+}) = 0.771\ V$，$\varphi^\ominus(Fe^{2+}/Fe) = -0.447\ V$，$\varphi^\ominus(Zn^{2+}/Zn) = -0.7618\ V$，$\varphi^\ominus(Sn^{4+}/Sn^{2+}) = 0.151\ V$，$\varphi^\ominus(Sn^{2+}/Sn) = -0.1375\ V$。

(1) 在上述电对中，$\varphi^\ominus(Cl_2/Cl^-)$最大，$\varphi^\ominus(Zn^{2+}/Zn)$最小，所以在标准态下，

最强的氧化剂是 Cl_2，最强的还原剂是 Zn。它们之间的反应为

$$Cl_2 + Zn \xlongequal{} ZnCl_2$$

(2) 各氧化剂按氧化能力由高到低的排列顺序为

$$Cl_2、FeCl_3、I_2、SnCl_4、SnCl_2、FeCl_2、ZnCl_2$$

22. 解　(1) 在上面两个反应中，共有 Fe^{3+}/Fe^{2+}、Sn^{4+}/Sn^{2+}、MnO_4^-/Mn^{2+} 三个电对。由第一个反应式可知 $\varphi^\ominus(Fe^{3+}/Fe^{2+}) > \varphi^\ominus(Sn^{4+}/Sn^{2+})$，由第二个反应式可知 $\varphi^\ominus(MnO_4^-/Mn^{2+}) > \varphi^\ominus(Fe^{3+}/Fe^{2+})$，所以，这三个电对的标准电极电位相对大小顺序为

$$\varphi^\ominus(MnO_4^-/Mn^{2+}) > \varphi^\ominus(Fe^{3+}/Fe^{2+}) > \varphi^\ominus(Sn^{4+}/Sn^{2+})$$

(2) 在标准状态下，三个电对中最强的氧化剂为 MnO_4^-，最强的还原剂为 Sn^{2+}。

23. 解　查表知，$\varphi^\ominus(Ag^+/Ag) = 0.7996\ V$。则

$$\varphi_+ = \varphi^\ominus(Ag^+/Ag) - \frac{0.05916\ V}{n}\lg\frac{1}{c(Ag^+)}$$

$$= 0.7996\ V - \frac{0.05916\ V}{1}\lg\frac{1}{0.0010} = 0.6221\ V$$

$$\varphi_- = \varphi^\ominus(Ag^+/Ag) - \frac{0.05916\ V}{n}\lg\frac{1}{c(Ag^+)}$$

$$= 0.7996\ V - \frac{0.05916\ V}{1}\lg\frac{1}{1.0} = 0.7996\ V$$

因为题中的 $\varphi_+ < \varphi_-$，所以电池组成式书写错误，正确的电池组成式为

$$(-)Ag(s)\,|\,Ag^+(0.0010\ mol\cdot L^{-1})\parallel Ag^+(1.0\ mol\cdot L^{-1})\,|\,Ag(s)\ (+)$$

该电池电动势为

$$E = \varphi_+ - \varphi_- = 0.7996\ V - 0.6221\ V = 0.1775\ V$$

24. 解　由题意知

$$E = \varphi_+ - \varphi_- = \varphi_{SHE} - \varphi(Ni^{2+}/Ni)$$

$$= 0 - \left\{\varphi^\ominus(Ni^{2+}/Ni) - \frac{0.05916\ V}{2}\lg\frac{1}{c(Ni^{2+})}\right\}$$

则

$$\varphi^\ominus(Ni^{2+}/Ni) = \frac{0.05916\ V}{2}\lg\frac{1}{0.010} - 0.288 = -0.229\ V$$

25. 解　(1) 将此标准状态下的反应拆分成两个半电池反应，并查表得到相应的 $\varphi^\ominus$：

$$MnO_4^- + 8H^+ + 5e^- \rightleftharpoons Mn^{2+} + 4H_2O,\quad \varphi^\ominus = 1.507\ V$$

$$2Cl^- \rightleftharpoons Cl_2 + 2e^-,\quad \varphi^\ominus = 1.3583\ V$$

电极电位高的作正极，则电池组成式为

$(-)Pt(s)\,|\,Cl_2(100\ kPa)\,|\,Cl^-(1.0\ mol\cdot L^{-1})\parallel Mn^{2+}(1.0\ mol\cdot L^{-1})$,

MnO_4^- (1.0 mol·L^{-1}),H^+ (1.0 mol·L^{-1}) | Pt(s)(+)

因为

$$E^{\ominus} = \varphi_{+}^{\ominus} - \varphi_{-}^{\ominus} = 1.507\ V - 1.3583\ V = 0.149\ V$$

所以,$E^{\ominus} > 0$,反应正向自发进行。

(2) 由于是非标准态下的反应,根据电池电动势的 Nernst 方程:

$$E = E^{\ominus} - \frac{0.05916\ V}{n}\lg Q$$

因为,$c(MnO_4^-) = c(Cl^-) = c(Mn^{2+}) = 1.0\ mol \cdot L^{-1}$ $c(H^+) = 0.010\ mol \cdot L^{-1}$,$P_{Cl_2} = 1000\ kPa$,所以

$$E = E^{\ominus} - \frac{0.05916\ V}{n}\lg \frac{(p_{Cl_2}/p^{\ominus})^5 c^2(Mn^{2+})}{c^2(MnO_4^-)c^{10}(Cl^-)c^{16}(H^+)}$$

$$= 0.149\ V - \frac{0.05916\ V}{10}\lg \frac{(1000/100)^5 \times (1.0)^2}{(1.0)^2 \times (1.0)^{10} \times (0.010)^{16}} = -0.070\ V$$

$$\Delta_r G_m = -nFE = -10 \times 9.65 \times 10^4 \times (-0.070) = 6.8 \times 10^4 (J \cdot mol^{-1})$$

$$= 68\ (kJ \cdot mol^{-1})$$

由于在此反应条件下电池电动势 $E = -0.070$ V,自由能变 $\Delta_r G_m = 68\ kJ \cdot mol^{-1}$,反应将逆向自发进行。

(3) 在 298.15 K 时,有

$$\lg K = \frac{nE^{\ominus}}{0.05916\ V} = \frac{10 \times (1.507 - 1.3583)}{0.05916\ V} = 25.2$$

得 $K^{\ominus} = 2 \times 10^{25}$。

26. (1) 由于 $\varphi^{\ominus}(O_2/H_2O) > \varphi^{\ominus}(Fe^{3+}/Fe^{2+})$,所以溶液中 Fe^{2+} 易被氧化成 Fe^{3+}。当有铁钉存在时,$\varphi^{\ominus}(Fe^{2+}/Fe) < \varphi^{\ominus}(Fe^{3+}/Fe^{2+})$,低电极电位的还原剂能够还原高电极电位的氧化剂,所以 Fe 能将 Fe^{3+} 还原成 Fe^{2+},反应式为

$$2Fe^{3+} + Fe = 3Fe^{2+}$$

(2) 因为 $\varphi^{\ominus}(O_2/H_2O) > \varphi^{\ominus}(S/H_2S)$,所以反应

$$H_2S + \frac{1}{2}O_2 = H_2O + S\downarrow$$

可自发进行,久置常出现浑浊。

(3) 因为 $\varphi^{\ominus}(Fe^{3+}/Fe^{2+}) > \varphi^{\ominus}(I_2/I^-)$,溶液中的 Fe^{3+} 和 I^- 能自发进行反应。

27. 解 (1) 由题意知

$$\varphi^{\ominus}(MnO_4^{2-}/MnO_2) = \{3\varphi^{\ominus}(MnO_4^-/MnO_2) - \varphi^{\ominus}(MnO_4^-/MnO_4^{2-})\}/2$$

$$= \{(3 \times 1.70 - 0.56)/2\}\ V$$

$$= +2.27\ V$$

$$\varphi^{\ominus}(MnO_2/Mn^{3+}) = \{2\varphi^{\ominus}(MnO_2/Mn^{2+}) - \varphi^{\ominus}(Mn^{3+}/Mn^{2+})\}/1$$

$$= (2 \times 1.23 - 1.5)\ V$$

$$= +1.0\ V$$

(2) MnO_4^{2-}、Mn^{3+}。

(3) 是 Mn^{2+}。

因为 $\varphi^{\ominus}(Mn^{2+}/Mn) = -1.18\ V$，$\varphi^{\ominus}(Mn^{3+}/Mn) = -0.27\ V$，所以

$$\varphi^{\ominus}(H^+/H_2) - \varphi^{\ominus}(Mn^{2+}/Mn) \gg \varphi^{\ominus}(H^+/H_2) - \varphi^{\ominus}(Mn^{3+}/Mn)$$

故反应式为

$$Mn + 2H^+ \longrightarrow Mn^{2+} + H_2$$

28. 解　由题意知

$$\begin{aligned}\varphi^{\ominus}(AgBr/Ag) &= \varphi(Ag^+/Ag)\\ &= \varphi^{\ominus}(Ag^+/Ag) + 0.0592\ V \times \lg\{c(Ag^+)\}\\ &= \varphi^{\ominus}(Ag^+/Ag) + 0.0592\ V \times \lg K_{sp}^{\ominus}(AgBr)\end{aligned}$$

所以

$$0.0711\ V = 0.7991\ V + 0.0592\ V \times \lg K_{sp}^{\ominus}(AgBr)$$

得 $K_{sp}^{\ominus}(AgBr) = 5.04 \times 10^{-13}$。

第九章 原 子 结 构

内 容 提 要

一、氢原子的结构

氢原子的发射光谱是不连续的线光谱。

玻尔综合关于热辐射的量子论、光子说和原子有核模型，提出原子结构的基本假定：

(1) 电子在处于某些定态的原子轨道上绕核做圆周运动。

(2) 原子可由一种定态(能级 E_1)跃迁到另一种定态(能级 E_2)，在此过程中吸收或发射辐射，辐射的频率可由公式 $h\nu = |E_2 - E_1|$决定。

计算出氢原子定态的能量为 $E_n = -\dfrac{R_H}{n^2}(n = 1,2,3,4,\cdots)$，解释了氢原子光谱。

二、原子轨道和量子数

1. 原子轨道

波函数(ψ)描述了电子的运动状态，$|\psi|^2$ 表示在原子核外空间某处电子出现的概率密度。

s 轨道角度分布图是球形。p 轨道角度分布图是双波瓣图形，俗称"哑铃"形，每一波瓣是一个球体。d 轨道的角度分布图各有两个节面，一般有四个橄榄形波瓣。d_{z^2} 的图形很特殊，负波瓣呈环状。

2. 量子数

ψ(原子轨道)是空间坐标的函数，表示成 $\psi(r,\theta,\varphi)$，必须满足一些整数条件，这些整数分别被称为主量子数(n)、角量子数(l)、磁量子数(m)。当 n、l 和 m 的取值一定时，一个不为零的波函数 $\psi_{n,l,m}(r,\theta,\varphi)$就确定了。量子数的取值限制和它们的物理意义如下：

(1) n 是决定电子能量的主要因素，可以取任意正整数值，即 1,2,3,…。n 越小，能量越低。氢原子的能量只由主量子数决定。多电子原子由于存在电子间的静电排斥，能量在一定程度上还取决于角量子数 l。

主量子数还决定原子轨道的大小，n 愈大，原子轨道也愈大。n 也称为电子层。电子层用下列符号表示：

电子层符号	K	L	M	N	…
n	1	2	3	4	…

(2) l 决定原子轨道的形状，只能取小于 n 的正整数和零：0,1,2,3,…,$n-1$，共 n 个值，给出 n 种不同形状的轨道。

在多电子原子中，l 对电子能量高低有影响。当 n 给定，l 愈大，原子轨道能量越高。所以 l 又称为能级或电子亚层。电子亚层用下列符号表示：

能级符号	s	p	d	f	g	…
l	0	1	2	3	4	…

(3) m 决定原子轨道的空间取向，取值受 l 的限制，为 $0, \pm 1, \pm 2, \cdots, \pm l$。$l$ 亚层共有 $2l+1$ 个不同空间伸展方向的原子轨道。

磁量子数与电子能量无关。l 亚层的 $2l+1$ 个原子轨道能量相等，称为简并轨道或等价轨道。

一个原子轨道由 n、l 和 m 三个量子数决定，每个电子层的轨道总数为 n^2。但要描述电子的运动状态还需要有第四个量子数——自旋磁量子数(m_s)。

(4) m_s 表示电子自旋的状态，可以取 $+\frac{1}{2}$ 和 $-\frac{1}{2}$ 两个值，也可用符号"↑"和"↓"表示。或用符号"↑↓"或"↓↑"表示。

一个电子的运动状态由 n、l、m、m_s 四个量子数确定。由于一个原子轨道最多容纳自旋相反的两个电子，每个电子层最多容纳的电子总数应为 $2n^2$。

三、电子组态和元素周期表

1. 多电子原子的能级

近似计算电子的能量：$E_n = -\frac{Z'^2}{n^2} \times 2.18 \times 10^{-18}$ J(电子的有效核电荷 Z'、屏蔽常数 σ 的差)。

n 越小，能量越低；Z 愈大，能量愈低；σ 愈大，能量越高。

当 l 相同时，n 越大，电子层数越多，外层电子受到的屏蔽作用越强，轨道能级愈高。

n 相同时，l 愈小，受到的屏蔽就越弱，能量就愈低。

n、l 都不同时，一般 n 越大，轨道能级愈高。

2. 原子的电子组态

原子核外的电子排布又称为电子组态。基态原子的电子排布遵守三条规律。

(1) Pauli 不相容原理。

在同一原子中不可能有2个电子具有四个完全相同的量子数。或者说一个原子轨道最多只能容纳自旋相反的两个电子。据此,一个电子层最多可以容纳 $2n^2$ 个电子。

(2) 能量最低原理。

基态原子的电子排布时,总是依据近似能级顺序,先占据低能量轨道,然后才排入高能量的轨道,以使整个原子能量最低。

(3) Hund 规则。

电子在能量相同的轨道(简并轨道)上排布时,总是尽可能以自旋相同的方向,分占不同的轨道,因为这样的排布方式总能量最低。

四、元素性质的周期性变化规律

1. 有效核电荷

周期表从上到下每增加一个周期,就增加一个电子层,也就增加了一层屏蔽作用大的内层电子,所以有效核电荷增加缓慢。

同一周期中从左到右,增加的几乎都是同层电子,屏蔽常数较小,有效核电荷增加迅速。短周期增加较快,长周期增加较慢,f 区元素几乎不增加。

2. 原子半径

同一周期从左到右,有效核电荷愈大,主族元素的原子半径逐渐减少,过渡元素原子半径缩小缓慢,内过渡元素有效核电荷变化不大,原子半径几乎不变。

同一主族从上到下,有效核电荷增加缓慢,而电子层数增加使得原子半径递增。

3. 元素的电负性

同一周期中,从左到右元素电负性递增;同一主族中,从上到下元素电负性递减。副族元素的电负性没有明显的变化规律。

金属元素的电负性一般小于2,非金属元素的电负性一般大于2。

练 习 题

一、选择题

1. 假定某一电子有下列成套量子数(n,l,m,m_s),其中不可能存在的是 (　　)

A. 3,2,2,1/2　　B. 3,1,1,1/2

C. 1,0,0,−1/2　　D. 2,−1,0,1/2

E. 1,0,0,1/2

2. 下列说法中,正确的是 (　　)

A. 主量子数为 1 时,有自旋相反的两个轨道
B. 主量子数为 3 时,有 3s、3p、3d 共三个轨道
C. 除氢原子外,其余各原子中,2p 能级总是比 2s 能级高
D. 电子云图形中的一个小黑点即代表一个电子

3. 下图中能正确表示 Fe 原子的 3d、4s 轨道中 8 个电子排布的是　(　　)

A. 3d [↑↓|↑↓|↑↓|↑|↑] 4s [ ]　　B. 3d [↑↓|↑↓|↑|↑|↑] 4s [↑]

C. 3d [↑↓|↑|↑|↑|↑] 4s [↑↓]　　D. 3d [↑↓|↑|↑|↓|↓] 4s [↑↓]

E. 3d [↑↓|↑↓|↑↓| |] 4s [↑↓]

4. He 的 E_{1s} 与 Kr 的相比,应有　(　　)
A. E_{1s}(He) = E_{1s}(Kr)　　B. 无法比较
C. E_{1s}(He) ≈ E_{1s}(Kr)　　D. E_{1s}(He) ≫ E_{1s}(Kr)
E. E_{1s}(He) ≪ E_{1s}(Kr)

5. 在多电子原子中,决定电子能量高低的量子数为　(　　)
A. n　　B. n 和 l
C. n, l 和 m　　D. n, l, m 和 m_s

6. 基态 $_{19}$K 原子最外层电子的四个量子数组合应是　(　　)
A. 4,1,0, +1/2　　B. 4,1,1, +1/2
C. 3,0,0, +1/2　　D. 4,0,0, +1/2
E. 4,1, −1, +1/2

7. 氢原子的 s 轨道角度波函数　(　　)
A. 与 φ、θ 无关　　B. 与 θ 有关
C. 与 φ、θ 有关　　D. 与 r 无关

8. de Broglie 关系式是　(　　)
A. $\Delta x \cdot \Delta p \approx h/4\pi$　　B. $h\nu = E_2 - E_1$
C. $\lambda = h/p$　　D. $\lambda = c/\nu$
E. $p = mv$

9. 电子排布为[Ar]$3d^5 4s^2$ 者可以表示　(　　)
A. Mn^{2+}　　B. Fe^{3+}　　C. Co^{3+}　　D. Ni^{2+}

10. 径向分布函数图表示　(　　)
A. 核外电子出现的概率密度与 r 的关系
B. 核外电子出现的概率与 r 的关系
C. 核外电子的 R 与 r 的关系
D. 核外电子的 R^2 与 r 的关系

11. 下列说法中错误的是　(　　)

A. d_{xy}的 $Y(\theta,\varphi)$图中只有一个节面

B. P_x的 $Y(\theta,\varphi)$图中，节面是 y、z 平面

C. Y_s图没有节面

D. $d_{x^2-y^2}$的 $Y(\theta,\varphi)$图中有两个节面

E. Yp_x的轨道角度分布图表示 Y 值形成的两个波瓣沿 X 轴的方向伸展？

12. 根据下列所示的电子排布：① $1s^22s^22p^6$；② $1s^22s^13s^1$；③ $1s^22s^14d^1$；④ $1s^22s^22p^23s^1$，指出哪些是激发态的原子？　(　　)

A. ①　B. ②③　C. ④　D. ②④　E. ②③④

13. 如上题，哪一个返回到基态时放出具有最大能量的光子？　(　　)

A. ①　B. ③　C. ④　D. ①②③　E. ②③

14. 锂、钠和钾的1s能级的相对高低是　(　　)

A. 三者一样高　B. 钠的1s能级最高

C. 钾的1s能级最高　D. 锂的1s能级最高

15. 如果一个基态原子核外电子的主量子数最大值为3，则它　(　　)

A. 只有s电子和p电子　B. 只有s电子

C. 只有s、p和d电子　D. 有s、p、d和f电子

E. 只有p电子

16. 当某基态电子的第四电子层上有2个电子时，该原子的第三电子层一定有　(　　)

A. 8个电子　B. 8～18个电子

C. 18个电子　D. 8～32个电子

E. 2～8个电子

17. 某基态原子的第三电子层有10个电子，该原子的价层电子组态为　(　　)

A. $3s^23p^63d^2$　B. $4s^2$

C. $3d^24s^2$　D. $3s^23p^63d^24s^2$

18. 下列电子组态中，哪一个是合理的？　(　　)

A. $1s^22s^12p^6$　B. $1s^22s^2sp^63s^13d^6$

C. $1s^22s^22p^8$　D. $1s^22s^12p^63s^23d^{10}$

19. 下列核外电子的各组量子数中合理的是　(　　)

A. 2,1,－1,－1/2　B. 3,1,2,＋1/2

C. 2,1,0,0　D. 1,2,0,＋1/2

20. 下列哪个电子亚层可以容纳最多电子？　(　　)

A. $n=2,l=1$　B. $n=3,l=2$

C. $n=4,l=3$　D. $n=5,l=0$

21. 在下列的电子组态中激发态的是　(　　)

A. $1s^22s^22p^6$ B. $1s^22s^13s^1$

C. $1s^22s^1$ D. $1s^22s^22p^63s^1$

22. 某多电子原子中四个电子的量子数表示如下，其中能量最高的电子是 ( )

A. 2,1,1,−1/2 B. 2,1,0,−1/2

C. 3,1,1,−1/2 D. 3,2,−2,−1/2

23. 某原子基态时，次外层中包含 $3d^7$，该元素的原子序数为 ( )

A. 25 B. 26 C. 27 D. 28

24. 下列原子中原子半径最大的是 ( )

A. Na B. Al C. Cl D. K

25. 角量子数 $l=2$ 的某一电子，其磁量子数 m ( )

A. 只有一个数值 B. 可以是三个数值中的任一个

C. 可以是五个数值中的任一个 D. 可以有无限多数值

26. 下列说法中符合泡利原理的是 ( )

A. 在同一原子中，不可能有四个量子数完全相同的电子

B. 在原子中，具有一组相同量子数的电子不能多于 2 个

C. 原子处于稳定状态时，其电子尽先占据最低的能级

D. 在同一电子亚层上各个轨道上的电子分布应尽先占据不同的轨道，且自旋平行

二、判断题

1. 最外层电子组态为 ns^1 或 ns^2 的元素，都在 s 区。 ( )
2. 原子序数为 34 的原子，各电子层的电子数为 2,8,18,6。 ( )
3. 将氢原子的 1s 电子激发到 3s 轨道要比激发到 3p 轨道所需的能量少。 ( )
4. 非金属元素的电负性均大于 2。 ( )
5. 当氢原子的电子处于 $n\geqslant2$ 的能级上运动时，称为氢原子的激发态。 ( )
6. 电子通过晶体时，能产生衍射现象，说明它有波动性。 ( )
7. 基态氢原子的能量具有确定值，但它的核外电子的位置不确定。 ( )
8. s 电子的球面轨道上运动，p 电子在双球面轨道上运动。 ( )
9. 核外电子排布要服从能量最低原理，就是指电子应依次由低能级向高能级排布。 ( )
10. 基态氢原子中，离核愈近，电子出现的概率愈大。 ( )

三、填空题

1. 根据量子力学，基态氢原子的电子可以在核外空间________出现，但在距

核为________的薄球壳层中电子出现的________最大。

2. 最外层电子组态为 $5s^2p^4$ 的元素在________区，是第________周期________族元素，原子序数应为________。

3. $n=3, l=1$ 的原子轨道属________能级，它们在空间有________种不同的取向。该能级半充满时，应有________个电子，若有四个量子数的组合分别表示这些电子的状态，则应写成______________________，具有这种电子组态的原子核电荷数为________，其元素符号是________。

4. 不看周期表，写出下列元素在周期表中的位置。

(1) $Z=47$，属于________周期________族元素。

(2) 基态原子中有 $3d^6$ 电子的元素属第________周期________族元素。

(3) 基态原子中有两个未成对 3d 电子的元素有________和________。

(4) 基态原子的电子组态为 $[Kr]4d^5 5s^1$ 的元素属第________周期________族元素。

(5) 基态原子价层电子为 $4d^{10}5s^1$ 的元素属________周期________族元素。

5. (1) 基态原子中 3d 轨道半充满的元素有________和________。

(2) 1～4 周期中，基态原子核外电子含未成对电子最多的元素是________。

6. A 原子比 B 原子多一个电子，已知 A 原子量最小的活泼金属，则 B 元素应是________。

7. 用________、________和________三个量子数可以确定一个原子轨道。

8. 已知某原子中得 5 个电子的各组量子数如下：

(1) 3,2,1,1/2；(2) 2,1,1,−1/2；(3) 2,1,0,1/2；(4) 2,0,0,−1/2；(5) 3,1,1,−1/2。

它们的能量由高到低的顺序为________。

9. 决定多电子原子中等价轨道数目的是哪个量子数？________；原子轨道能量是由哪些量子数决定的？________。

10. 已知某元素在氪前，当此元素的原子失去 3 个电子后，在它的角量子数为 2 的轨道内电子恰为半充满，推断其为元素________。

11. ________中，________轨道半充满的是________元素，d 轨道半充满的是________和锰元素，s 轨道半充满的是________，________和________元素，s 轨道与 d 轨道数目相同的是________元素。

四、问答题

1. 氢原子的 3s、3p 和 3d 电子的径向分布函数各有什么特点？

2. 若将以下基态原子的电子排布写成下列形式，各违背了什么原理？请改正。

(1) $_5B\ 1s^2 2s^3$；(2) $_4Be\ 1s^2 2p^2$；(3) $_7N\ 1s^2 2s^2 2p_x^2 2p_y^1$。

3. 如何理解电子的波动性？电子波与电磁波有什么不同？

4. “1s 电子是在球形轨道上运动”。这样的表达有何不妥？

5. 如果某电子的运动速度是 $7\times10^5\ \mathrm{m\cdot s^{-1}}$，那么该电子的 de Broglie 波长应该是多少？

6. 设子弹质量为 10 g，速度为 $1000\ \mathrm{m\cdot s^{-1}}$，试根据 de Broglie 式和测不准关系式，通过计算说明宏观物质主要表现为粒子性，它们的运动服从经典力学规律（设子弹速度的测不准量为 $\Delta v_x=10^{-3}\ \mathrm{m\cdot s^{-1}}$）。

7. 为什么一个原子轨道只能容纳 2 个电子？

8. 写出下列各能级或轨道的名称：

(1) $n=2, l=1$；

(2) $n=3, l=2$；

(3) $n=5, l=3$；

(4) $n=2, l=1, m=-1$；

(5) $n=4, l=0, m=0$。

9. 氮的价层电子排布是 $2s^2 2p^3$，试用 4 个量子数的组合表示各价电子的运动状态。

10. 以下各“亚层”哪些可能存在？包含多少轨道？

(1) 2s；(2) 3f；(3) 4p；(4) 5d。

11. 按所示格式填写表 9-1：（基态）

表 9-1

原子序数	电子排布式	价层电子排布	周期	族
49				
	$1s^2 2s^2 2p^6$			
		$3d^5 4s^1$		
			六	ⅡB

12. 不参看周期表，试给出下列原子或离子基态的电子排布式和未成对电子数：

(1) 第四周期第七个元素；

(2) 第四周期的稀有气体元素；

(3) 原子序数为 38 的元素的最稳定离子；

(4) 4p 轨道半充满的主族元素。

13. 写出下列离子的电子排布式：Ag^+、Zn^{2+}、Fe^{3+}、Cu^+。

14. 某元素的原子核外有 24 个电子，它在周期表中属于哪一周期、哪一族、什么区？其前后相邻原子的原子半径与之大约相差多少？

15. 同一周期的主族元素，第一电离能 I_1 变化的总趋势是随着原子序数而逐渐增加，但为什么第三周期中$_{15}P$的 I_1 反而比$_{16}S$要高？

16. 将下列原子按电负性降低的次序排列，并解释理由：

As、F、S、Ca、Zn

17. 基态原子价层电子排布满足下列各条件的是哪一族或哪一个元素？

(1) 具有 2 个 p 电子；

(2) 有 2 个量子数 $n=4$ 和 $l=0$，6 个量子数 $n=3$ 和 $l=2$ 的电子；

(3) 3d 亚层全充满，4s 亚层只有一个电子。

18. 铁在人体内的运输和代谢需要铜的参与。在血浆中，铜以铜蓝蛋白形式存在，催化氧化 Fe^{2+} 成 Fe^{3+}，从而使铁被运送到骨髓。试用原子结构的基本理论解释为什么 Fe^{3+} 比 Fe^{2+} 要稳定得多？

19. 硒与健康关系密切，硒在体内的活性形式为含硒酶和含硒蛋白。缺硒会引起克山病、大骨节病、白内障等。根据硒在周期表中的位置，推测硒的最高价氧化物。

20. 在同一原子基态的组态中，n、l、m 三个量子数相同的两个电子，它们的自旋量子数如何？若 n、l ($l>0$)相同，m 不同的两个电子，它们的自旋量子数如何？

21. (1) 试写出 s、p、d 及 ds 区元素的价电子层。

(2) 根据下列各元素的价电子构型，指出它们在周期表中所处的周期、区和族，是主族还是副族？

① $3s^1$；② $4s^2 4p^3$；③ $3d^2 4s^2$；④ $3d^{10} 4s^1$；⑤ $3d^5 4s^1$；⑥ $4s^2 4p^6$。

22. 指出下列各组量子数中，哪几组不可能存在？

(1) 3,2,2,1/2；

(2) 3,0,−1,1/2；

(3) 2,2,2,2；

(4) 1,0,0,0。

练习题解答

一、选择题

1. D　2. C　3. C　4. D　5. B　6. D　7. A　8. C　9. C
10. B　11. A　12. E　13. B　14. D　15. A　16. B　17. C　18. C
19. A　20. C　21. B　22. D　23. C　24. D　25. C　26. A

二、判断题

1. ×　2. √　3. ×　4. ×　5. √　6. √　7. √　8. ×　9. ×
10. ×

三、填空题

1. 各处;52.9 pm;概率

2. p;五;ⅥA;52

3. 3p;3;3;{3;1;0;1/2(或-1/2);3;1;1;1/2(或-1/2); 3;1;-1;1/2(或-1/2)};15;P

4. (1) 五;ⅠB;(2) 四;ⅧB;(3) Ti;Ni;(4) 五;ⅥB;(5) 五;ⅠB

5. (1) Cr;Mn;(2) Cr

6. He

7. n;l;m

8. (1)>(5)>(2)=(3)>(4)

9. m;n 和 l

10. Fe

11. 第四周期;p;砷;铬;钾;铬;铜;钛

四、问答题

1. 略

2. 答　(1) 违背了 Pauli 不相容原理,应为:$1s^2 2s^2 2p^1$。

(2) 违背了能量最低原理,应为:$1s^2 2s^2$。

(3) 违背了 Hund 规则,应为 $1s^2 2s^2 2p_x^1 2p_y^1 2p_z^1$。

3. 答　电子的波动性是指高速运动的电子不可能像经典粒子那样去描述它的运动轨迹和运动状态,因为它在空间的位置和运动速度不可能同时被精确测定。因此,电子的运动状态只能用统计的方法表达,即描述处在一定能态的电子在空间某区域出现的概率。量子力学用波函数的平方值得到了这个概率密度,所以说电子波是概率波。而电磁波为一种能量波,是电荷振荡或加速时电场和磁场的周期性振荡的能量传播。

4. 答　题中说法不正确。原子中的电子不可能有经典的轨道,因此不能说电子沿着什么几何轨迹运动。这里所说的 1s 轨道是指波函数,其几何形状是球形的。1s 轨道表明处在这个能级的电子在原子核外球形空间都可以出现,但在空间各球面上的概率不一样。

5. 解　de Broglie 关系式

$$\lambda = \frac{h}{mv} = \frac{6.626\times10^{-34}\ \text{kg}\cdot\text{m}^2\cdot\text{s}^{-1}}{10\times10^{-3}\ \text{kg}\times1000\ \text{m}\cdot\text{s}^{-1}} = 6.6\times10^{-35}\ \text{m}$$

6. 解　由测不准关系式:

$$\Delta x \geqslant \frac{h}{4\pi m\Delta v_x} = \frac{6.626\times10^{-34}\ \text{kg}\cdot\text{m}^2\cdot\text{s}^{-1}}{4\pi\times10\times10^{-3}\ \text{kg}\times10^{-3}\text{m}\cdot\text{s}^{-1}} = 5.3\times10^{-30}\ \text{m}$$

de Broglie 波长如此之小，可以完全忽略子弹的波动行为。

7. 解　据 Pauli 不相容原理，原子中没有两个电子有着完全相同的一套量子数 n,l,m 和 m_s。如果描述电子运动的一套量子数中，两个电子的 n,l，和 m 相同，即处在同一原子轨道上，那么它们的自旋量子数 m_s 必须不同，由于自旋量子数只有 $+\frac{1}{2},-\frac{1}{2}$ 两个值，所以一个原子轨道只能容纳 2 个电子。

8. 解　(1) 2p 轨道；(2) 3d 轨道；(3) 5f 轨道；(4) 2p 能级，$m=-1$ 的轨道不是实函数，无法描述几何图形；(5) 4s 轨道。

9. 解　$2,0,0,+\frac{1}{2}$；$2,0,0,-\frac{1}{2}$；$2,1,-1,+\frac{1}{2}$；$2,1,0,+\frac{1}{2}$；$2,0,1,+\frac{1}{2}$。

10. 解　(1) 2s 亚层只有 1 个轨道；

(2) 3f 亚层不存在，因为 $n=3$ 的电子层中 l 只能小于 3，没有 $l=3$ 的 f 轨道；

(3) 4p 亚层有 3 个轨道；

(4) 5d 有 5 个轨道。

11. 解　见表 9-2。

表 9-2

原子序数	电子排布式	价层电子排布	周期	族
	[Kr]$4d^{10}5s^25p^1$	$5s^25p^1$	五	ⅢA
10		$2s^22p^6$	二	0
24	[Ar]$3d^54s^1$		四	ⅥB
80	[Xe]$4f^{14}5d^{10}6s^2$	$5d^{10}6s^2$		

12. 解　(1) [Ar]$3d^54s^2$，5 个未成对电子；

(2) [Ar]$3d^{10}4s^24p^6$，没有未成对电子；

(3) 原子的电子排布式为[Kr]$5s^2$，+2 离子的电子排布式为[Kr]$5s^0$，离子没有未成对电子；

(4) [Ar]$3d^{10}4s^24p^3$，3 个未成对电子。

13. 解　Ag^+：[Kr]$4d^{10}$；Zn^{2+}：[Ar]$3d^{10}$；Fe^{3+}：[Ar]$3d^5$；Cu^+：[Ar]$3d^{10}$。

14. 解　该元素的电子排布式为[Ar]$3d^54s^1$，它在周期表中属于第四周期、ⅥB 族、d 区。由于是 d 区过渡元素，其前后相邻原子的原子半径约以 5 pm 的幅度递减。

15. 解　同周期元素自左至右原子半径减小、有效核电荷递增，使得最外层电子的电离需要更高的能量。但$_{15}P$ 最外层 3p 轨道上三个电子正好半充满，根据 Hund 规则，半充满稳定，结果$_{15}P$ 的 I_1 反而比$_{16}S$ 要高。

16. 解　这五个元素在周期表中的位置如下：

族 周期	ⅡA	ⅡB	ⅤA	ⅥA	ⅦA
二					F
三				S	
四	Ca	Zn	As		

由于周期表中，从左到右元素电负性递增，从上到下元素电负性递减，故各原子按电负性降低次序的排列是：F、S、As、Zn、Ca。

17. 解　(1) 原子价层电子排布是 ns^2np^2，ⅣA 族元素；

(2) 该原子价层电子排布是 $3d^64s^2$，第四周期Ⅷ族的 Fe 元素；

(3) 该原子价层电子排布是 $3d^{10}4s^1$，第四周期ⅠB 族的 Cu 元素。

18. 解　Fe^{3+} 的电子组态为[Ar]$3d^5$，3d 轨道正好半充满，根据 Hund 规则，半充满稳定；Fe^{2+} 的电子组态为[Ar]$3d^6$，失去一个电子后，电子组态为[Ar]$3d^5$，反而稳定，所以 Fe^{2+} 的稳定性差。

19. 解　硒(Se)在周期表中的位置是第四周期、ⅥA 族、p 区，价电子组态为 $4s^24p^4$，最多可以失去 6 个电子；一般氧化物中 O 元素的氧化值为 −2，故硒的最高价氧化物为 SeO_3。

20. 解　n，l，m 三个量子数相同的两个电子，它们的自旋量子数必须不同，即一个为 +1/2，另一个为 −1/2。n，l ($l>0$)，m 不同的两个电子，它们的自旋量子数可以相同也可以不同。

21. 解　(1) s 区：$ns^{1\sim2}$；p 区：$ns^2np^{1\sim6}$；d 区：$(n-1)d^{1\sim9}ns^{1\sim2}$（Pd 例外）；ds 区：$(n-1)d^{10}ns^{1\sim2}$；

(2) ① 第三周期，s 区，ⅠA 主族；② 第四周期，p 区，ⅤA 主族；③ 第四周期，d 区，ⅣB 副族；④ 第四周期，ds 区，ⅠB 副族；⑤ 第四周期，d 区，ⅥB 族；⑥ 第四周期，p 区，0 族。

22. 解　(2)(3)(4)组不可能存在，原因是：(2) $l=0$ 时，$m-1$；(3) $n=2$ 时，$1\neq2$，$m_s\neq2$；(4) $m_s\neq0$。

第十章　共价键与分子间力

内容提要

一、共价键

1. 共价键的形成和特点

现代价键理论认为，两个成键原子的轨道发生最大程度的重叠，然后自旋方向相反的单电子配对形成共价键。

共价键具有饱和性和方向性。

共价键按共用电子对来源不同分为普通共价键和配位键；按轨道重叠方式不同分为 σ 键和 π 键；按照极性可分为极性共价键和非极性共价键。

2. 杂化轨道理论

同一原子中参加成键的几个能量相近的原子轨道由于互相微扰，重新分配能量和确定空间方向，组成数目相等的杂化轨道。

杂化轨道理论要点：

(1) 中心原子能量相近的不同轨道在外界的影响下发生杂化，形成新的轨道，称为杂化轨道。

(2) 杂化轨道在角度分布上，比单纯的原子轨道更为集中，因而重叠程度也更大，更利于成键。

(3) 参加杂化的原子轨道数目与形成的杂化轨道数目相等，不同类型的杂化轨道，其空间取向不同，成键后所形成的分子就有不同的形状。

按参加杂化的原子轨道种类可分为 sp 型杂化和 spd 型杂化；按杂化后形成的几个杂化轨道的能量是否相同，杂化可分为等性杂化和不等性杂化。

3*. 分子轨道理论

原子在形成分子时，不同原子的原子轨道如果满足对称性匹配、能量相近和轨道最大重叠原则，可以组成数目相等的分子轨道，其中成键分子轨道的能量降低，反键分子轨道的能量升高。

分子轨道理论要点：

(1) 分子中的电子不属于某个原子，而属于整个分子。

(2) 分子轨道由原子轨道线性组合而成，分子轨道数目等于组成分子轨道的原子轨道数目。

(3) 原子轨道在线性组合时，遵守“对称性匹配原则”“能量相近原则”“最大重叠原则”。

(4) 电子在分子轨道中排布时，遵守“能量最低原理”“Pauli 不相容原理”“Hund 规则”。

应用分子轨道理论可以说明双原子分子的结构、磁性和稳定性。

二、分子的形状和极性

1*. 价层电子对互斥模型

在 AB_m 型共价分子中，由于价电子对(包括成键电子对和孤电子对)互相排斥而趋向于尽可能彼此远离，分子尽可能采取对称的结构。于是，依据分子中成键电子对和孤电子对的数目，可定性判断和预测分子的形状。

2. 分子的极性

由于分子中正、负电荷的重心不重合，形成分子的极性。双原子分子的极性取决于键的极性，多原子分子的极性与分子的形状相关。

三、分子间作用力

1. 范德华力

范德华力是存在于分子之间的一种弱的电性吸引力。非极性分子之间只存在色散力，在极性分子和非极性分子之间存在诱导力和色散力，而在极性分子之间，取向力、诱导力和色散力都存在。对于大多数分子来说，色散力是主要的。范德华力对物质的熔沸点和溶解性都有一定影响。

2. 氢键

H 原子与电负性大的 N、O、F 等原子形成共价键，电子云显著偏离 H 原子，这样的 H 原子能够和提供孤电子对的原子之间产生氢键。氢键既可以存在于分子内也可以存在于分子间。氢键具有饱和性和方向性，影响物质的熔沸点、溶解性等性质。

练　习　题

一、选择题

1. 等性 sp^3 杂化轨道的几何构型是　(　　)

A. 八面体　　B. 四面体　　C. 正方形　　D. 三角形

2. NCl_3 分子中，N 原子与三个 Cl 原子成键所采用的轨道是　(　　)

A. 两个 sp 轨道，一个 p 轨道成键 B. 三个 sp^3 轨道成键
C. p_x、p_y、p_z 轨道成键 D. 三个 sp^2 轨道成键

3. 下列说法中错误的是 ( )
A. 分子的极性越大，取向力越大 B. 极性分子之间不存在色散力
C. 非极性分子间不存在取向力 D. 诱导力在分子间力中通常是最小的

4. 水具有反常的高沸点是由于存在着 ( )
A. 孤对电子 B. 共价键 C. 取向力 D. 氢键

5. 既是非极性分子同时又含有 π 键的是 ( )
A. Cl_2 B. $CHCl_3$ C. CH_2Cl_2 D. C_2Cl_4

6. 偶极矩 $\mu=0$ 的分子是 ( )
A. H_2O B. NF_3 C. SO_2 D. $HgCl_2$

7. 不含双键或三键的化合物是 ( )
A. CO B. C_2H_4 C. H_2O D. N_2

8. 下列分子中极性最大的是 ( )
A. F_2 B. HF C. HCl D. HI

9. 若键轴为 X 轴，下列原子轨道重叠不能形成 σ 键的是 ( )
A. s－s B. s－p_x C. p_z-p_z D. p_x-p_x

10. CO_2 分子的偶极矩为零这一事实证明该分子是 ( )
A. 以共价键结合的 B. 以离子键结合的
C. 三角形的 D. 直线形的，并且对称

11. 下列分子中，其形状不呈直线形的是 ( )
A. $BeCl_2$ B. H_2O C. CO_2 D. $HgCl_2$

12. 下列各组分子间同时存在着取向力、诱导力、色散力和氢键的是 ( )
A. CH_3F 和 C_2H_6 B. O_2 和 N_2
C. H_2O 和 CH_3OH D. 苯和 CCl_4

13. 各自分子间能形成最强氢键的化合物是 ( )
A. HF B. HCl C. H_2O D. NH_3

14. 键角最小的分子或离子是 ( )
A. NF_3 B. NH_4^+ C. BF_3 D. $HgCl_2$

15*. IF_5 的空间构型是 ( )
A. 平面三角形 B. 三角锥形
C. 变形四面体 D. 四方锥

16*. 根据价层电子对互斥模型，SO_3^{2-} 的空间构型为 ( )
A. 平面三角形 B. 三角锥形
C. 正四面体形 D. T 形

17*. ICl_4^- 价层电子对数为 6，其中孤电子对数为 2，中心原子价电子对的排

布方式为八面体,在稳定构型中两对孤电子对的排布位置是　(　　)

A. 互成 60 度　B. 互成 90 度

C. 互成 120 度　D. 互成 180 度

18*. 下列分子或离子的分子轨道式中无单电子的是　(　　)

A. O_2^-　B. O_2^+　C. CO　D. NO

19*. 下列几组原子轨道沿着 X 轴靠近时,由于对称性不匹配,不能有效地形成分子轨道的是　(　　)

A. $s-p_x$　B. p_x-p_x　C. p_y-p_y　D. p_x-p_y

20*. O_2 分子中存在的化学键为　(　　)

A. 2 个 σ 键和 1 个 π 键　B. 1 个 σ 键和 2 个 π 键

C. 1 个 σ 键和 1 个三电子 π 键　D. 1 个 σ 键和 2 个三电子 π 键

21*. 下列分子或离子中最稳定的是　(　　)

A. N_2^+　B. N_2^-　C. N_2　D. N_2^{2-}

22*. CO 的等电子体是　(　　)

A. O_2　B. N_2　C. HF　D. NO

23*. 在气态 C_2 中,最高能量的电子所处的分子轨道是　(　　)

A. σ_{2p}　B. σ_{2p}^*　C. π_{2p}　D. π_{2p}^*

二、判断题

1. PCl_3 分子中,与 Cl 成键的 P 采用的轨道是三个 sp^3 杂化轨道。　(　　)
2. 相同原子间的双键键能是单键键能的两倍。　(　　)
3. AB_2 型共价化合物的中心原子均采用 sp 杂化轨道成键。　(　　)
4. 同一种原子在不同的化合物中形成不同键时,可以是不同的杂化方式。　(　　)
5. sp^2 杂化轨道是由 1s 轨道与 2p 轨道杂化而成的。　(　　)
6. 通过测定 AB_2 型分子的电偶极矩,可以判断 A—B 键的键能。　(　　)
7. 溶质的分子内形成氢键,可使其溶解度减小。　(　　)
8. 极性分子间只存在取向力,非极性分子间只存在色散力。　(　　)
9. 直线形分子一定是非极性分子。　(　　)
10. 非极性分子中的化学键都是非极性共价键。　(　　)
11. 原子形成的共价键数目不能超过该基态原子的单电子数。　(　　)
12. 氢键是具有方向性和饱和性的一类化学键。　(　　)

13*. N_2 和 CO 的电子数相等,但分子的组成不同,所以电子在分子轨道中的排布也不同。　(　　)

14*. ⊕/⊖ 与 ⊖/⊕ 两个 np 原子轨道沿 X 轴靠近时,也能组合成分子轨道。　(　　)

15*. 根据价层电子互斥理论可推知 ICl_4^- 离子的空间构型为平面正方形。 ( )

三、填空题

1. 共价键按共用电子对来源不同分为________和________;按轨道重叠方式不同分为________和________。

2. 碳原子在下列各式中,杂化方式分别是:

(1) CH_3Cl ________;(2) CO_3^{2-} ________。

3. 在 C_2H_6 分子中,C 原子间是以________杂化轨道成键的,C—H 键用的轨道是________。

4. HCl、HBr、HI 的熔点、沸点依次升高,其原因是 ____________。

5. I_2 和 CCl_4 混合液中,I_2 和 CCl_4 分子间的力是________。

6. 熔沸点:邻-硝基苯酚<对-硝基苯酚,是因为 ________________。其中________更易溶于水。

7. 若使液态氨沸腾,需克服的力有________________。

8*. SO_3^{2-} 和 SO_4^{2-} 的空间构型分别为________和________。

9*. 分子轨道是原子轨道的线性组合。组合时应遵循的三条原则是________,________,________,其中 ________是首要的。

10*. 原子轨道用________等符号表示轨道名称,而分子轨道用________等符号表示轨道名称。

11*. F 原子中 2s 和 2p 原子轨道能量差别较大,故 F_2 分子的分子轨道能级 $E(\sigma_{2p})$________ $E(\pi_{2p})$;B 原子中 2s 和 2p 原子轨道能量差别较小,故 B_2 分子的分子轨道能级 $E(\sigma_{2p})$________ $E(\pi_{2p})$。

12*. 根据 C_2 分子的分子轨道式,两个碳原子是由________结合在一起的。

13*. B_2 的分子轨道式为______________,分子的键级是 ________。

14*. 能反映 O_2 分子磁性的结构式是 ________。

15*. O_2^- 离子的分子轨道式为________________,因为________________,所以它是超氧阴离子自由基。

四、简答题

1. 共价键为什么具有饱和性和方向性?

2. 试用杂化轨道理论说明 H_3O^+ 离子的中心原子可能采取的杂化类型及其空间构型。

3. 区别下列名词:

(1) σ 键和 π 键;

(2) 正常共价键和配位共价键;

(3) 极性键和非极性键；

(4)* 定域 π 键和离域 π 键；

(5) 等性杂化和不等性杂化；

(6)* 成键轨道和反键轨道；

(7) 永久偶极和瞬间偶极；

(8) 范德华力和氢键。

4*. 中心原子的价层电子对构型和分子的几何空间构型有什么区别？以 NH_3 分子为例予以说明。

5. BF_3 的空间构型为正三角形而 NF_3 却是三角锥形，试用杂化轨道理论予以说明。

6*. 判断下列分子或离子的空间构型，并指出其中心原子的价层电子对构型。

(1) CO_3^{2-}；(2) SO_2；(3) NH_4^+；(4) H_2S；(5) PCl_5；(6) SF_4；(7) SF_6；(8) BrF_5。

7. 试用杂化轨道理论说明下列分子或离子的中心原子可能采取的杂化类型及分子或离子的空间构型：

(1) PH_3；(2) $HgCl_2$；(3) $SnCl_4$；(4) $SeBr_2$。

8. 用杂化轨道理论说明乙烷 C_2H_6、乙烯 C_2H_4、乙炔 C_2H_2 分子的成键过程和各个键的类型。

9. 下列各变化中，中心原子的杂化类型及空间构型如何变化？

(1) $BF_3 \rightarrow BF_4^-$；(2) $H_2O \rightarrow H_3O^+$；(3) $NH_3 \rightarrow NH_4^+$。

10. 某化合物有严重的致癌性，其组成如下：H 2.1%，N 29.8%，O 68.1%，其摩尔质量约为 50 $g \cdot mol^{-1}$。试回答下列问题：

(1) 写出该化合物的化学式。

(2) 如果 H 与 O 键合，画出其结构式。

(3) 指出 N 原子的杂化类型及分子中 σ 键和 π 键的类型。

11. 预测下列分子的空间构型，指出电偶极矩是否为零并判断分子的极性。

(1) SiF_4；(2) NF_3；(3) BCl_3；(4) H_2S；(5) $CHCl_3$。

12. 下列每对分子中，哪个分子的极性较强？试简单说明原因。

(1) HCl 和 HI；(2) H_2O 和 H_2S；(3) NH_3 和 PH_3；(4) CH_4 和 SiH_4；(5) CH_4 和 $CHCl_3$；(6) BF_3 和 NF_3。

13. 已知稀有气体的沸点如下，试说明沸点递变的规律和原因。

名称	He	Ne	Ar	Kr	Xe
沸点(K)	4.26	27.26	87.46	120.26	166.06

14. 将下列两组物质按沸点由低到高的顺序排列并说明理由。

(1) H_2　CO　Ne　HF；(2) CI_4　CF_4　CBr_4　CCl_4。

15. 常温下 F_2 和 Cl_2 为气体，Br_2 为液体，而 I_2 为固体，何故？

16. 乙醇(C_2H_5OH)和二甲醚(CH_3OCH_3)组成相同,但乙醇的沸点比二甲醚的沸点高,何故?

17. 判断下列各组分子间存在着哪种分子间作用力。

(1) 苯和四氯化碳;(2)乙醇和水;(3)苯和乙醇;(4)液氨;(5) HBr 气体;(6) He 和水。

18. 将下列每组分子间存在的氢键按照由强到弱的顺序排列。

(1) HF;(2) H_2O;(3) NH_3。

19. 某一对健康有很大影响的有机溶剂,分子式为 AB_4,A 属第 4 主族,B 属第 7 主族,A、B 的电负性值分别为 2.55 和 3.16。试回答下列问题:

(1) 已知 AB_4 的空间构型为正四面体,推测原子 A 与原子 B 成键时采取的轨道杂化类型。

(2) A—B 键的极性如何? AB_4 分子的极性如何?

(3) AB_4 在常温下为液体,该化合物分子间存在什么作用力?

(4) AB_4 与 $SiCl_4$ 比较,哪一个的熔点、沸点较高?

20. 解释下列现象:

(1) 为什么 $AlBr_3$ 熔融时导电性能差,而它的水溶液有很好的导电性能。

(2) 邻羟基苯甲酸的熔点低于对羟基苯甲酸。

(3) 在气相中,BeF_2 是直线形而 SF_2 是 V 形。

(4) 磷元素能形成三氯化磷和五氯化磷,但氮元素只能形成三氯化氮。

21*. 写出下列双原子分子或离子的分子轨道式,指出所含的化学键,计算键级并判断哪个最稳定,哪个最不稳定,哪个具顺磁性,哪个具抗磁性。

(1) B_2;(2) F_2;(3) F_2^+;(4) He_2^+。

22*. "老年斑"是脂褐素在人体皮肤表面沉积形成的,脂褐素的产生与超氧离子 O_2^- 有关。试用分子轨道理论说明 O_2^- 能否存在。与 O_2 比较,其稳定性和磁性如何?

23*. 试用分子轨道理论说明过氧化钠 Na_2O_2 中的过氧离子 O_2^{2-} 能否存在。与 O_2 比较,其稳定性和磁性如何?

24*. 判断下列分子或离子中离域 π 键的类型。

(1) NO_2;(2) CO_2;(3) SO_3;(4) C_4H_6;(5) CO_3^{2-}。

25*. 用 VB 法和 MO 法分别说明为什么 H_2 能稳定存在而 He_2 不能稳定存在。

26*. 根据 NO 的分子轨道能级图讨论下列问题:

(1) NO 的键级是多少?

(2) NO 的键长比 NO^- 长或短?

(3) NO 有几个单电子?

(4) 从键级推测 NO^+ 存在的可能性。

（5）NO、NO^- 和 NO^+ 的磁性。

练习题解答

一、选择题

1. B　2. B　3. B　4. D　5. D　6. D　7. C　8. B　9. C
10. D　11. B　12. C　13. A　14. A　15. D　16. B　17. D　18. C
19. D　20. D　21. C　22. B　23. C

二、判断题

1. ×　2. ×　3. ×　4. √　5. ×　6. ×　7. ×　8. ×　9. ×
10. ×　11. ×　12. ×　13. √　14. √　15. √

三、填空题

1. 普通共价键；配位键；σ 键；π 键
2. sp^3；sp^2
3. sp^3；sp^3-s
4. 色散力随同类分子的相对分子质量的增大而增大
5. 色散力
6. 邻-硝基苯酚存着有分子内氢键而对-硝基苯酚存在着分子间氢键；对-硝基苯酚
7. 取向力、色散力、诱导力、氢键
8. 三角锥形；正四面体
9. 对称性匹配原则；能量近似原则；轨道最大重叠原则；对称性匹配原则
10. s、p、d、f；σ、π、δ
11. ＜；＞
12. 两个 π 键
13. $(\sigma_{1s})^2(\sigma_{1s}^*)^2(\sigma_{2s})^2(\sigma_{2s}^*)^2(\pi_{2p_y})^1(\pi_{2p_z})^1$；1
14. $\overset{\cdots}{\underset{\cdots}{\mathrm{O—O}}}$
15. $(\sigma_{1s})^2(\sigma_{1s}^*)^2(\sigma_{2s})^2(\sigma_{2s}^*)^2(\sigma_{2p_x})^2(\pi_{2p_y})^2(\pi_{2p_z})^2(\pi_{2p_y}^*)^2(\pi_{2p_z}^*)^1$；它是分子轨道式中有单电子的阴离子

四、简答题

1. 解　根据 Pauli 不相容原理，一个轨道中最多只能容纳两个自旋方式相反的电子。因此，一个原子中有几个单电子，就可以与几个自旋方式相反的单电子配对成键。即一个原子形成的共价键的数目取决于其本身含有的单电子数目。因此,共价键具有饱和性。

共价键是由成键原子的价层原子轨道相互重叠形成的。根据最大重叠原理,原子轨道只有沿着某一特定方向才能形成稳定的共价键(s 轨道与 s 轨道重叠除外),因此,共价键具有方向性。

2. 解　O 原子的外层电子组态为 $2s^22p^4$,O 有 2 对孤对电子和 2 个单电子。当 O 原子与 H 原子化合时,O 原子采用 sp^3 不等性杂化,其中 O 的 2 对弧对电子占有 2 个 sp^3 杂化轨道,另 2 个 sp^3 杂化轨道分别与 2 个 H 的 s 轨道成键。此外,O 原子用其中的一对弧对电子与 H^+ 形成 1 个 σ 配键。故 H_3O^+ 离子的空间构型为三角锥形。

3. 解　(1) σ 键是指两个原子的原子轨道沿键轴方向以"头碰头"的方式重叠所形成的共价键;而 π 键是指两个原子轨道垂直于键轴以"肩并肩"的方式重叠所形成的共价键。

(2) 正常共价键是指成键的两个原子各提供一个电子组成共用电子对所形成的化学键;而配位共价键是指成键的一个原子单独提供共用电子对所形成的共价键。

(3) 极性键是指由电负性不同的两个原子形成的化学键;而非极性键则是由电负性相同的两个原子所形成的化学键。

(4) 定域 π 键属双中心键,是成键两原子各提供一个 p 轨道以"肩并肩"的方式重叠而成,成键电子仅在提供重叠轨道的两个原子之间运动;离域 π 键则为多中心键,是由多个原子提供的 p 轨道平行重叠而成的,离域轨道上的电子在多个原子区域内运动。

(5) 等性杂化是指所形成的杂化轨道的能量完全相等的杂化;而不等性杂化是指所形成的杂化轨道的能量不完全相等的杂化。

(6) 成键轨道是指两个原子轨道相加叠加而成的分子轨道,其能量比原来的原子轨道低;而反键轨道是指两个原子轨道相减叠加而成的分子轨道,其能量比原来的原子轨道高。

(7) 永久偶极是指极性分子的正、负电荷重心不重合,分子本身存在的偶极;瞬间偶极是指由于分子内部的电子在不断地运动和原子核在不断地振动,使分子的正、负电荷重心不断发生瞬间位移而产生的偶极。

(8) 范德华力是指分子之间存在的静电引力;而氢键是指氢原子与半径小、电负性大的原子以共价键结合的同时又与另一个半径小、电负性大的原子的孤对电子之间产生的静电吸引力。氢键的作用力比范德华力强。

4. 解　分子的价层电子对包括中心原子的 σ 成键电子对和孤电子对,它们在中心原子周围应尽可能远离,以保持排斥力最小,据此形成的价层电子对的空间排布方式为价层电子对构型。而分子的空间构型是指分子中的配位原子在空间的排布，不包括孤电子对。如 NH_3，价层电子对构型为正四面体，而分子的空间构型为三角锥形。

5. 解 B 原子的外层电子组态 $2s^22p^1$，当 B 原子与 F 原子化合时，2s 轨道上的 1 个电子被激发到 2p 轨道，进行 sp^2 杂化，3 个 sp^2 杂化轨道分别与 3 个 F 原子的 2p 轨道成键，故 BF_3 分子的空间构型为平面正三角形。

N 原子的外层电子组态为 $2s^22p^3$。当 N 原子与 F 原子化合时，N 原子采取 sp^3 不等性杂化，其中 N 的一对孤对电子占有一个 sp^3 杂化轨道，另 3 个 sp^3 杂化轨道分别与 3 个 F 原子的 2p 轨道成键，故 NF_3 分子的空间构型为三角锥形。

6. 解 (1) 在 CO_3^{2-} 离子中，C 原子价层电子对数为 3(O 原子不提供电子)，价层电子对构型为平面正三角形，因价层电子对中无孤对电子，故 CO_3^{2-} 离子的空间构型为平面正三角形。

(2) 在 SO_2 分子中，S 原子价层电子对数为 3(O 原子不提供电子)，价层电子对构型为平面正三角形，因价层电子对中有一对孤对电子，故 SO_2 分子的空间构型为 V 形。

(3) 在 NH_4^+ 离子中，N 原子的价层电子对数为 4，价层电子对构型为正四面体，因价层电子对中无孤对电子，故 NH_4^+ 离子的空间构型为正四面体。

(4) 在 H_2S 分子中，S 原子的价层电子对数为 4，价层电子对构型为正四面体，因价层电子对中有 2 对孤对电子，故 H_2S 分子的空间构型为 V 形。

(5) 在 PCl_5 分子中，P 原子的价层电子对数为 5，价层电子对构型为三角双锥，因价层电子对中无孤对电子，故 PCl_5 分子的空间构型为三角双锥。

(6) 在 SF_4 分子中，S 原子的价层电子对数为 5，价层电子对构型为三角双锥，因价层电子对中有 1 对孤对电子，位于三角形平面上。由于孤电子对有较大的排斥作用，挤压三角平面的键角使之小于 120 度，同时挤压轴线方向的键角内弯，使之小于 180 度，故 SF_4 分子的空间构型为变形四面体。

(7) 在 SF_6 分子中，S 原子的价层电子对数为 6，价层电子对构型为正八面体，因价层电子对中无孤对电子，故 SF_6 分子的空间构型为正八面体。

(8) 在 BrF_5 分子中，Br 原子的价层电子对数为 6，价层电子对构型为正八面体，因价层电子对中有 1 对孤对电子，故 BrF_5 分子的空间构型为四方锥形。

7. 解 (1) P 原子的外层电子组态为 $3s^23p^3$，有 1 对孤对电子和 3 个单电子。当 P 原子与 H 原子化合时，P 原子采用 sp^3 不等性杂化，其中 P 原子的一对孤对电子占有一个 sp^3 杂化轨道，另 3 个 sp^3 杂化轨道分别与 3 个 H 原子的 s 轨道成键，故 PH_3 分子的空间构型为三角锥形。

(2) Hg 原子的外层电子组态为 $6s^2$，当 Hg 原子与 Cl 原子化合时，Hg 原子的 1 个 6s 电子激发到 6p 轨道，进行 sp 杂化，2 个 sp 杂化轨道分别与 2 个 Cl 原子的 3p 轨道成键，故 $HgCl_2$ 分子的空间构型为直线形。

(3) Sn 原子的外层电子组态为 $5s^25p^2$，当 Sn 原子与 Cl 原子化合时，Sn 原子的 1 个 5s 电子被激发到 5p 轨道，进行 sp^3 等性杂化，4 个 sp^3 杂化轨道分别与 4 个 Cl 原子的 3p 轨道成键，故 $SnCl_4$ 分子的空间构型为正四面体。

(4) Se 原子的外层电子组态为 $4s^24p^4$，Se 有 2 对孤对电子和 2 个单电子。当 Se 原子与 Br 原子化合时，Se 原子采取 sp^3 不等性杂化，其中 Se 原子的 2 对孤对电子占有 2 个 sp^3 杂化轨道，另 2 个 sp^3 杂化轨道分别与 2 个 Br 的 4p 轨道成键，故 $SeBr_2$ 分子的空间构型为 V 形。

8．解　乙烷 C_2H_6 分子中每个 C 原子以 4 个 sp^3 杂化轨道分别与 3 个 H 原子结合成 3 个 $\sigma_{sp^3\text{-}s}$ 键，第四个 sp^3 杂化轨道则与另一个 C 原子结合成 $\sigma_{sp^3\text{-}sp^3}$ 键。

乙烯 C_2H_4 分子中，C 原子含有 3 个 sp^2 杂化轨道，每个 C 原子的 2 个 sp^2 杂化轨道分别与 2 个 H 原子结合成 2 个 $\sigma_{sp^2\text{-}s}$ 键，第三个 sp^2 杂化轨道与另一个 C 原子结合成 $\sigma_{sp^2\text{-}sp^2}$ 键；2 个 C 原子各有一个未杂化的 2p 轨道（与 sp^2 杂化轨道平面垂直）相互“肩并肩”重叠而形成 1 个 π 键。所以 C_2H_4 分子中的 C═C 为双键。

乙炔 C_2H_2 分子中每个 C 原子各有 2 个 sp 杂化轨道，其中一个与 H 原子结合形成 $\sigma_{sp\text{-}s}$，第二个 sp 杂化轨道则与另一个 C 原子结合形成 $\sigma_{sp\text{-}sp}$；每个 C 原子中未杂化的 2 个 2p 轨道对应重叠形成 2 个 π 键。所以 C_2H_2 分子中的 C≡C 为三键。

9．解　(1) 在 BF_3 分子中，B 原子采取 sp^2 等性杂化，分子的空间构型为平面三角形；在 BF_4^- 离子中，B 原子采取 sp^3 等性杂化，其中 1 个 sp^3 杂化轨道与 F^- 离子的一对孤对电子形成 1 个 σ 配键，离子的空间构型为正四面体。故 B 原子的杂化类型由 sp^2 等性杂化转变为 sp^3 等性杂化，空间构型由平面三角形转变为正四面体。

(2) 在 H_2O 分子中，O 原子采取 sp^3 不等性杂化，分子的空间构型为 V 形；在 H_3O^+ 离子中，O 原子采取 sp^3 不等性杂化，O 原子用其中的一对孤对电子与 H^+ 形成 1 个 σ 配键，离子的空间构型为三角锥形。故 O 原子的杂化类型不变，空间构型由 V 形转变为三角锥形。

(3) 在 NH_3 分子中，N 原子采取 sp^3 不等性杂化，分子的空间构型为三角锥形；在 NH_4^+ 离子中，N 原子采取 sp^3 等性杂化，N 原子用其中的一对孤对电子与 H^+ 形成 1 个 σ 配键，4 个 N—H 键的能量完全相同。故 N 原子的杂化类型由 sp^3 不等性杂化转变为 sp^3 等性杂化，空间构型由三角锥形转变为正四面体。

10．解　(1) 设该分子中 H、N、O 原子的个数分别为 x、y、z，因其相对原子质量分别为 1.00794、14.0067、15.9994，所以，据题意有

$$\frac{1.00794 \cdot x}{50} = 0.021, \quad x \approx 1$$

$$\frac{14.0067 \cdot y}{50} = 0.298, \quad y \approx 1$$

$$\frac{15.9994 \cdot z}{50} = 0.681, \quad z \approx 2$$

即一个该化合物分子中有 1 个 H 原子，一个 N 原子，2 个 O 原子，所以其化学式为：HNO_2（亚硝酸）。

(2) 如 H 与 O 键合，其结构式为

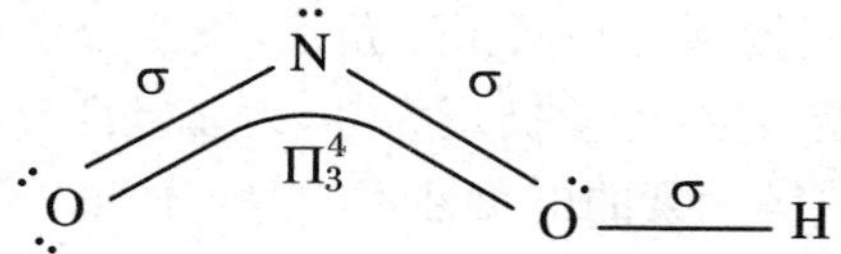

(3) N 原子的杂化类型为不等性 sp^2；2 个 N—O 键为 $\sigma_{sp^2\text{-}p}$ 键，O—H 键为 $\sigma_{p\text{-}s}$ 键；O、N、O 原子间有一大 π 键 Π_3^4。

11. 解　(1) SiF_4 分子中，Si 原子的价层电子对（VP）数为 4，价层电子对构型为正四面体，因价层电子对中无孤对电子，故分子的空间构型为正四面体，结构对称，其电偶极矩（μ）为零，为非极性分子。

(2) NF_3 分子中，N 原子的 VP 数为 4，VP 的构型为正四面体，其中有 1 对孤对电子，故分子的空间构型为三角锥形，结构不对称，其 $\mu \neq 0$，为极性分子。

(3) BCl_3 分子中，B 原子的 VP 数为 3，VP 的构型为平面正三角形，其中无孤对电子，故分子的空间构型为平面正三角形，结构对称，其 $\mu = 0$，为非极性分子。

(4) H_2S 分子中，S 原子的 VP 数为 4，VP 的空间构型为正四面体，其中有 2 对孤对电子，故分子的空间构型为 V 形，结构不对称，其 $\mu \neq 0$，为极性分子。

(5) $CHCl_3$ 分子中，C 原子的 VP 数为 4，VP 的空间构型为正四面体。其中无孤对电子，但 Cl 元素的电极负性大于 H 元素，故分子的空间构型为变形四面体，结构不对称，其 $\mu \neq 0$，为极性分子。

12. 解　键的极性大小通常用元素的电负性差值来估量，电负性（X）差值愈大，键的极性也愈强。分子的极性通常用电偶极矩来度量，电偶极矩（μ）愈大，分子的极性就愈强；电偶极矩为零，则是非极性分子。

(1) HCl 和 HI 为双原子直线分子，分子中元素的电负性不相等，形成的是极性共价键，故都是极性分子。由于 Cl 元素的电负性大于 I 元素的电负性，因此 HCl 分子的电偶极矩大于 HI 分子的电偶极矩，故 HCl 分子的极性较强。

(2) H_2O 和 H_2S 分子的空间构型为 V 形，分子中成键元素的电负性均不相等，分子空间构型又不对称，故都是极性分子。由于 O 的电负性大于 S 的电负性，因此 H_2O 分子的偶极距大于 H_2S 分子的偶极距，故 H_2O 分子的极性较强。

(3) NH_3 和 PH_3 分子的空间构型均为三角锥形，分子中成键元素的电负性不相等，分子的空间构型又不对称，故都是极性分子。由于 N 的电负性大于 P 的电负性，因此 NH_3 分子的偶极距大于 PH_3 分子的偶极距，故 NH_3 分子的极性较强。

(4) CH_4 和 SiH_4 分子的空间构型均为正四面体，分子中成键元素的电负性不相等，但分子的空间构型对称，分子的电偶极矩均为零，故 CH_4 和 SiH_4 分子均为非极性分子。

(5) CH_4 分子的空间构型为正四面体，虽然分子中成键元素的电负性不相等，

但分子的空间构型对称，电偶极矩为零，是非极性分子。$CHCl_3$ 分子的空间构型为变形四面体，分子中成键元素的电负性不相等，分子的空间构型不完全对称，电偶极矩不为零，为极性分子，故 $CHCl_3$ 分子的极性较强。

(6) BF_3 分子的空间构型为平面正三角形，虽然分子中成键元素的电负性不相等，但分子的空间构型对称，电偶极矩为零，为非极性分子。NF_3 分子的空间构型为三角锥形，分子中成键元素的电负性不相等，分子的空间构型又不对称，电偶极矩不为零，为极性分子，故 NF_3 分子的极性较强。

13. 解　稀有气体的分子为单原子分子，均是非极性分子，分子间只存在色散力。从 He 元素到 Xe 元素，随着原子序数增大，电子层数增多，分子半径增大，分子的变形性增大，色散力也就依次增强，其沸点也就依次升高。

14. 解　(1) H_2、Ne、HF、CO 的相对分子质量依次增大，色散力也依次增强。CO、HF 分子中还存在取向力和诱导力，因此 HF、CO 的沸点相对较高。由于 HF 分子中还存在最强的氢键，故沸点由低到高的顺序为：H_2、Ne、CO、HF。

(2) 四种四卤化碳均为非极性分子，分子间只存在色散力。色散力随相对分子质量增加而增强，其沸点也依次升高，故沸点由低到高的顺序为：CF_4、CCl_4、CBr_4、CI_4。

15. 解　四种卤素单质分子，均为非极性分子，分子间只存在色散力。色散力随相对分子质量增加而增大，分子间的凝聚力依次增强，故室温下 F_2、Cl_2 为气体，Br_2 为液体，I_2 为固体。

16. 解　乙醇和二甲醚分子都是极性分子，分子间都存在取向力、诱导力和色散力，但乙醇分子能形成分子间氢键；而二甲醚分子中虽然也有氧原子和氢原子，但氢原子没有与氧原子直接结合，不能形成氢键，故乙醇的沸点比二甲醚的沸点高。

17. 解　(1) C_6H_6 和 CCl_4 分子均为非极性分子，故 C_6H_6 分子与 CCl_4 分子之间只存在着色散力。

(2) CH_3CH_2OH 和 H_2O 分子均为极性分子，CH_3CH_2OH 分子与 H_2O 分子之间存在色散力、诱导力和取向力。此外，CH_3CH_2OH 分子与 H_2O 分子之间还存在分子间氢键。

(3) C_6H_6 是非极性分子，CH_3CH_2OH 是极性分子，在 C_6H_6 分子和 CH_3CH_2OH 分子之间存在着色散力和诱导力。

(4) NH_3 是极性分子，NH_3 分子之间存在着色散力、诱导力和取向力。此外，NH_3 分子之间还存在分子间氢键。

(5) HBr 是极性分子，分子之间存在着色散力、诱导力和取向力。

(6) He 是非极性分子，水是极性分子，He 和水分子之间存在着色散力和诱导力。

18. 解　氢键 X—H…Y 的强弱与 X、Y 的电负性及原子半径有关。X、Y 的电负性愈大、原子半径愈小，形成的氢键就愈强。故氢键由强到弱的顺序为：(1)、(2)、(3)。

19．解　(1) A为ⅣA族元素，AB_4 分子的空间构型为正四面体，可知A与B成键时采用 sp^3 等性杂化。

(2) A、B的电负性不同，故A—B键为极性键；AB_4 分子的空间构型为正四面体，结构对称，故 AB_4 为非极性分子。

(3) AB_4 分子为非极性分子，分子间只存在色散力。

(4) 根据A、B的电负性查表，可知A为C元素，B为Cl元素，故 AB_4 的分子式为 CCl_4。CCl_4 分子与 $SiCl_4$ 分子的结构相似，但 $SiCl_4$ 的相对分子质量较大，$SiCl_4$ 分子间的色散力较大，故 $SiCl_4$ 的熔点、沸点比 CCl_4 的高。

20．解　(1) $AlBr_3$ 为共价型化合物，熔融时以分子形式存在，因此导电性能差。$AlBr_3$ 溶于水后，在极性水分子的作用下发生电离，生成 Al^{3+} 和 Br^- 离子，因此其水溶液能够导电。

(2) 在邻羟基苯甲酸分子中，羟基与羧基相邻，羟基上的H和羧基上的O之间形成分子内氢键，不再形成分子间氢键。而在对羟基苯甲酸分子中，羟基与羧基相距较远，不能形成分子内氢键，但可以形成分子间氢键。分子间氢键的形成，使分子间作用力增大，因此对羧基苯甲酸的熔点高于邻羟基苯甲酸。

(3) 根据价层电子对互斥模型，在 BeF_2 分子中，中心原子Be的价层电子对数等于2，其空间排布为直线形，而且都是成键电子对，因此 BeF_2 分子为直线形。SF_2 分子中，中心原子S的价层电子对数等于4，其空间排布为四面体，但是其中成键电子对数等于2，分子的几何构型与孤对电子无关，因此 SF_2 分子的几何形状为V形。

(4) P元素为第三周期元素，价层有3s、3p和3d轨道，P原子的价层电子排布为 $3s^2 3p^3$。在与Cl原子化合时，P可以采用 sp^3 不等性杂化的方式，然后结合3个Cl原子，生成 PCl_3 分子；也可以把1个3s电子激发到3d轨道，进行 sp^3d 等性杂化，然后结合5个Cl原子，生成 PCl_5 分子。

N原子第二周期元素，价层有2s和2p轨道，N原子的价层电子排布为 $2s^2 2p^3$。在与Cl原子化合时，N只能采用 sp^3 不等性杂化的方式，然后结合3个Cl原子，生成 NCl_3 分子。

21*．解　(1) B_2 分子的分子轨道式为

$$(\sigma_{1s})^2 (\sigma_{1s}^*)^2 (\sigma_{2s})^2 (\sigma_{2s}^*)^2 (\pi_{2p_y})^1 (\pi_{2p_z})^1$$

B_2 分子中有2个单电子π键；键级为 $\frac{4-2}{2}=1$；有2个单电子，具有顺磁性。

(2) F_2 分子的分子轨道式为

$$(\sigma_{1s})^2 (\sigma_{1s}^*)^2 (\sigma_{2s})^2 (\sigma_{2s}^*)^2 (\sigma_{2p_x})^2 (\pi_{2p_y})^2 (\pi_{2p_z})^2 (\pi_{2p_y}^*)^2 (\pi_{2p_z}^*)^2$$

F_2 分子中有1个σ键；键级为 $\frac{8-6}{2}=1$；没有单电子，具有反磁性。

(3) F_2^+ 离子的分子轨道式为

$$(\sigma_{1s})^2(\sigma_{1s}^*)^2(\sigma_{2s})^2(\sigma_{2s}^*)^2(\sigma_{2p_x})^2(\pi_{2p_y})^2(\pi_{2p_z})^2(\pi_{2p_y}^*)^2(\pi_{2p_z}^*)^1$$

F_2^+ 离子中有 1 个 σ 键和 1 个 3 电子 π 键;键级为$\frac{8-5}{2}=1.5$;有 1 个单电子,具有顺磁性。

(4) He_2^+ 离子的分子轨道式为$(\sigma_{1s})^2(\sigma_{1s}^*)^1$;$He_2^+$ 离子中有 1 个 3 电子 σ 键;键级为$\frac{2-1}{2}=0.5$;有 1 个单电子,具有顺磁性。

在双原子分子或离子中,键级愈大,键愈稳定,故最稳定的是 F_2^+,最不稳定的是 He_2^+。

22. 解 O_2 分子的分子轨道式为

$$(\sigma_{1s})^2(\sigma_{1s}^*)^2(\sigma_{2s})^2(\sigma_{2s}^*)^2(\sigma_{2p_x})^2(\pi_{2p_y})^2(\pi_{2p_z})^2(\pi_{2p_y}^*)^1(\pi_{2p_z}^*)^1$$

其键级为$\frac{8-4}{2}=2$;分子中有 2 个单电子,具有顺磁性。

O_2^- 离子的分子轨道式为

$$(\sigma_{1s})^2(\sigma_{1s}^*)^2(\sigma_{2s})^2(\sigma_{2s}^*)^2(\sigma_{2p_x})^2(\pi_{2p_y})^2(\pi_{2p_z})^2(\pi_{2p_y}^*)^2(\pi_{2p_z}^*)^1$$

其键级为$\frac{8-5}{2}=1.5$,从键级角度考虑,O_2^- 可以存在,但稳定性比 O_2 小。O_2^- 离子中有 1 个单电子,因此具有顺磁性,磁性较 O_2 弱。

23. 解 O_2 分子的分子轨道式为

$$(\sigma_{1s})^2(\sigma_{1s}^*)^2(\sigma_{2s})^2(\sigma_{2s}^*)^2(\sigma_{2p_x})^2(\pi_{2p_y})^2(\pi_{2p_z})^2(\pi_{2p_y}^*)^1(\pi_{2p_z}^*)^1$$

其键级为$\frac{8-4}{2}=2$;分子中有 2 个单电子,具有顺磁性。

O_2^{2-} 离子的分子轨道式为

$$(\sigma_{1s})^2(\sigma_{1s}^*)^2(\sigma_{2s})^2(\sigma_{2s}^*)^2(\sigma_{2p_x})^2(\pi_{2p_y})^2(\pi_{2p_z})^2(\pi_{2p_y}^*)^2(\pi_{2p_z}^*)^2$$

其键级为$\frac{8-6}{2}=1$,从键级角度考虑,O_2^{2-} 可以存在,但稳定性比 O_2 小。O_2^{2-} 离子中没有单电子,具有反磁性。

24. 解 (1) Π_3^3;(2) 2 个 Π_3^4;(3) Π_4^6;(4) Π_4^4;(5) Π_4^6。

25. 解 H 原子的电子组态为 $1s^1$,He 原子的电子组态为 $1s^2$。按价键理论:H 原子有 1 个单电子,两个 H 原子的自旋方向相反的单电子可以配对形成共价键,He 原子没有单电子,不能形成共价键,所以 He_2 分子不存在。

按分子轨道理论:H_2 分子的分子轨道式为$(\sigma_{1s})^2$,键级为 1,可以稳定存在。He_2 分子的分子轨道式为$(\sigma_{1s})^2(\sigma_{1s}^*)^2$,键级为 0,所以 He_2 不能稳定存在。

26. 解 (1) NO 的分子轨道式为

$$(\sigma_{1s})^2(\sigma_{1s}^*)^2(\sigma_{2s})^2(\sigma_{2s}^*)^2(\pi_{2p_y})^2(\pi_{2p_z})^2(\sigma_{2p_x})^2(\pi_{2p_y}^*)^1$$

键级为$\frac{10-5}{2}=2.5$。

（2）NO^- 比 NO 多 1 个电子，该电子进入 $\pi_{2p_z}^*$ 轨道，因此 NO^- 键级为 2。由于键级越大，键长越短，NO 的键长比 NO^- 短。

（3）NO 有 1 个单电子。

（4）NO^+ 比 NO 少 1 个电子，即 $\pi_{2p_y}^*$ 轨道上没有电子，其键级为 3。键级越大意味着有更多的电子位于能量低的成键轨道上，所以 NO^+ 可以稳定存在。

（5）存在单电子的物质为顺磁性，反之为抗磁性。NO 分子有 1 个单电子，所以表现出顺磁性；NO^- 有 2 个单电子，具有顺磁性；NO^+ 没有单电子，为抗磁性。

第十一章　配位化合物

内 容 提 要

一、配位化合物的基本概念

1. 定义

配位化合物的定义。

2. 配合物的组成

(1) 内层(中心原子和配体)和外层(与配离子带相反电荷的离子)。

(2) 配位原子:配体中直接向中心原子提供孤对电子形成配位键的原子。

(3) 单齿配体和多齿配体。

(4) 配位数:直接与中心原子以配位键结合的配位原子的数目。

(5) 配离子的电荷:中心原子和配体总电荷的代数和。

3. 配合物的命名

(1) 阴离子在前、阳离子在后,“某化某”“氢氧化某”“某酸某”“某酸”。

(2) 配体数-配体名称-“合”-中心原子名称(氧化值)。

(3) 配体命名顺序:① 先无机配体,后有机配体;② 先离子,后分子;③ 同类配体,按配位原子元素符号字母顺序。

二、配合物的化学键理论

1. 配合物价键理论

(1) 理论要点:① 配位原子提供孤对电子,填入中心原子的价电子层空轨道形成配位键;② 中心原子所提供的空轨道首先进行杂化,形成数目相等、能量相同、具有一定空间伸展方向的杂化轨道,中心原子的杂化轨道与配位原子的孤对电子轨道在键轴方向重叠成键;③ 配合物的空间构型,取决于中心原子所提供杂化轨道的数目和类型。

(2) 外轨配合物和内轨配合物。

(3) 配合物的磁矩和经验判断。

2*. 晶体场理论

(1) 理论要点:① 中心原子和配体之间靠静电作用力相结合。中心原子是带正电的点电荷,配体是带负电荷的点电荷。它们之间的作用是纯粹的静电吸引和排斥,不形成共价键;② 中心原子在周围配体所形成的负电场的作用下,原来能量相同的5个简并d轨道能级发生了分裂。有些d轨道能量升高,有些则降低;③ 由于d轨道能级发生了分裂,中心原子d轨道上的电子重新排列,使系统的总能量降低,配合物更稳定。

(2) 分裂能及其影响因素:① 配体的场强;② 中心原子氧化值;③ 中心原子的半径。

(3) 分裂能和电子成对能,低自旋配合物和高自旋配合物。

(4) 晶体场稳定化能。

(5) d-d跃迁和配合物的颜色。

三、配位平衡

1. 配位平衡常数

衡量配合物在水中稳定程度。

2. 配位平衡的移动

(1) 溶液酸度的影响。

(2) 沉淀平衡的影响。

(3) 与氧化还原平衡的关系。

(4) 不同配位平衡间的转移。

四、螯合物

1. 螯合物的定义

中心原子与多齿配体形成的环状配合物。

2. 影响螯合物的稳定性因素

(1) 螯合环的大小。

(2) 螯合环的数目。

练　习　题

一、选择题

1. 在$[Co(en)(C_2O_4)_2]^-$中,Co^{3+}的配位数是　(　　)

A. 3　B. 4　C. 5　D. 6　E. 8

2. 下列配离子中属于高自旋的是　(　　)

A. $[_{24}Cr(NH_3)_6]^{3+}$　B. $[_{26}FeF_6]^{3-}$

C. $[_{26}Fe(CN)_6]^{3-}$　D. $[_{30}Zn(NH_3)_4]^{2+}$

E. $[{}_{47}Ag(NH_3)_2]^+$

3. 已知$[Ni(CO)I_4]$中 Ni 以 sp^3 杂化轨道与 C 成键，$[Ni(CO)I_4]$的空间构型为 （ ）

A. 正四面体 B. 直线形

C. 八面体 D. 平行四边形

4. 利用生成配合物而使难溶电解质溶解时，下列哪一种情况最有利于沉淀的溶解？ （ ）

A. K_s越大，K_{sp}越小 B. K_s越小，K_{sp}越大

C. K_s越大，K_{sp}也越大 D. $K_s \gg K_{sp}$

E. $K_s \approx K_{sp}$

5. 下列哪一个不属于单齿配体？ （ ）

A. NH_3 B. H_2O C. CN^- D. en

6*. 下列说法中错误的是 （ ）

A. 强场配体造成的分裂能较大

B. 中心原子的 d 轨道在配体作用下才能发生能级分裂

C. 无机化合物中配合物占的比例很大

D. 配离子在溶液中的行为像弱电解质

E. 配位键的强度和范德华力接近

7. $[Fe(en)_2(NH_3)_2]Cl_3$，中心原子所带电荷数为 （ ）

A. 0 B. +2 C. +3 D. +8

8. $[Ag(S_2O_3)_2]^{3-}$ 的 $K_s = a$，$[AgCl_2]^-$ 的 $K_s = b$，则下列反应的平衡常数 K 为

$$[Ag(S_2O_3)_2]^{3-} + 2Cl^- \rightleftharpoons [AgCl_2]^- + 2S_2O_3^{2-}$$ （ ）

A. ab B. $a+b$ C. b/a D. a/b E. $b-a$

9. 已知 H_2O 和 Cl^- 作配体时，Ni^{2+} 的八面体配合物水溶液难导电，则该配合物的化学式为 （ ）

A. $[NiCl_2(H_2O)_4]$ B. $[Ni(H_2O)_6]Cl_2$

C. $[NiCl(H_2O)_5]Cl$ D. $K[NiCl_3(H_2O)_3]$

E. $H_4[NiCl_6]$

10. 下列说法中正确的是 （ ）

A. 对于单齿配体，配合物中配体数定等于配位数

B. 两种配体数不同的配离子，配离子稳定常数愈大，配离子愈稳定

C. 配合物的空间构型不可由杂化轨道类型确定

D. 同一种中心原子只能采取同一种杂化类型

11. 下列试剂中能与中心原子形成五元环结构螯合物的是 （ ）

A. $C_2O_4^{2-}$ B. CH_3NH_2

C. $H_2NCH_2CH_2CH_2NH_2$ D. $H_2NCH_2CH_2COO^-$

E. $^{-}OOCCH_2COO^{-}$

12*. 对相同的中心原子来说，下列配体造成分裂能最大，且易形成低自旋配合物的是　（　）

A. en　　B. $C_2O_4^{2-}$

C. CN^-　　D. NO_2^-

E. F^-

13. 下列配离子都具有相同的配体，其中属于外轨型的是　（　）

A. $[_{30}Zn(CN)_4]^{2-}$　　B. $[_{26}Fe(CN)_6]^{4-}$

C. $[_{28}Ni(CN)_4]^{2-}$　　D. $[_{27}Co(CN)_6]^{3-}$

E. $[_{26}Fe(CN)_6]^{3-}$

14. 实验证明$[_{27}Co(NH_3)_6]^{3+}$中没有单电子，可以推测中心原子$_{27}Co$成键的杂化类型　（　）

A. sp^3d^2　　B. sp^3　　C. d^2sp^3　　D. dsp^2　　E. d^2sp^2

15. 已知$[_{26}Fe(H_2O)_6]^{2-}$含有 4 个单电子，那么可以判断　（　）

A. sp^3d^2 杂化，外轨型配合物　　B. d^2sp^3 杂化，外轨型配合物

C. sp^3d^2 杂化，内轨型配合物　　D. d^2sp^3 杂化，内轨型配合物

16. $[Co(NH_3)_6]^{3+}$是内轨配离子，则 Co^{3+} 未成对电子数和杂化轨道类型是　（　）

A. 4，sp^3d^2　　B. 0，sp^3d^2

C. 4，d^2sp^3　　D. 0，d^2sp^3

E. 6，d^2sp^3

17*. 下列说法中错误的是　（　）

A. 中心原子 d 轨道在配体作用下发生分裂

B. 强场配体造成的分裂能较大

C. 配离子的颜色与 d 电子跃迁吸收一定波长的可见光有关

D. 在强场配体的作用下，则一定产生高自旋配合物

E. 配合物中内界与外界之间以离子键结合

18. 某一八面体配合物的组成为 $CrCl_3 \cdot 6H_2O$，向其水溶液中加入 $AgNO_3$ 以后，有 1/3 的氯沉淀出来，此配合物是　（　）

A. $[Cr(H_2O)_6Cl_2]Cl$　　B. $[Cr(H_2O)_4Cl_2]Cl \cdot 2H_2O$

C. $[Cr(H_2O)_5Cl]Cl_2 \cdot H_2O$　　D. $[Cr(H_2O)_3Cl_3] \cdot 3H_2O$

E. $[Cr(H_2O)_4Cl_2]Cl$

19. 下列各配合物具有平面正方形或八面体的几何构型，其中 CO_3^{2-} 作为螯合剂的是　（　）

A. $[Co(NH_3)_3CO_3]^+$　　B. $[Co(NH_3)_4CO_3]^+$

C. $[Pt(en)(NH_3)_3CO_3]$　　D. $[Co(NH_3)_6]_2(CO_3)_3$

E. $[Pt(en)_2(NH_3)_2]CO_3$　　　　F. $[Pt(CN)_3CO_3]^{3-}$

20. 下列说法中错误的是 (　　)

A. 对 Ni^{2+} 来说，当配位数为 4 时，随配体的不同可采取 dsp^2 或 sp^3

B. 配合物中，由于存在配位键，所以配合物都是弱电解质

C. 对一配位平衡来说，$K_s \cdot K_{IS} = 1$

D. 无论中心原子杂化轨道是 sp^3d^2 还是 d^2sp^3，其构型均为八面体

21*. 属于高自旋配合物是因为 (　　)

A. $P < \Delta_o$　　　　B. $P = \Delta_o$

C. $P \leqslant \Delta_o$　　　　D. $P > _0$

E. $P \neq \Delta_o$

二、判断题

1*. 在八面体场中，中心原子 d 轨道能级分裂成 d_ε 和 d_γ 两组，$E(d_\varepsilon) = 0.4\Delta_o$，$E(d_\gamma) = 0.6\Delta_o$。 (　　)

2. 因$[Ni(NH_3)_6]^{2+}$的 $K_s = 5.5 \times 10^8$，$[Ag(NH_3)_2]^+$ 的 $K_s = 1.1 \times 10^7$，前者大于后者，故溶液中$[Ni(NH_3)_6]^{2+}$比$[Ag(NH_3)_2]^+$稳定。 (　　)

3*. 中心原子 d 电子的排列 $d_\varepsilon^3 d_\gamma^0$ 和 $d_\varepsilon^6 d_\gamma^0$ 的正八面体配合物都是低自旋配合物。 (　　)

4*. 有甲、乙两种不同的八面体配合物，它们的 CFSE 都是 $0.8\Delta_o$，这表明两配合物稳定性相等。 (　　)

5. 影响螯合物稳定性的因素有：环的大小和环的数目，环越大、越多，螯合物越稳定。 (　　)

6. 配体 CN^- 离子有两个配位原子：C 和 N，所以是多齿配体。 (　　)

7. $H[Ag(CN)_2]$为酸，它的酸性比 HCN 的酸性强。 (　　)

8. 当中心原子$(n-1)$d 轨道全充满(d^{10})，只能形成外轨型的配合物。(　　)

9. Fe^{3+} 与 EDTA 形成的配离子$[FeY]^-$ 中 Fe^{3+} 的配位数为 1。 (　　)

10*. 已知$_{27}Co$，它形成$[CoF_6]^{3-}$时，应属于八面体、外轨型、高自旋配离子。 (　　)

11. 含有配位键的化合物均为配合物。 (　　)

12. 配合物外界与内界之间主要以配位键结合。 (　　)

三、填空题

1*. 价键理论认为，中心原子与配体之间的结合力是________，晶体场理论认为，中心原子与配体之间的结合力是________。

2*. 配离子的颜色是由于________________________引起的。

3. 若 1 mol $CoCl_3 \cdot nNH_3$ 与 Ag^+ 的作用能生成 1 mol AgCl，则该配合物的

化学式为________。

4. 四异硫氰酸根·二水合铬(Ⅲ)酸铵的化学式为________。

5*. 配体的场强越强，则分裂能________，d-d 跃迁时吸收的光子能量越________，配合物的吸收光谱向________方向移动。

6. 中心原子采用 dsp^2 杂化轨道与配位体形成配合物是________轨型配合物；中心原子采用 sp^3 杂化轨道形成的配合物是________轨型配合物。

7*. 处于八面体场中的过渡元素离子，当其最外层的 d 电子数为________时，有高低自旋之分。

8. 配合物$[Cu(NH_3)_4]Cl_2$ 的名称是________________，中心原子是________，配位体是________，配位数是________，配位原子是________。

9*. 在八面体场中，CN^- 与 H_2O 相比，前者是________场配体，有较________的分离能。$[Co(CN)_6]^{3-}$ 将吸收可见光中波长较________的光，而$[Co(H_2O)_6]^{3+}$ 将吸收波长较________的光。

10. 已知$[Cu(NH_3)_4]^{2+}$和$[Zn(NH_3)_4]^{2+}$的 K_s依此为 2.1×10^{13} 和 2.9×10^9，由此可知反应$[Cu(NH_3)_4]^{2+}+Zn^{2+}\rightleftharpoons[Zn(NH_3)_4]^{2+}+Cu^{2+}$在标准态时进行的方向________，反应的平衡常数 K 为________。

11. $[Co(NO_2)_2(en)_2]Cl$ 的名称为________________，配位原子是________，________，配位数是________。

四、简答题

1. 命名下列配离子和配合物，指出中心原子、配体、配位原子和配位数，写出 K_s的表达式：

(1) $Na_3[Ag(S_2O_3)_2]$；

(2) $[Co(en)_3]_2(SO_4)_3$；

(3) $H[Al(OH)_4]$；

(4) $Na_2[SiF_6]$；

(5) $[PtCl_5(NH_3)]^-$；

(6) $[Pt(NH_3)_4(NO_2)Cl]$；

(7) $[CoCl_2(NH_3)_3H_2O]Cl$；

(8) $NH_4[Cr(NCS)_4(NH_3)_2]$。

2. 指出下列说法的对错。

(1) 配合物都是由配离子和外层离子组成的。

(2) 配合物的中心原子都是金属元素。

(3) 配体的数目就是中心原子的配位数。

(4) 配离子的电荷数等于中心原子的电荷数。

(5)* 配体的场强愈强，中心原子在该配体的八面体场作用下，分裂能愈大。

(6) 外轨配合物的磁矩一定比内轨配合物的磁矩大。

(7) 同一中心原子的低自旋配合物比高自旋配合物稳定。

3. 已知$[PdCl_4]^{2-}$为平面四方形结构,$[Cd(CN)_4]^{2-}$为四面体结构,根据价键理论分析它们的成键杂化轨道,并指出配离子是顺磁性($\mu \neq 0$)还是抗磁性($\mu = 0$)。

4. 根据实测磁矩,推断下列螯合物的空间构型,并指出是内轨还是外轨配合物。

(1) $[Co(en)_3]^{2+}$ 3.82μ_B (35.4×10^{-24} A·m^2)

(2) $[Fe(C_2O_4)_3]^{3-}$ 5.75μ_B (53.3×10^{-24} A·m^2)

(3) $[Co(en)_2Cl_2]Cl$ 0 (0 A·m^2)

5*. 实验室制备出一种铁的八面体配合物,但不知铁的氧化值,借助磁天平测定出该配合物的磁矩为5.10μ_B,则可估计出铁的氧化值。请用此方法估计铁的氧化值,并说明该配合物是高自旋型还是低自旋型。

6*. 试用配合物的价键理论和晶体场理论分别解释为什么在空气中低自旋的$[Co(CN)_6]^{4-}$易氧化成低自旋的$[Co(CN)_6]^{3-}$。

7*. 已知下列配合物的分裂能Δ_o和中心离子的电子成对能P,表示出各中心离子的d电子在d_ε能级和d_γ能级上的分布并估计它们的磁矩。指出这些配合物中何者为高自旋型,何者为低自旋型。

	$[Co(NH_3)_6]^{2+}$	$[Fe(H_2O)_6]^{2+}$	$[Co(NH_3)_6]^{3+}$
P(cm^{-1})	22500	17600	21000
Δ_o(cm^{-1})	11000	10400	22900

8*. 已知$[Mn(H_2O)_6]^{2+}$比$[Cr(H_2O)_6]^{2+}$吸收可见光的波长要短些,指出哪一个的分裂能大些,并写出中心原子d电子在d_ε和d_γ能级的轨道上的排布情况。

9*. 对于Co^{3+}的两种配合物$[CoCl_6]^{3-}$和$[CoF_6]^{3-}$,都有CFSE = $-0.4\Delta_o$,能否说两者稳定性相同,为什么?

10*. 已知$[Fe(H_2O)_6]^{3+}$的磁矩测定值为5.4μ_B,分裂能Δ_o = 14000 cm^{-1};$[Fe(CN)_6]^{3-}$的磁矩测定值为2.3μ_B,分裂能Δ_o = 35000 cm^{-1}。请分别计算这两种配离子的晶体场稳定化能。

五、计算题

1*. 已知高自旋配离子$[Fe(H_2O)_6]^{2+}$的Δ_o = 124.38 kJ·mol^{-1},低自旋配离子$[Fe(CN)_6]^{4-}$的Δ_o = 394.68 kJ·mol^{-1},两者的电子成对能P均为179.40 kJ·mol^{-1},分别计算它们的晶体场稳定化能。

2. 判断下列反应进行的方向,并指出哪个反应正向进行得最完全:

(1) $[Hg(NH_3)_4]^{2+} + Y^{4-} \rightleftharpoons HgY^{2-} + 4NH_3$;

(2) $[Cu(NH_3)_4]^{2+} + Zn^{2+} \rightleftharpoons [Zn(NH_3)_4]^{2+} + Cu^{2+}$;

(3) $[Fe(C_2O_4)_3]^{3-} + 6CN^- \rightleftharpoons [Fe(CN)_6]^{3-} + 3C_2O_4^{2-}$。

3. 解答下述问题：

(1) 0.10 mol·L^{-1} $CuSO_4$ 与 0.10 mol·L^{-1} NaOH 等体积混合，有无 $Cu(OH)_2$ 沉淀生成？

(2) 0.10 mol·L^{-1} $[Cu(NH_3)_4]SO_4$ 与 0.10 mol·L^{-1} NaOH 等体积混合，有无 $Cu(OH)_2$ 沉淀生成？

(3) 100 mL 0.10 mol·L^{-1} $CuSO_4$ 与 50 mL 1.0 mol·L^{-1} NaOH 和 50 mL 1.0 mol·L^{-1} NH_3 混合，有无 $Cu(OH)_2$ 沉淀生成？

4. 在 298.15 K 时，$[Ni(NH_3)_6]^{2+}$ 溶液中，$c([Ni(NH_3)_6]^{2+})$ 为 0.10 mol·L^{-1}，$c(NH_3)$ 为 1.0 mol·L^{-1}，加入乙二胺(en)后，使开始时 c(en) 为 2.30 mol·L^{-1}，计算平衡时，溶液中 $[Ni(NH_3)_6]^{2+}$、NH_3、$[Ni(en)_3]^{2+}$ 和 en 的浓度。

5. 向 0.10 mol·L^{-1} $AgNO_3$ 溶液 50 mL 中加入质量分数为 18.3%（ρ = 0.929 kg·L^{-1}）的氨水 30.0 mL，然后用水稀释至 100 mL。

(1) 求溶液中 Ag^+、$[Ag(NH_3)_2]^+$、NH_3 的浓度；

(2) 加 0.100 mol·L^{-1} KCl 溶液 10.0 mL 时，是否有 AgCl 沉淀生成？通过计算指出，溶液中无 AgCl 沉淀生成时，NH_3 的最低平衡浓度应为多少？

6. 在 298.15 K 时，将 35.0 mL 0.250 mol·L^{-1} NaCN 与 30.0 mL 0.100 mol·L^{-1} $AgNO_3$ 溶液混合，计算所得溶液中 Ag^+、CN^- 和 $[Ag(CN)_2]^-$ 的浓度。

7. 已知下列反应的平衡常数 $K^\ominus = 4.786$，

$$Zn(OH)_2(s) + 2OH^-(aq) \longrightarrow [Zn(OH)_4]^{2-}(aq)$$

结合有关数据计算 $\varphi\{[Zn(OH)_4]^{2-}/Zn\}$ 的值。

8. 在 298.15 K 时，在过量氨的 1 L 0.05 mol·L^{-1} $AgNO_3$ 溶液中，加入固体 KCl，使 Cl^- 的浓度为 9×10^{-3} mol·L^{-1}（忽略因加入固体 KCl 而引起的体积变化），回答下列各问：

(1) 在 298.15 K 时，为了阻止 AgCl 沉淀生成，上述溶液中 NH_3 的浓度至少应为多少（单位：mol·L^{-1}）？

(2) 在 298.15 K 时，上述溶液中各成分的平衡浓度各为多少（单位：mol·L^{-1}）？

(3) 在 298.15 K 时，上述溶液中 $\varphi\{[Ag(NH_3)_2]^+/Ag\}$ 为多少（单位：V）？

9. 已知 298.15 K 时，若测知在 $\varphi^\ominus(Ag^+/Ag)$ 标准电极溶液中加入等体积的 6 mol·L^{-1} $Na_2S_2O_3$ 溶液后，电极电位降低变为 −0.505 V。

(1) 加入 $Na_2S_2O_3$ 溶液后，电极溶液中 $[Ag^+]$ 为多少？

(2) $K_s([Ag(S_2O_3)_2]^{3-})$ 为多少？

(3) 再往此电极溶液中加入固体 KCN，使其浓度为 2 mol·L^{-1}，电极溶液中各成分的浓度为多少？

10. 已知下列反应在 298.15 K 时的平衡常数 $K^\ominus = 1.66\times10^{-3}$，

$$Cu(OH)_2(s) + 2OH^-(aq) \rightleftharpoons [Cu(OH)_4]^{2-}(aq)$$

结合有关数据，求$[Cu(OH)_4]^{2-}$的稳定常数 K_s。欲在 1 L NaOH 溶液中溶解 0.1 mol $Cu(OH)_2$，NaOH 溶液的浓度至少应为多少？

11. 已知 $\varphi^\ominus(Fe^{3+}/Fe^{2+})$，$[Fe(bipy)_3]^{3+}$的稳定常数为 $K_{s,2}$，$[Fe(bipy)_3]^{2+}$的稳定常数为 $K_{s,1}$。求 $\varphi^\ominus([Fe(bipy)_3]^{3+}/[Fe(bipy)_3]^{2+})$。

12. 已知$[Fe(bipy)_3]^{2+}$的稳定常数 $K_{s,1} = 2.818\times10^{17}$及下列电对的 $\varphi^\ominus$值

$$[Fe(bipy)_3]^{3+} + e^- \longrightarrow [Fe(bipy)_3]^{2+}, \quad \varphi^\ominus = 0.96\ V$$

结合有关电对的 $\varphi^\ominus$值，求$[Fe(bipy)_3]^{3+}$的稳定常数 $K_{s,2}$。这两种配合物哪种较稳定？

13. (1) 在 298.15 K 时，于 0.10 mol·L^{-1}$[Ag(NH_3)_2]^+$ 1 L 溶液中至少加入多少 $Na_2S_2O_3$ 可以使$[Ag(NH_3)_2]^+$完全转化为$[Ag(S_2O_3)_2]^{3-}$（即$[Ag(NH_3)_2^+] = 10^{-5}$ mol·L^{-1}时）？

(2) 此时溶液中$[S_2O_3^{2-}]$、$[NH_3]$、$[Ag(S_2O_3)_2^{3-}]$各为多少？（为了计算方便，在 298.15 K 时采用 $K_s\{[Ag(NH_3)_2]^+\} = 1.1\times10^7$，$K_s\{[Ag(S_2O_3)_2]^{3-}\} = 2.9\times10^{13}$计算）

14*. Mn^{2+}具 d^5电子构型，$[Mn(H_2O)_6]^{2+}$中心原子的电子成对能 $P = 304.98$ kJ·mol^{-1}，分裂能 $\Delta_o = 93.29$ kJ·mol^{-1}。

(1) 计算$[Mn(H_2O)_6]^{2+}$的晶体场稳定化能；

(2) 指出配离子的未成对电子数；

(3) 判断属高自旋还是低自旋配合物；

(4) 用价键理论图示其成键杂化轨道，指出属内轨还是外轨配合物。

15. $AgNO_3$ 的氨水溶液中，若有一半 Ag^+形成$[Ag(NH_3)_2]^+$，则此时溶液中氨的平衡浓度为多少？（$K_s = 1.1\times10^7$）

16. 将 0.20 mol·L^{-1}的 $AgNO_3$ 溶液与 0.60 mol·L^{-1}的 KCN 溶液等体积混合后，加入固体 KI（忽略体积的变化），使$[I^-] = 0.10$ mol·L^{-1}，问能否产生 AgI 沉淀？溶液中 CN^-浓度低于多少时才可以出现 AgI 沉淀？（$[Ag(CN)_2]^-$的 $K_s = 1.26\times10^{21}$，AgI 的 $K_{sp} = 8.51\times10^{-17}$）

17. 在$[Co(NH_3)_5Cl]Cl$ 水溶液中可能存在哪些离子和分子（不包括溶剂分子）？其中最多的是哪一种？

18. $[CuY]^{2-}$和$[Cu(en)_2]^{2+}$的 K_s值分别为 5.0×10^{18}和 1×10^{20}，试通过计算比较两者的稳定性，从中能得出什么结论？

19. 计算 298.15 K 时：

(1) 反应 $AgCl + 2NH_3 \rightleftharpoons [Ag(NH_3)_2]^+ + Cl^-$的平衡常数；

(2) AgCl 在 1 L 6.0 mol·L^{-1} NH_3 溶液的溶解度。

[$K_s([Ag(NH_3)_2]^+ = 1.1\times10^7$，$K_{sp}(AgCl) = 1.77\times10^{-10}$]

练习题解答

一、选择题

1. D　2. B　3. A　4. C　5. D　6. E　7. C　8. C　9. A
10. A　11. A　12. C　13. A　14. C　15. A　16. D　17. D　18. B
19. B　20. B　21. D

二、判断题

1. ×　2. ×　3. ×　4. ×　5. ×　6. ×　7. √　8. √　9. ×
10. √　11. √　12. ×

三、填空题

1. 配位键;静电作用力
2. 中心原子 d 电子产生 d-d 跃迁,因而对可见光产生选择性吸收
3. $[Co(NH_3)_4Cl_2]Cl$
4. $NH_4[Cr(NCS)_4(H_2O)_2]$
5. 越大;越大;短波长
6. 内;外
7. $d^4 \sim d^7$
8. 氯化四氨合铜(Ⅱ);Cu^{2+};NH_3;4;N
9. 强;大;短;长
10. 反;1.38×10^{-4}
11. 氯化二硝基二(乙二胺)合钴(Ⅲ);N;N;6

四、简答题

1. 解　见表 11-1。

表 11-1

	名称	中心原子	配体	配位原子	配位数	K_s表达式
(1)	二(硫代硫酸根)合银(Ⅰ)酸钠	Ag^+	$S_2O_3^{2-}$	$S_2O_3^{2-}$ 中的 S	2	$\frac{[Ag(S_2O_3)_2^{3-}]}{[Ag^+][S_2O_3^{2-}]^2}$
(2)	硫酸三(乙二胺)合钴(Ⅲ)	Co^{3+}	en	en 中的 N	6	$\frac{[Co(en)_3^{3+}]}{[Co^{3+}][en]^3}$

续表

	名称	中心原子	配体	配位原子	配位数	K_s表达式
(3)	四羟基合铝(Ⅲ)酸	Al^{3+}	OH^-	OH^-中的O	4	$\frac{[Al(OH)_4^-]}{[Al^{3+}][OH^-]^4}$
(4)	六氟合硅(Ⅳ)酸钠	Si^{4+}	F^-	F^-中的F	6	$\frac{[SiF_6^{2-}]}{[Si^{4+}][F^-]^6}$
(5)	五氯·氨合铂(Ⅳ)配离子	Pt^{4+}	Cl^-，NH_3	Cl,N	6	$\frac{[Pt(Cl)_5(NH_3)^-]}{[Pt^{4+}][Cl^-]^5[NH_3]}$
(6)	氯·硝基·四氨合铂(Ⅱ)	Pt^{2+}	NO_2^-，Cl^-，NH_3	N,Cl,N	6	$\frac{[PtCl(NO_2)(NH_3)_4]}{[Pt^{2+}][Cl^-][NO_2^-][NH_3]^4}$
(7)	氯化二氯·三氨·水合钴(Ⅲ)	Co^{3+}	Cl^-，NH_3，H_2O	Cl,N,O	6	$\frac{[Co(Cl)_2(NH_3)_3(H_2O)^+]}{[Co^{3+}][Cl^-]^2[NH_3]^3[H_2O]}$
(8)	四(异硫氰根)·二氨合铬(Ⅲ)酸铵	Cr^{3+}	NCS^-，NH_3	N,N	6	$\frac{[Cr(NCS)_4(NH_3)_2^-]}{[Cr^{3+}][NCS^-]^4[NH_3]^2}$

2. 解 (1) 不对。中性配位分子只有内层，没有外层。

(2) 不对。某些高氧化态非金属元素的原子也能作中心原子形成配合物。

(3) 不对。配合物中多齿配体的数目不等于中心原子的配位数。

(4) 不对。配离子的电荷数等于中心原子和配体电荷的代数和。

(5) 正确。

(6) 不对。中心原子只有在形成配合物前 d 电子组态相同时，外轨配合物比形成的内轨配合物的磁矩大。

(7) 正确。中心原子的 d 电子在高自旋配合物中优先以平行自旋分占 d_γ 能级和 d_ε 能级各轨道，而在低自旋配合物中优先占据 d_ε 能级各轨道，获得更大晶体场稳定化能。

3. 解 平面四方形结构的$[PdCl_4]^{2-}$ 的 Pd 原子轨道为 dsp^2 杂化，Pd^{2+} 电子组态$[Kr]4d^8$：

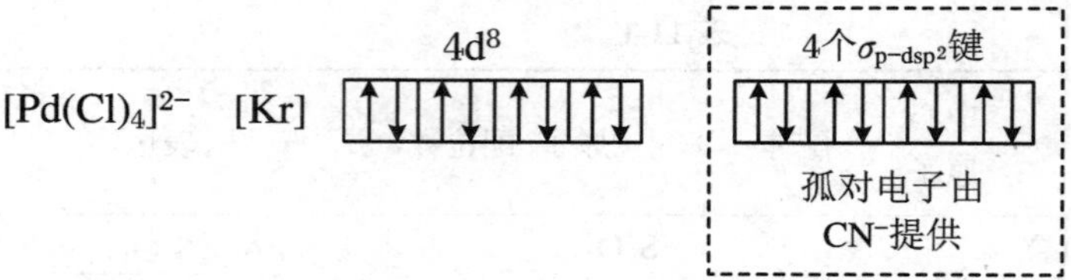

磁矩 $\mu \approx \sqrt{n(n+2)} = \sqrt{0\times(0+2)} = 0\mu_B$，$[PdCl_4]^{2-}$ 具有抗磁性。

四面体结构的$[Cd(CN)_4]^{2-}$ 的 Cd 原子轨道为 sp^3 杂化，Cd^{2+} 电子组态$[Kr]4d^{10}$：

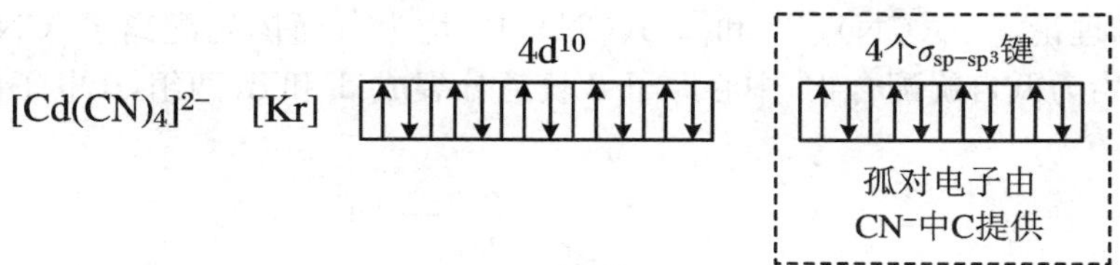

磁矩 $\mu\approx\sqrt{n(n+2)}=\sqrt{0\times(0+2)}=0\mu_B$，$[Cd(CN)_4]^{2-}$ 具有抗磁性。

4. 解　(1) Co^{2+} 价层为 $3d^7$ 电子排布，由磁矩可知有 3 个单电子，2 对电子对，因此为 sp^3d^2 杂化，$[Co(en)_3]^{2+}$ 的空间构型为正八面体，为外轨配合物。

(2) Fe^{3+} 价层为 $3d^5$ 电子排布，由磁矩可知有 5 个单电子，分布在 5 个 3d 轨道上，因此为 sp^3d^2 杂化，$[Fe(C_2O_4)_3]^{3-}$ 的空间构型为正八面体，为外轨配合物。

(3) Co^{3+} 价层为 $3d^6$ 电子排布，由磁矩可知单电子数为 0，3 对电子分布在 3 个 d 轨道上。因此为 d^2sp^3 杂化，$[Co(en)_2Cl_2]Cl$ 的空间构型为八面体，为内轨配合物。

5. 解　已知该铁的八面体配合物的磁矩为 $5.10\mu_B$，用 $\mu\approx\sqrt{n(n+2)}\mu_B$ 计算，得未成对电子数 $n=4$。如果铁的氧化值为 +3，则 d 电子数为 5，在 d 轨道上可能有两种情况，一是 $d_\varepsilon^3d_\gamma^2$，未成对 d 电子数为 5，应为高自旋；二是 $d_\varepsilon^5d_\gamma^0$，未成对 d 电子数为 1，应为低自旋型。如果铁的氧化值为 +2，d 电子数为 6，在 d 轨道上分布仍然有两种可能，一是 $d_\varepsilon^4d_\gamma^2$，未成对电子数为 4，应为高自旋型；二是 $d_\varepsilon^6d_\gamma^0$，没有未成对电子，应是低自旋型。由上述分析，估计铁的氧化值为 +2，形成的配合物为高自旋型。

用测定磁矩的方法，只能估计铁的氧化值。要进一步确定铁的氧化值，还需借助其他的测试手段，如 Mössbauer（穆斯堡尔）谱等。

6. 解　由价键理论，低自旋的 $[Co(CN)_6]^{4-}$ 为八面体内轨型配合物，中心原子有 7 个 d 电子，要进行 d^2sp^3 杂化，必使 1 个 3d 电子跃迁到 5s 轨道上，而 5s 轨道离核较远，能量较高，电子极易失去，即 $[Co(CN)_6]^{4-}$ 极易被氧化成更稳定的 $[Co(CN)_6]^{3-}$。

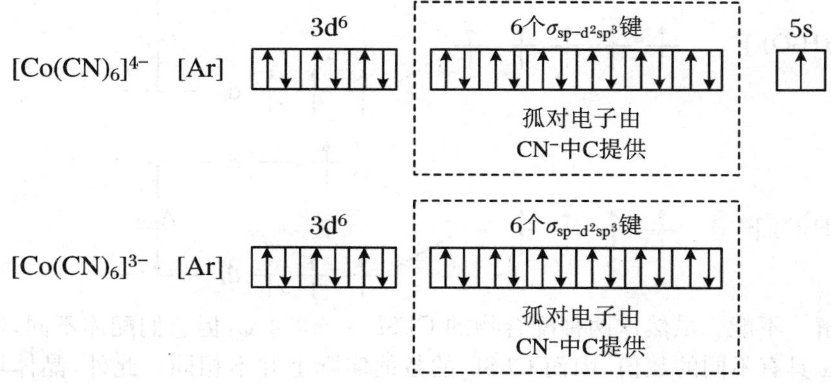

由晶体场理论，$[Co(CN)_6]^{4-}$ 和 $[Co(CN)_6]^{3-}$ 均为八面体场配离子，CN^- 为强场配体，故均为低自旋配合物，中心原子 d 轨道分裂成 d_ε 和 d_γ 两组，d 电子的排布如下：

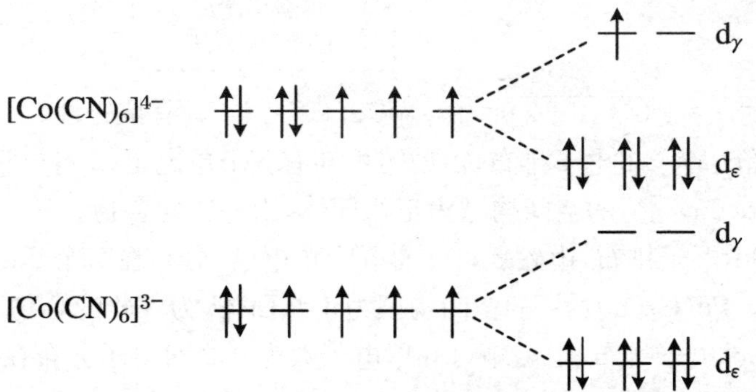

$[Co(CN)_6]^{4-}$ d_γ 轨道上的 1 个电子易失去，成为能量更低的 $[Co(CN)_6]^{3-}$。

7. 解　$P>\Delta_o$ 时，中心离子的 d 电子采取高自旋分布；$P<\Delta_o$ 时，中心离子的 d 电子采取低自旋分布，因此：

配合物	电子排布	磁矩 μ/μ_B	自旋状态
$[Co(NH_3)_6]^{2+}$	$d_\varepsilon^5 d_\gamma^2$	3.87	高
$[Fe(H_2O)_6]^{2+}$	$d_\varepsilon^4 d_\gamma^2$	4.90	高
$[Co(NH_3)_6]^{3+}$	$d_\varepsilon^6 d_\gamma^0$	0	低

8. 解　$[Mn(H_2O)_6]^{2+}$ 和 $[Cr(H_2O)_6]^{2+}$ 配离子的颜色，是由于中心原子 Mn^{2+} 和 Cr^{2+} 低能级 d_ε 上的电子，选择性吸收某一可见光波长的光子，跃迁到高能级 d_γ 上（d-d 跃迁）引起的。吸收的光子能量等于八面体场的分裂能 Δ_o，即

$$\Delta_o = h\nu = \frac{hc}{\lambda}$$

可见，波长愈短，Δ_o 愈大。$[Mn(H_2O)_6]^{2+}$ 吸收光的波长比 $[Cr(H_2O)_6]^{2+}$ 吸收光的波长短，所以分裂能 $\Delta_{o,1}$ 大于 $[Cr(H_2O)_6]^{2+}$ 的分裂能 $\Delta_{o,2}$。

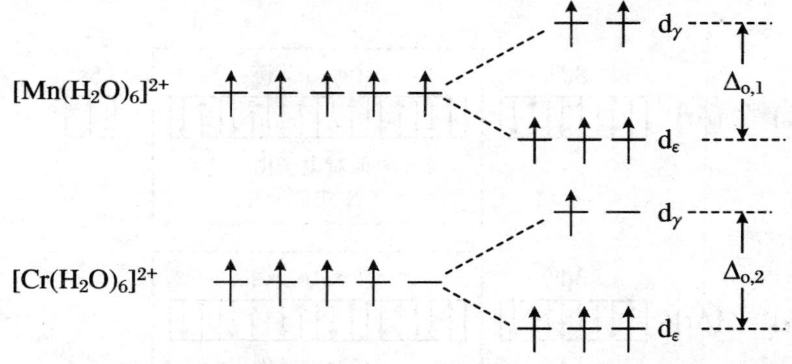

9. 解　不能。虽然这两种配合物的 CFSE = $-0.4\Delta_o$，但它们配体不同，使得分离能 Δ_o 具有不同的数值，因而 CFSE 的数值实际上并不相同。此外，晶体场稳

定化能只反映出 d 轨道分裂产生的附加稳定作用，而没有包括中心原子和配体之间的静电作用。

10. 解　Fe(Ⅲ)的价电子构型是 d^5。由磁距测定值判断，$[Fe(H_2O)_6]^{3+}$ 为高自旋，$\Delta_o < P$，电子排布为 $t_2^3e^2$；$[Fe(CN)_6]^{3-}$ 为低自旋，$\Delta_o > P$，电子排布为 $t_2^5e^0$。

$[Fe(H_2O)_6]^{3+}$ $CFSE = 4\times(-0.4\Delta_o) + 2\times 0.6\Delta_o = -0.4\Delta_o = -5600\ (cm^{-1})$

$[Fe(CN)_6]^{3-}$ $CFSE = 6\times(-0.4\Delta_o) + 2\times 2P = -2.4\Delta_o + 2P = -49200\ (cm^{-1})$

五、计算题

1. 解　$[Fe(H_2O)_6]^{2+}$ 为高自旋配离子，中心原子 d 电子的排布如下：

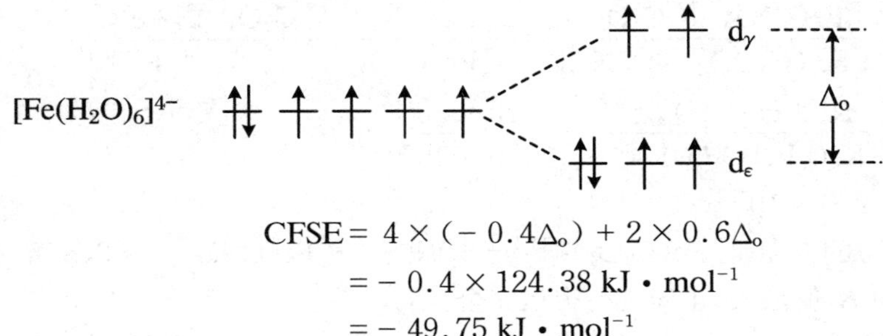

$$\begin{aligned} CFSE &= 4\times(-0.4\Delta_o) + 2\times 0.6\Delta_o \\ &= -0.4\times 124.38\ kJ\cdot mol^{-1} \\ &= -49.75\ kJ\cdot mol^{-1} \end{aligned}$$

$[Fe(CN)_6]^{4-}$ 为低自旋配离子，中心原子 d 电子的排布如下：

$[Fe(CN)_6]^{4-}$　d_γ　Δ_o　d_ε

$$\begin{aligned} CFSE &= 6\times(-0.4\Delta_o) + 0\times 0.6\Delta_o + (3-1)P \\ &= -2.4\Delta_o + 2P \\ &= -2.4\times 394.68\ kJ\cdot mol^{-1} + 2\times 179.40\ kJ\cdot mol^{-1} \\ &= -588.43\ kJ\cdot mol^{-1} \end{aligned}$$

2. 解　配离子由稳定常数小的转化为稳定常数大的。查表得

$K_s([Hg(NH_3)_4]^{2+}) = 1.90\times 10^{19}$，　$K_s([HgY]^{2-}) = 6.3\times 10^{21}$

$K_s([Cu(NH_3)_4]^{2+}) = 2.1\times 10^{13}$，　$K_s([Zn(NH_3)_4]^{2+}) = 2.9\times 10^{9}$

$K_s([Fe(C_2O_4)_3]^{3-}) = 1.6\times 10^{20}$，　$K_s([Fe(CN)_6]^{3-}) = 1.6\times 10^{20}$

(1)

$$\begin{aligned} K &= \frac{[HgY^{2-}][NH_3]^4}{[Hg(NH_3)_4^{2+}][Y^{4-}]} = \frac{[HgY^{2-}][NH_3]^4[Hg^{2+}]}{[Hg(NH_3)_4^{2+}][Y^{4-}][Hg^{2+}]} \\ &= \frac{K_s([HgY]^{2-})}{K_s([Hg(NH_3)_4]^{2+})} = \frac{6.3\times 10^{21}}{1.90\times 10^{19}} \\ &= 3.3\times 10^{2} \end{aligned}$$

该反应进行的方向是$[Hg(NH_3)_4]^{2+} + Y^{4-} \longrightarrow [HgY]^{2-} + 4NH_3$。

(2)

$$K = \frac{[Zn(NH_3)_4^{2+}][Cu^{2+}]}{[Cu(NH_3)_4^{2+}][Zn^{2+}]} = \frac{[Zn(NH_3)_4^{2+}][Cu^{2+}][NH_3]^4}{[Cu(NH_3)_4^{2+}][Zn^{2+}][NH_3]^4}$$

$$= \frac{K_s([Zn(NH_3)_4]^{2+})}{K_s([Cu(NH_3)_4]^{2+})} = \frac{2.9 \times 10^9}{2.1 \times 10^{13}}$$

$$= 1.4 \times 10^{-4}$$

该反应进行的方向是$[Zn(NH_3)_4]^{2+} + Cu^{2+} \longrightarrow [Cu(NH_3)_4]^{2+} + Zn^{2+}$。

(3)

$$K = \frac{[Fe(CN)_6^{3-}][C_2O_4^{2-}]^3}{[Fe(C_2O_4)_3^{3-}][CN^-]^6} = \frac{[Fe(CN)_6^{3-}][C_2O_4^{2-}]^3[Fe^{3+}]}{[Fe(C_2O_4)_3^{3-}][CN^-]^6[Fe^{3+}]}$$

$$= \frac{K_s([Fe(CN)_6]^{3-})}{K_s([Fe(C_2O_4)_3]^{3-})} = \frac{1.0 \times 10^{42}}{1.6 \times 10^{20}}$$

$$= 2.6 \times 10^{21}$$

该反应进行的方向是$[Fe(C_2O_4)_3]^{3-} + 6CN^- \longrightarrow [Fe(CN)_6]^{3-} + 3C_2O_4^{2-}$。

反应(3)的 K 值最大，正向进行得最完全。

3. 解 (1) 查表得 $K_{sp}\{Cu(OH)_2\} = 5.02 \times 10^{-6}$，$0.10\ mol \cdot L^{-1}\ CuSO_4$ 与 $0.10\ mol \cdot L^{-1}\ NaOH$ 等体积混合，$c(Cu^{2+}) = 0.05\ mol \cdot L^{-1}$，$c(OH^-) = 0.05\ mol \cdot L^{-1}$，因此

$$I_p = c(Cu^{2+})c^2(OH^-) = 0.05 \times (0.05)^2$$

$$= 1.25 \times 10^{-4} > K_{sp}\{Cu(OH)_2\} = 5.02 \times 10^{-6}$$

所以，此种情况下，有 $Cu(OH)_2$ 沉淀形成。

(2) $0.10\ mol \cdot L^{-1}\ [Cu(NH_3)_4]SO_4$ 与 $0.10\ mol \cdot L^{-1}\ NaOH$ 等体积混合，溶液达到平衡后

$$K_s = \frac{[Cu(NH_3)_4^{2+}]}{[Cu^{2+}][NH_3]^4} = \frac{0.05}{(0.05)^4[Cu^{2+}]} = 2.09 \times 10^{13}$$

得$[Cu^{2+}] = 3.93 \times 10^{-4}\ mol/L$。

$$I_p = c(Cu^{2+})c^2(OH^-) = 3.93 \times 10^{-4} \times (0.05)^2 < K_{sp} = 5.02 \times 10^{-6}$$

所以，无沉淀生成。

(3) 由(2)知平衡常数较小，可以认为先生成$[Cu(NH_3)_4]^+$，再考虑其与 OH^- 能否反应生成 $Cu(OH)_2$ 沉淀。

$$K_s = \frac{[Cu(NH_3)_4^{2+}]}{[Cu^{2+}][NH_3]^4} = \frac{0.05}{(0.05)^4[Cu^{2+}]} = 2.09 \times 10^{13}$$

得$[Cu^{2+}] = 2.73 \times 10^{-10}$。

$$I_p = c(Cu^{2+})c^2(OH^-) < K_{sp} = 5.02 \times 10^{-6}$$

所以，没有沉淀生成。

4. 解　查表得 25 ℃的 $K_s\{[Ni(NH_3)_6]^{2+}\}=5.5\times10^8$，$K_s\{[Ni(en)_3]^{2+}\}=2.1\times10^{18}$，$[Ni(NH_3)_6]^{2+}$ 溶液中加入 en 后反应为

	$[Ni(NH_3)_6]^{2+}$ +	3en	$\rightleftharpoons [Ni(en)_3]^{2+}$ +	$6NH_3$
反应前	0.10	2.30	0	1.00
平衡时	x	$2.30-3\times0.10+3x\approx2.00$	$0.10-x\approx0.10$	$1.00+6\times0.10-6x\approx1.6$

$$K=\frac{[Ni(en)_3^{2+}][NH_3]^6}{[Ni(NH_3)_6^{2+}][en]^3}=\frac{K_s([Ni(en)_3]^{2+})}{K_s([Ni(NH_3)_4]^{2+})}=\frac{2.1\times10^{18}}{5.49\times10^8}=3.8\times10^9$$

（由于 K 非常大，可以认为反应向右进行得很彻底，所以 $0.10-x\approx0.10$）

即

$$\frac{0.10\times1.6^6}{x\cdot(2.00)^3}=3.8\times10^9,\quad \frac{0.10\times16.78}{8x}=3.8\times10^9$$

所以

$$[Ni(NH_3)_6^{2+}]=x\ \mathrm{mol\cdot L^{-1}}=\frac{0.10\times16.78}{8\times3.8\times10^9}\ \mathrm{mol\cdot L^{-1}}$$
$$=5.5\times10^{-11}\ \mathrm{mol\cdot L^{-1}}$$

$$[NH_3]=(1.00+6\times0.10-6x)\ \mathrm{mol\cdot L^{-1}}=1.60\ \mathrm{mol\cdot L^{-1}}$$
$$[Ni(en)_3{}^{2+}]=(0.10-x)\ \mathrm{mol\cdot L^{-1}}=0.10\ \mathrm{mol\cdot L^{-1}}$$
$$[en]=(2.30-3\times0.10+3x)\ \mathrm{mol\cdot L^{-1}}=2.00\ \mathrm{mol\cdot L^{-1}}$$

5. 解　(1) 形成 $[Ag(NH_3)_2]^+$ 前，溶液中 Ag^+ 和 NH_3 的浓度分别为

$$c(Ag^+)=\frac{0.10\times50.0}{100}\ \mathrm{mol\cdot L^{-1}}=0.050\ \mathrm{mol\cdot L^{-1}}$$

$$c(NH_3)=\frac{0.929\ \mathrm{kg\cdot L^{-1}}\times(1000\ \mathrm{g/1\ kg})\times18.3\%\times30.0\ \mathrm{mL}\times(1\ \mathrm{L/1000\ mL})}{17.03\ \mathrm{g\cdot mol^{-1}}\times100\ \mathrm{mL}\times(1\ \mathrm{L/1000\ mL})}$$
$$=3.00\ \mathrm{mol\cdot L^{-1}}$$

	Ag^+ +	$2NH_3$	$\rightleftharpoons [Ag(NH_3)_2]^+$
反应前	0.05	3.00	0
平衡时	x	$3.00-0.05\times2+2x=2.90+2x\approx2.90$	$0.05-x\approx0.05$

$$K_s([Ag(NH_3)_2]^+)=\frac{[Ag(NH_3)_2^+]}{[Ag^+][NH_3]^2}=1.1\times10^7$$

$$[Ag^+]=\frac{[Ag(NH_3)_2^+]}{K_s([Ag(NH_3)_2]^+)[NH_3]^2}=\frac{0.05}{1.1\times10^7\times2.90^2}\ \mathrm{mol\cdot L^{-1}}$$
$$=5.4\times10^{-10}\ \mathrm{mol\cdot L^{-1}}$$

所以溶液中 $[Ag^+]=5.4\times10^{-10}\ \mathrm{mol\cdot L^{-1}}$，$[Ag(NH_3)_2^+]=0.05\ \mathrm{mol\cdot L^{-1}}$，$[NH_3]=2.90\ \mathrm{mol\cdot L^{-1}}$。

(2) 加入 10.0 mL KCl 溶液后,溶液总体积 110 mL,各组分浓度为

$$c([Ag(NH_3)_2^+]) = 0.05 \times 100/110\ (mol \cdot L^{-1}) = 0.045\ mol \cdot L^{-1}$$

$$c(NH_3) = 2.90 \times 100/110\ (mol \cdot L^{-1}) = 2.64\ mol \cdot L^{-1}$$

$$c(Cl^-) = 0.10 \times 100/110\ (mol \cdot L^{-1}) = 0.091\ mol \cdot L^{-1}$$

则

$$K_s = \frac{[Ag(NH_3)_2^+]}{[Ag^+][NH_3]^2} = \frac{0.045}{[Ag^+] \times (2.64)^2} = 1.1 \times 10^7$$

所以,溶液中$[Ag^+]=5.8\times10^{-10}$ mol/L。

$$I_p = c(Ag^+)c(Cl^-) < K_{sp} = 1.77 \times 10^{-10}$$

所以没有沉淀生成。

(3) 防止 AgCl 沉淀生成的条件是 $I_p = c(Ag^+)c(Cl^-) < K_{sp}$。

$$c(Ag^+) < \frac{K_{sp}}{c(Cl^-)} = \frac{1.77 \times 10^{-10}}{9.1 \times 10^{-3}} = 1.95 \times 10^{-8}\ mol \cdot L^{-1}$$

$$K_s = \frac{[Ag(NH_3)_2^+]}{[Ag^+][NH_3]^2} = \frac{0.045}{1.95 \times 10^{-8} \times [NH_3]^2} = 1.1 \times 10^7$$

得$[NH_3]=0.458$ mol/L。

6. 解　反应前

$$c(CN^-) = \frac{0.250\ mol \cdot L^{-1} \times 35.0\ mL}{(30.0 + 35.0)\ mL} = 0.135\ mol \cdot L^{-1}$$

$$c(Ag^+) = \frac{0.10\ mol \cdot L^{-1} \times 30.0\ mL}{(30.0 + 35.0)\ mL} = 0.046\ mol \cdot L^{-1}$$

$$Ag^+ + 2CN^- \rightleftharpoons [Ag(CN)_2]^-$$

平衡时　x　　$0.135-2\times0.046+2x = 0.043\ mol \cdot L^{-1}$　　$0.046\ mol \cdot L^{-1}$

$$K_s = \frac{[Ag(CN)_2^-]}{[Ag^+][CN^-]^2} = 1.3 \times 10^{21}$$

则

$$[Ag^+] = \frac{[Ag(CN)_2^-]}{[CN^-]^2 K_s} = \frac{0.046}{(0.043)^2 \times 1.3 \times 10^{21}}\ mol \cdot L^{-1}$$
$$= 1.91 \times 10^{-20}\ mol \cdot L^{-1}$$

$$[CN^-] = 0.135\ mol \cdot L^{-1} - 2 \times 0.046\ mol \cdot L^{-1} + 2x\ mol \cdot L^{-1}$$
$$= 0.043\ mol \cdot L^{-1}$$

$$[Ag(CN)_2^-] = 0.046 - x = 0.046\ mol \cdot L^{-1}$$

7. 解　查表得:$\varphi^{\ominus}(Zn^{2+}/Zn) = -0.7618$ V,$K_{sp}\{Zn(OH)_2\} = 3.10\times10^{-17}$。

$$Zn(OH)_2 + 2OH^- \longrightarrow [Zn(OH)_4]^{2-}$$

$$K^{\ominus} = \frac{[Zn(OH)_4^{2-}]}{[OH^-]^2} = \frac{[Zn(OH)_4^{2-}]}{[OH^-]^2} \times \frac{[Zn^{2+}]}{[Zn^{2+}]} \times \frac{[OH^-]^2}{[OH^-]^2}$$

$$= K_s([Zn(OH)_4]^{2-}) \cdot K_{sp}(Zn(OH)_2)$$

$$K_s\{[Zn(OH)_4]^{2-}\} = \frac{K^{\ominus}}{K_{sp}\{Zn(OH)_2\}} = \frac{4.786}{3.10 \times 10^{-17}} = 1.54 \times 10^{17}$$

$[Zn(OH)_4]^{2-} + 2e \longrightarrow Zn + 4OH^-$，　$Zn^{2+} + 2e \longrightarrow Zn$

$$\varphi([Zn(OH)_4]^{2-}/Zn) = \varphi(Zn^{2+}/Zn) + \frac{0.05916}{n}\lg[Zn^{2+}]$$

$$\varphi([Zn(OH)_4]^{2-}/Zn) = \varphi(Zn^{2+}/Zn) - \frac{0.05916}{n}\lg\frac{[Zn(OH)_4{}^{2-}]}{K_s \times [OH^-]^4}$$

$([OH^-] = [Zn(OH)_4^{2-}] = 1\ mol/L)$

$$\varphi([Zn(OH)_4]^{2-}/Zn) = \varphi(Zn^{2+}/Zn) - \frac{0.05916}{n}\lg K_s([Zn(OH)_4]^{2-})$$

$$= \left[-0.7618 - \frac{0.05916}{2} \times \lg(1.54 \times 10^{17})\right]V$$

$$= -1.270\ V$$

8．解　(1) 欲阻止 AgCl 沉淀析出，溶液中 Ag^+ 的浓度

$$c(Ag^+) < \frac{K_{sp}(AgCl)}{c(Cl^-)} = \frac{1.77\times10^{-10}}{9\times10^{-3}} = 1.97\times10^{-8}(mol \cdot L^{-1})$$

则 $AgNO_3$ 和 NH_3 混合溶液中，设氨的最低浓度为 $x\ mol \cdot L^{-1}$。

由反应：	Ag^+	+	$2NH_3$	$\rightleftharpoons$	$[Ag(NH_3)_2]^+$
平衡浓度	1.97×10^{-8}		$x-2\times0.05+2\times1.97\times10^{-8}$ $=x-0.1$		$0.05-1.97\times10^{-8}$ 0.05

$$K_s([Ag(NH_3)_2]^+) = \frac{[Ag(NH_3)_2^+]}{[Ag^+][NH_3]^2} = \frac{0.05}{(1.97 \times 10^{-8})(x-0.1)^2}$$

$$= 1.1 \times 10^7$$

所以 $c(NH_3) = x = 0.48 + 0.1 = 0.58\ (mol \cdot L^{-1})$。

(2) 平衡时

$$[Ag(NH_3)_2^+] = 0.05\ mol \cdot L^{-1}$$

$$[Ag^+] = 1.97 \times 10^{-8}\ mol \cdot L^{-1}$$

$$[NH_3] = c(NH_3) - 0.1 = 0.48\ mol \cdot L^{-1}$$

$$[Cl^-] = [K^+] = 9.0 \times 10^{-3}\ mol \cdot L^{-1}$$

(3) 由题意

$$\varphi([Ag(NH_3)_2]^+/Ag) = \varphi(Ag^+/Ag) - 0.05916\lg K_s([Ag(NH_3)_2]^+)$$

$$= 0.7996\ V - 0.05916\ V \times \lg(1.1 \times 10^7)$$

$$= 0.7996\ V - 0.4166\ V$$

$$= 0.3830\ V$$

$$[Ag(NH_3)_2]^+ + e \longrightarrow Ag + 2NH_3$$

$$\begin{aligned}\varphi([Ag(NH_3)_2]^+/Ag) &= \varphi([Ag(NH_3)_2]^+/Ag) + 0.05916\ V \\ &\quad \times \lg([Ag(NH_3)_2]^+/[NH_3]^2) \\ &= 0.3830\ V + 0.05916\ V\lg(0.05/(0.48)^2) \\ &= 0.3438\ V\end{aligned}$$

9. 解 (1) 由题意

$$\varphi(Ag^+/Ag) = \varphi(Ag^+/Ag) + \frac{0.05916V}{1}\lg[Ag^+]$$

$$-0.0505\ V = 0.7996\ V + \frac{0.05916V}{1} \times \lg[Ag^+]$$

则

$$\lg[Ag^+] = \frac{-0.0505 - 0.7996}{0.05916} = \frac{-0.8501}{0.05916} = -14.3695$$

所以$[Ag^+] = 4.27 \times 10^{-15}\ mol \cdot L^{-1}$。

(2)

$$\begin{aligned}K_s(Ag(S_2O_3)_2^{3-}) &= \frac{[Ag(S_2O_3)_2^{3-}]}{[Ag^+][S_2O_3^{2-}]} \\ &= \frac{0.50\ mol \cdot L^{-1}}{4.27 \times 10^{-15}(mol \times L^{-1}) \times 2^2(mol \cdot L^{-1})^2} \\ &= 2.93 \times 10^{13}\end{aligned}$$

(3)

$$Ag(S_2O_3)_2^{3-} + 2CN^- \longrightarrow [Ag(CN)_2]^- + 2S_2O_3^{2-}$$

	$Ag(S_2O_3)_2^{3-}$	$2CN^-$	$[Ag(CN)_2]^-$	$2S_2O_3^{2-}$
平衡时	x	$2-2\times(0.5-x)$	$0.5-x$	$2.0+2\times(0.5-x)$
		$\approx 1+2x=1$	≈ 0.5	≈ 3.0

$$K = \frac{[Ag(CN)^{2-}][S_2O_3^{2-}]^2}{[Ag(S_2O_3)_2^{3-}][CN^-]^2} = \frac{K_s(Ag(CN)_2^-)}{K_s(Ag(S_2O_3)_2^{3-})}$$

$$= \frac{1.3 \times 10^{21}}{2.93 \times 10^{13}} = 4.44 \times 10^7$$

由于上述反应的平衡常数较大,可认为反应较彻底,故作上述近似。即

$$K = \frac{(0.5\ mol \cdot L^{-1})(3.0\ mol \cdot L^{-1})^2}{(x\ mol \cdot L^{-1})(1\ mol \cdot L^{-1})^2} = 4.44 \times 10^7$$

$$\begin{aligned}[Ag(S_2O_3)_2^{3-}] = x &= \frac{0.5 \times (3.0)^2}{4.44 \times 10^7 \times (1)^2} = \frac{0.5 \times 9}{4.44 \times 10^7 \times 1^2} \\ &= 1.01 \times 10^{-7}\ mol \cdot L^{-1}\end{aligned}$$

$$[CN^-] = (2 - 0.5 \times 2 + 2x)\ mol \cdot L^{-1} \approx 1\ mol \cdot L^{-1}$$

$$[Ag(CN)_2^-] = (0.5 - x)\ mol \cdot L^{-1} \approx 0.5\ mol \cdot L^{-1}$$

$$[S_2O_3^{2-}] = (3.0 - 2x)\ \text{mol} \cdot \text{L}^{-1} \approx 3.0\ \text{mol} \cdot \text{L}^{-1}$$

10. 解

$$K_{sp}\{Cu(OH)_2\} = 2.2 \times 10^{-20}$$

$$Cu(OH)_2 + 2OH^- \longrightarrow [Cu(OH)_4]^{2-}$$

$$K = \frac{[Cu(OH)_4^{2-}]}{[OH^-]_2} \times \frac{[Cu^{2+}]}{[Cu^{2+}]} \times \frac{[OH^-]^2}{[OH^-]^2} = K_s \times K_{sp}$$

$$K_s = \frac{K^{\ominus}}{K_{sp}} = \frac{1.66 \times 10^{-3}}{2.2 \times 10^{-20}} = 7.5 \times 10^{16}$$

在 1 L 溶液中，0.1 mol $Cu(OH)_2$ 完全转化成$[Cu(OH)_4]^{2-}$而溶解，则$[Cu(OH)_4]^{2-}$的浓度应为 0.1 $\text{mol} \cdot \text{L}^{-1}$。设反应达到平衡时$[OH^-] = x\ \text{mol} \cdot \text{L}^{-1}$，则

$$Cu(OH)_2 + \quad 2OH^- \longrightarrow [Cu(OH)_4]^{2-}$$

$$\qquad\qquad x \qquad\qquad 0.1$$

$$K^{\ominus} = \frac{[Cu(OH)_4^{2-}]}{[OH^-]^2} = \frac{0.1}{x^2} = 1.66 \times 10^{-3}$$

得$[OH^-] = x = 7.8$ mol/L。

OH^-离子的总浓度 $c(OH^-)$为

$$c(OH^-) = (7.8 + 0.1 \times 2)\ \text{mol} \cdot \text{L}^{-1} = 8.0\ \text{mol} \cdot \text{L}^{-1}$$

11. 解　对于电极反应：

$$Fe^{3+} + e^- \longrightarrow Fe^{2+}, \quad \varphi(Fe^{3+}/Fe^{2+}) \qquad ①$$

$$[Fe(bipy)_3]^{3+} + e^- \longrightarrow [Fe(bipy)_3]^{2+}, \quad \varphi([Fe(bipy)_3]^{3+}/[Fe(bipy)_3]^{2+}) \qquad ②$$

式① - 式②得

$$[Fe(bipy)_3]^{2+} + Fe^{3+} \longrightarrow [Fe(bipy)_3]^{3+} + Fe^{2+}$$

$$K = \frac{[Fe^{2+}][Fe(bipy)_3^{3+}]}{[Fe^{3+}][Fe(bipy)_3^{2+}]} = \frac{K_{s,1}}{K_{s,2}}$$

根据 Nernst 方程式

$$\lg K^{\ominus} = \frac{nE}{0.05916}$$

$$\lg K = \lg \frac{K_{s,1}}{K_{s,2}} = \frac{\varphi(Fe^{3+}/Fe^{2+}) - \varphi([Fe(bipy)_3^{3+}]/[Fe(bipy)_3^{2+}])}{0.05916}$$

即

$$\varphi([Fe(bipy)_3^{3+}]/[Fe(bipy)_3^{2+}]) = \varphi(Fe^{3+}/Fe^{2+}) + 0.05916\lg \frac{K_{s,1}}{K_{s,2}}$$

12. 解　查表得$Fe^{3+} + e^- \longrightarrow Fe^{2+}$，$\varphi^{\ominus}(Fe^{3+}/Fe^{2+}) = 0.77$ V，则

$$\varphi([Fe(bipy)_3]^{3+}/[Fe(bipy)_3]^{2+}) = \varphi(Fe^{3+}/Fe^{2+}) - 0.05916\lg \frac{K_{s,2}}{K_{s,1}}$$

$$= \left(0.77 - 0.05916\lg\frac{K_{s,2}}{1.818\times10^{17}}\right)\text{V}$$

$$= 0.96\ \text{V}$$

解得 $K_{s,2}=1.74\times10^{14}$。比较$[Fe(bipy)_3]^{3+}$和$[Fe(bipy)_3]^{2+}$的稳定常数，可知$[Fe(bipy)_3]^{2+}$较稳定。

13. 解 $[Ag(NH_3)_2]^+$与$S_2O_3^{2-}$反应式如下：

	$[Ag(NH_3)_2]^+$ +	$2S_2O_3^{2-}$ ⇌	$[Ag(S_2O_3)_2]^{3-}$ +	$2NH_3$
反应前	0.10	a	0	0
平衡时	10^{-5}	$a-2\times0.10+2\times10^{-5}\approx a-0.20$	$0.1-10^{-5}\approx0.1$	$0.1\times2-2\times10^{-5}\approx0.2$

$$K=\frac{[Ag(S_2O_3)_2^{3-}]\cdot[NH_3]^2}{[Ag(NH_3)_2^+]\cdot[S_2O_3^{2-}]^2}\times\frac{[Ag^+]}{[Ag^+]}=\frac{K_S\{[Ag(S_2O_3)_2]^{3-}\}}{K_S\{[Ag(NH_3)_2]^+\}}$$

$$=\frac{2.9\times10^{13}}{1.1\times10^7}=2.64\times10^6$$

即

$$\frac{[Ag(S_2O_3)_2^{3-}]\cdot[NH_3]^2}{[Ag(NH_3)_2^+]\cdot[S_2O_3^{2-}]^2}=\frac{0.1\ \text{mol}\cdot\text{L}^{-1}\times(0.2\ \text{mol}\cdot\text{L}^{-1})^2}{10^{-5}\ \text{mol}\cdot\text{L}^{-1}\times[(a-0.20)\ \text{mol}\cdot\text{L}^{-1}]^2}$$

$$=K=2.64\times10^6$$

$$[S_2O_3^{2-}]=(a-0.20)\ \text{mol}\cdot\text{L}^{-1}=\sqrt{\frac{(0.1)\times(0.2)^2}{10^{-5}\times2.64\times10^6}}\ \text{mol}\cdot\text{L}^{-1}$$

$$=1.23\times10^{-2}\ \text{mol}\cdot\text{L}^{-1}$$

平衡时：

$$[S_2O_3^{2-}]=1.23\times10^{-2}\ \text{mol}\cdot\text{L}^{-1}$$

$$[NH_3]=0.20\ \text{mol}\cdot\text{L}^{-1}$$

$$[Ag(S_2O_3)_2^{3-}]\approx0.10\ \text{mol}\cdot\text{L}^{-1}$$

$$[Ag(NH_3)_2^+]\approx1.0\times10^{-5}\ \text{mol}\cdot\text{L}^{-1}$$

开始时加入$Na_2S_2O_3$物质的量 $a=0.20+1.23\times10^{-2}=0.2123$ mol。

14. 解 (1) CFSE = 0 kJ·mol^{-1}。

(2) 5个未成对电子。

(3) 属高自旋。

(4) 外轨型。

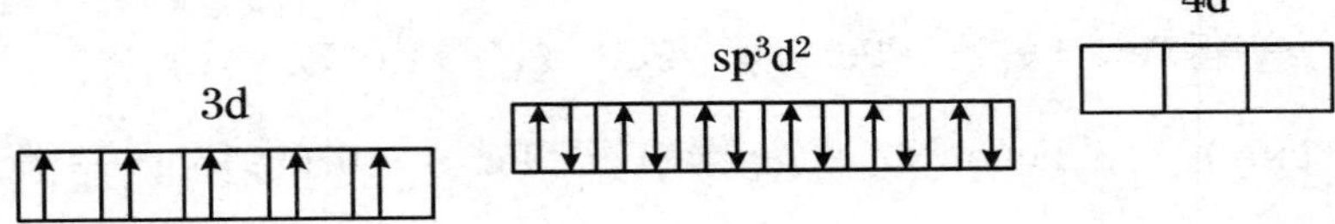

15. 解

$$Ag^+ \quad + NH_3 \rightleftharpoons [Ag(NH_3)_2]^+$$

平衡时　$\frac{1}{2}c(Ag^+)$　x　$\frac{1}{2}c(Ag^+)$

$$K_s = \frac{\frac{1}{2}c(Ag^+)}{\frac{1}{2}c(Ag^+) \cdot x^2} = 1.1 \times 10^7$$

得 $x = 3.0 \times 10^{-4}\ mol \cdot L^{-1}$。

所以,氨的平衡浓度为 $3.0 \times 10^{-4}\ mol \cdot L^{-1}$。

16. 解　反应前后混合液中 Ag^+ 和 CN^- 的浓度为

$$c(Ag^+) = \frac{1}{2} \times 0.20 = 0.10\ mol \cdot L^{-1}$$

$$c(CN^-) = \frac{1}{2} \times 0.60 = 0.30\ mol \cdot L^{-1}$$

	Ag^+ +	$2CN^-$	$\rightleftharpoons [Ag(CN)_2]^-$
反应前	0.10	0.30	0
平衡时	x	$0.30 - 2(0.10 - x) \approx 0.10$	$0.10 - x \approx 0.10$

$$K_s = \frac{0.10}{x \cdot (0.10)^2} = 1.26 \times 10^{21}$$

$$[Ag^+] = x = 7.9 \times 10^{-21}\ mol \cdot L^{-1}$$

$$[Ag^+][I^-] = 7.9 \times 10^{-21} \times 0.10 = 7.9 \times 10^{-22} < K_{sp}(AgI)$$

所以,无 AgI 沉淀生成。

若要在 $[I^-] = 0.10\ mol \cdot L^{-1}$ 的条件下形成 AgI 沉淀,则

$$[Ag^+][I^-] > K_{sp}(AgI)$$

即

$$[Ag^+] > \frac{K_{sp}(AgI)}{[I^-]} = \frac{8.51 \times 10^{-17}}{0.10}$$

所以,$[Ag^+] > 8.51 \times 10^{-16}\ mol \cdot L^{-1}$。

又 $K_s = \frac{[Ag(CN)_2^-]}{[Ag^+][CN^-]^2}$,即 $[CN^-] = \sqrt{\frac{[Ag(CN)_2^-]}{K_s \cdot [Ag^+]}}$,故

$$[CN^-] < \sqrt{\frac{0.10}{8.51 \times 10^{-16} \times 1.26 \times 10^{21}}} = 3.1 \times 10^{-4}\ mol \cdot L^{-1}$$

17. 解　可能存在的离子和分子是:$[Co(NH_3)_5Cl]^+$,$[Co(NH_3)_5]^{2+}$,$[Co(NH_3)_4]^{2+}$,$[Co(NH_3)_3]^{2+}$,$[Co(NH_3)_2]^{2+}$,$[Co(NH_3)]^{2+}$,Co^{2+},Cl^-,NH_3,NH_4^+,H^+ 及 OH^-,$[Co(NH_3)_5Cl]^+$,$[Co(NH_3)_3Cl]^+$,$[Co(NH_3)_2Cl]^+$,$[Co(NH_3)Cl]^+$,$[CoCl]^+$,$[Co(NH_3)_5Cl]^+$。

最多的为$[Co(NH_3)_5Cl]^+$和 Cl^-。

18. 解　设$[CuY]^{2-}$的浓度为 1.0 mol·L^{-1},解离产生$[Cu^{2+}]$为 x mol·L^{-1}。

$$[CuY]^{2-} \rightleftharpoons Cu^{2+} + Y^{4-}$$

平衡浓度(mol·L^{-1})　$1.0 - x$　　x　　x

则

$$K_s([CuY^{2-}]) = \frac{[CuY^{2-}]}{[Cu^{2+}][Y^{4-}]} = \frac{1.0 - x}{x^2} \approx \frac{1.0}{x^2} = 5.0 \times 10^{18}$$

解得$[Cu^{2+}] = x = 4.472 \times 10^{-10}$ mol·L^{-1}。

设$[Cu(en)_2]^{2+}$的浓度为 1.0 mol·L^{-1},解离产生$[Cu^{2+}]$为 y mol·L^{-1}。

$$[Cu(en)_2]^{2+} \rightleftharpoons Cu^{2+} + en$$

平衡浓度(mol·L^{-1})　$1.0 - y$　　y　　y

则

$$K_s([Cu(en)_2{}^{2+}]) = \frac{[Cu(en)_2^{2+}]}{[Cu^{2+}][en]^2} = \frac{1.0 - y}{4y^2} \approx \frac{1.0}{4y^2} = 1.0 \times 10^{20}$$

解得$[Cu^{2+}] = y = 1.357 \times 10^{-7}$ mol·L^{-1}。

可见相同浓度的$[Cu(en)_2]^{2+}$和$[CuY]^{2-}$溶液中,所含$[Cu^{2+}]$不同。K_s 较大的$[Cu(en)_2]^{2+}$溶液中$[Cu^{2+}]$是 K_s 较小的$[CuY]^{2-}$溶液中的 300 倍,即此时 K_s 较小的$[CuY]^{2-}$反而稳定些。

从中可以得出结论:只有同类型的配离子才能直接用 K_s 比较其稳定性。这里$[CuY]^{2-}$为 1∶1 型,$[Cu(en)_2]^{2+}$为 1∶2 型,不能直接从 K_s 比较其稳定性,只能通过计算比较。

19. 解　(1) $AgCl + 2NH_3 \rightleftharpoons [Ag(NH_3)_2]^+ + Cl^-$

则

$$K = \frac{[Ag(NH_3)_2^+][Cl^-]}{[NH_3]^2} = \frac{[Ag(NH_3)_2^+][Cl^-]}{[NH_3]^2} \cdot \frac{[Ag^+]}{[Ag^+]}$$

$$K = K_s\{[Ag(NH_3)_2]^+\} \times K_{sp}(AgCl) = 1.1 \times 10^7 \times 1.77 \times 10^{-10}$$
$$= 1.95 \times 10^{-3}$$

(2) 设 AgCl 在 1 L 6.0 mol·L^{-1} NH_3 溶液的溶解度为 S mol·L^{-1}

$$AgCl + 2NH_3 \rightleftharpoons [Ag(NH_3)_2]^+ + Cl^-$$

　　　　　$6.0 - 2S$　　　S　　　S

有

$$K = \frac{[Ag(NH_3)_2^+][Cl^-]}{[NH_3]^2} = \frac{S^2}{(6.0 - 2S)^2} = 1.95 \times 10^{-3}$$

得 $S = 0.26$ mol·L^{-1}。

第十二章* s 区 元 素

内 容 提 要

一、s 区元素概述

s 区元素位于周期表第ⅠA 和ⅡA 族。第ⅠA 族有 H 和碱金属元素(Li、Na、K、Rb、Cs、Fr),价层电子构型为 ns^1;第ⅡA 族为碱土金属元素(Be、Mg、Ca、Sr、Ba、Ra),价层电子构型为 ns^2。

s 区元素除 H 外均为活泼的金属元素,其中 Li、Rb、Cs、Be 是稀有金属元素,Fr、Ra 是放射性元素。同周期元素中,金属性:碱金属最强,碱土金属稍弱;同族元素中,原子半径、离子半径逐渐增大,电离能和电负性逐渐减小,金属性、还原性逐渐增强。

二、s 区元素的单质

1. 物理性质

碱金属和碱土金属的单质具有金属光泽,有良好的导电性和延展性,可用刀子切割(Be 和 Mg 除外)。Li、Na、K 的密度很小,能浮在水面上。

2. 化学性质

化学性质活泼,能直接或间接地与电负性较大的非金属元素形成相应的化合物。因为碱金属反应活性高,在空气中极易形成氧化膜,因此要保存在无水煤油中。Li 因为密度很小,能浮在煤油上,所以应保存在液状石蜡中。

碱金属和碱土金属的还原性强,较易与水反应(Be 和 Mg 因表面形成致密的保护膜而对水稳定),生成氢氧化物和氢气。

碱金属和碱土金属(Be、Mg、Fr 和 Ra 除外)或其挥发性盐在火焰上灼烧时,会产生特征的颜色,称为焰色反应。

三、s 区元素的化合物

1. 氢化物

碱金属和碱土金属中的 Mg、Ca、Sr、Ba 在氢气流中加热,可以分别生成离子型氢化物。离子型氢化物具有强还原性,遇水发生剧烈的水解反应而放出氢气。常温下离子型氢化物为白色晶体,熔沸点较高,熔融时能够导电。

2. 氧化物

(1) 普通氧化物:Li 和所有碱土金属在空气中燃烧时,生成普通氧化物。碱金属和碱土金属的普通氧化物的热稳定性和熔点变化总的趋势是从 Li 到 Cs,从 Be 到 Ba 逐渐降低。碱金属和碱土金属的普通氧化物与水反应生成氢氧化物,反应的激烈程度从 Li 到 Cs,从 Be 到 Ba 逐渐增强。

(2) 过氧化物:碱金属和碱土金属可形成过氧化物(Be 和 Mg 除外),其中只有 Na 和 Ba 的过氧化物可由金属在空气中燃烧直接得到。

(3) 超氧化物:碱金属和碱土金属都可形成超氧化物(Li、Be、Mg 除外),其中 K、Rb、Cs 在空气中燃烧能直接生成超氧化物。超氧化物都是强氧化剂。

(4) 臭氧化物:臭氧与 K、Rb、Cs 的氢氧化物固体反应可制得臭氧化物。臭氧化物不稳定,可缓慢分解放出氧气,遇水激烈反应生成氢氧化物并放出氧气。

3. 氢氧化物

碱金属和碱土金属的氢氧化物都是白色固体,在空气中易吸水而潮解。

碱金属的氢氧化物在水中都是易溶的,溶解时还放出大量的热。碱土金属的氢氧化物的溶解度则较小。溶解度顺序:从 Li 到 Cs,从 Be 到 Ba 逐渐增加,其中 $Be(OH)_2$ 和 $Mg(OH)_2$ 难溶。除 $Be(OH)_2$ 为两性,其余氢氧化物都是强碱或中强碱。

4. 盐类

碱金属的盐大多数是离子型化合物,易溶于水,而碱土金属的盐中有不少是难溶的。碱土金属的盐的离子键特征比碱金属差,溶解度与热稳定性相比于碱金属的盐均较差。

练　习　题

一、选择题

1. 对碱金属元素来说,从 Li 到 Cs,下列性质中变化规律正确的是　(　　)

A. 熔点增大　　B. 电负性增大

C. 第一电离能减小　　D. 金属性减弱

2. 与碱金属相比较,碱土金属的下列性质中错误的是　(　　)

A. 碱土金属硬度更大　　B. 碱土金属密度更大

C. 碱土金属熔点更高　　D. 碱土金属更容易形成过氧化物

3. 相应的碱金属要比碱土金属的电离能小,是因为　(　　)

A. 碱金属的原子半径较小

B. 碱金属的原子量较小

C. 碱金属的外层电子数较少

D. 碱金属电子所受有效核电荷的作用较弱

4. 下列单质中密度最小的是 ( )

A. K　B. Li　C. Be　D. Ca

5. 属于共价型氢化物的是 ( )

A. NaH　B. SrH_2　C. CaH_2　D. B_2H_6

6. 不能存在的分子或离子是 ( )

A. H_2　B. H^-　C. H_2^+　D. H_2^{2+}

7. 把金属铷投入水中将产生 ( )

A. Rb_2O 和 H_2　B. RbH 和 O_2

C. RbOH 和 H_2　D. RbOH 和 O_2

8. 属于离子型氢化物的是 ( )

A. HF　B. BaH_2　C. BeH_2　D. B_2H_6

9. 下列属于反磁性的物质是 ( )

A. H　B. H_2^+　C. H_2^-　D. H_2

10. 化学性质最相似的元素是 ( )

A. Li 和 Be　B. Mg 和 Al　C. Be 和 Al　D. Be 和 Mg

11. Li 和 Mg 及其化合物彼此间某些性质相似,此现象称为 ( )

A. 对角线规则　B. 镧系收缩

C. R-O-H 规则　D. 惰性电子对效应

12. 在空气中燃烧主要生成正常氧化物的金属是 ( )

A. Li　B. Na　C. K　D. Cs

13. Na_2O_2 在潮湿的空气中吸收 CO_2 放出 O_2,此反应中 Na_2O_2 ( )

A. 既是氧化剂又是还原剂　B. 既不是氧化剂又不是还原剂

C. 仅是氧化剂　D. 仅是还原剂

14. Li 在空气中燃烧时的主要产物为 ( )

A. Li_2O　B. Li_2O_2　C. LiO_2　D. LiO_3

15. 过氧化钠可用作潜水密闭舱中的供氧剂,原理是 ( )

A. Na_2O_2 与 CO_2 反应生成 O_2

B. Na_2O_2 不稳定,分解产生 O_2

C. Na_2O_2 与 H_2O 反应直接生成 O_2,不可能生成 H_2O_2

D. Na_2O_2 与水反应生成 H_2O_2,H_2O_2 再分解成 O_2

16. 下列单质的火焰呈黄色的是 ( )

A. Be　B. Mg　C. Rb　D. Na

17. 易溶于水的 Li 盐和 Mg 盐是 ( )

A. 碳酸盐　　B. 磷酸盐　　C. 氟化物　　D. 氯化物

18. 碱性最强的氢氧化物是 （　　）

A. $Be(OH)_2$　　B. $Mg(OH)_2$　　C. $Ca(OH)_2$　　D. $Ba(OH)_2$

19. 可用于制取 Na_2O_2 的反应是 （　　）

A. 加热 $NaNO_3$　　B. 加热 Na_2CO_3

C. 钠在空气中燃烧　　D. Na_2O 与 Na 作用

20. 能与氢形成离子型氢化物的元素是 （　　）

A. 碱金属　　B. 非金属元素

C. 过渡元素　　D. 零族以外的大多数元素

21. 不属于过氧化物的物质是 （　　）

A. Na_2O_2　　B. BaO_2　　C. CaO_2　　D. KO_2

22. 下列关于元素 Mg、Ca、Sr、Ba 及其化合物的性质中错误的是 （　　）

A. 通常这些元素总是生成 +2 价的离子

B. $M(HCO_3)_2$ 在水中的溶解度小于 MCO_3 的溶解度

C. 与水蒸气反应都得到氢气

D. 与大部分碱金属不同，这些碱土金属可以在 N_2 中燃烧生成 M_3N_2

23. K、Rb、Cs 在空气中燃烧的主要产物是 （　　）

A. 正常氧化物　B. 过氧化物　　C. 超氧化物　　D. 臭氧化物

24. 在人造卫星和宇宙飞船上，常用超氧化钾和臭氧化钾作空气再生剂，而不用过氧化钠，因为 （　　）

A. 过氧化钠稳定性差，难以保存

B. 生超氧化钾和臭氧化钾不稳定，可自动放出 O_2

C. 产超氧化钾和臭氧化钾的成本较低

D. 超氧化钾和臭氧化钾吸收 CO_2 放出 O_2 比相同质量的过氧化钠多

25. 还原性最强的碱金属是 （　　）

A. Li　　B. Na　　C. K　　D. Cs

二、判断题

1. 碱金属氧化物的热稳定性：$Li_2O < Na_2O < K_2O < Rb_2O < Cs_2O$。 （　　）

2. 通常，s 区元素只有一种稳定的氧化态。 （　　）

3. 碱金属氢氧化物的碱性：$LiOH > NaOH > KOH > RbOH > CsOH$。 （　　）

4. 碱金属超氧化物的稳定性：$NaO_2 < KO_2 < RbO_2 < CsO_2$。 （　　）

5. 碱金属单质由于密度小，都可以浸在煤油中保存。 （　　）

6. 碱金属的盐类均可溶于水。 （　　）

7. 在元素周期表中，处于对角线位置的元素性质相似，这称为对角线规则。 （　　）

8. N_2 只能与碱土金属直接作用形成氮化物。 （　）

9. 所有碱金属和碱土金属都能形成稳定的过氧化物。 （　）

10. 碱土金属在自然界主要以矿石的形式存在。 （　）

三、填空题

1. 碱土金属元素从 Be 到 Ba 原子半径依次________，电负性依次________，第一电离能依次________。

2. 氢化物分为________、________、________三类，NaH 属于________。

3. 与碱金属相比，碱土金属具有较________的离子半径，较________的电离能，较________的熔、沸点。

4. $BeCO_3$ 在 373 K 时分解为________和________。

5. 金属 Li 与水反应比金属 Na 与水反应________，主要原因是________。

6. 野外作业时常用氢化钙和水作用制取氢气来填充气球。其反应方程式为________。

7. s 区元素中(除 H、Fr、Ra 外)，单质密度最小的是________，熔点最低的是________，密度最大的是________，熔点最高的是________。

8. s 区元素的氢氧化物中，具有两性的是________，属于中强碱的是________和________。

9. s 区元素中，不能直接与氢反应生成离子型氢化物的是________和________。

10. 金属钾或其挥发性盐在灼烧时的火焰颜色为________色。

四、完成并配平下列反应方程式

1. $NaH + H_2O \longrightarrow$

2. $LiAlH_4 + H_2O \longrightarrow$

3. 在 Na_2O_2 固体上滴加热水。

4. KO_3 缓慢分解。

5. 用 NaH 还原 $TiCl_4$。

6. $Na_2O_2 + CO_2 \longrightarrow$

五、简答题

1. 简述 Li 和 Mg 的相似性。

2. 黑火药是我国古代的四大发明之一，距今已有 1000 多年的历史。黑火药在军事上主要用作枪弹、炮弹的发射药和火箭的推进剂及其他驱动装置的能源，是弹药的重要组成部分。为什么在配制黑火药时使用 KNO_3 而不用 $NaNO_3$？

练习题解答

一、选择题

1. C　2. D　3. D　4. B　5. D　6. D　7. C　8. B　9. D
10. C　11. A　12. A　13. A　14. A　15. A　16. D　17. D　18. D
19. C　20. A　21. D　22. B　23. C　24. D　25. D

二、判断题

1. ×　2. √　3. ×　4. √　5. ×　6. ×　7. ×　8. ×　9. ×
10. √

三、填空题

1. 增大;减小;降低
2. 共价型(或分子型);金属型(或过渡型);离子型;离子型
3. 小;大;高
4. BeO;CO_2
5. 平缓;NaOH 易溶于水,而 LiOH 较难溶于水(难溶的 LiOH 覆盖于表面,使反应减慢)
6. $CaH_2 + 2H_2O \longrightarrow Ca(OH)_2 + 2H_2$
7. Li;Cs;Ba;Be
8. $Be(OH)_2$;LiOH 和 $Mg(OH)_2$
9. Be;Mg
10. 紫

四、完成并配平下列反应方程式

1. $NaH + H_2O = NaOH + H_2\uparrow$
2. $LiAlH_4 + 4H_2O \longrightarrow LiOH + Al(OH)_3 + 4H_2\uparrow$
3. $2Na_2O_2 + 2H_2O$(热)$= 4NaOH + O_2\uparrow$
4. $2KO_3 = 2KO_2 + O_2\uparrow$
5. $TiCl_4 + 4NaH = Ti + 2H_2\uparrow + 4NaCl$
6. $2Na_2O_2 + 2CO_2 = 2Na_2CO_3 + O_2$

五、简答题

1. 答　(1) 单质与氧作用生成正常氧化物。

(2) 单质都能与氮气直接化合生成氮化物。

(3) 氢氧化物均为中强碱,且水中溶解度不大,加热分解为正常氧化物。

(4) 氟化物、碳酸盐、磷酸盐均难溶于水。

(5) 氯化物共价性较强,均能溶于有机溶剂中。

2. 答 (1) 钠的硝酸盐的吸湿性强,不利于制造火药。由于 KNO_3 比 $NaNO_3$ 不易吸水潮解,故使用 KNO_3 配置黑火药有利于火药的保存。

(2) KNO_3 分解分两步进行:① 生成 KNO_2 和 O_2;② KNO_2 不稳定,继续分解成 K_2O 和 CO_2。而 $NaNO_3$ 只能发生以上第一步反应,因此用 KNO_3 比用 $NaNO_3$ 放出的气体更多,产生的热量更大,故 KNO_3 爆炸力更大。

第十三章* p 区 元 素

内 容 提 要

一、卤素

(1) 单质

卤素单质的化学性质，单质的颜色及变化；发生化学反应的异同；单质制备的实验室方法和工业方法。

(2) 氢化物

氢化物的制备；氢化物的酸性、热稳定性、还原性、氢氟酸的特殊性。

(3) 含氧酸及其盐

含氧酸及其盐的构型；制备；性质：酸性、氧化还原性、热稳定性。

(4) 卤素的生物学效应。

二、氧族元素

(1) 单质

氧族元素单质的存在和制取；氧和硫单质的结构特征；同素异形体；臭氧的结构特点。

(2) 过氧化氢

结构、氧化还原性、临床上的应用。

(3) 硫化氢在水中的溶解性；硫化氢的毒性。

(4) 硫化物的生成、溶解性、还原性。

(5) 硫的含氧化合物

结构、制备、氧化还原性。

(6) 硫的含氧酸

分为普通含氧酸、硫代酸、连硫酸、焦硫酸和过硫酸。

含氧酸大多都有一定的氧化性和脱水性。

硫代硫酸钠在碘量法中的应用。

(7) 氧族元素的生物学效应。

三、氮族元素

(1) 单质

结构;同素异形体。

(2) 氨及其化合物

氨的制备;含氧酸盐的热稳定性;羟胺的结构及应用;叠氮酸的结构及应用;氮的氧化物结构及性质;硝酸的强氧化性。

(3) 磷氢化物的还原性;磷氧化物的毒性。

(4) 磷含氧酸结构特点;磷酸盐的溶解性;磷酸分子间失水形成多磷酸。

(5) 砷酸和亚砷酸的氧化还原特性。

(6) 氮族元素的生物学效应。

四、碳族元素

(1) 单质

石墨(石墨烯)和金刚石的结构特征;实际中的应用。

(2) 氧化物

结构特点及应用;二氧化碳的温室效应;二氧化硅的结构及应用(分子筛、硅胶等);二氧化铅的氧化性。

(3) 含氧酸及其盐

碳酸盐的溶解性、热稳定性;碳酸盐的生成条件。

练 习 题

一、解释下列现象

1. 单质碘在四氯化碳中呈紫色,而在丙酮、乙醇中显红色。

2. 溴可以从碘化钾溶液中置换出碘单质,而碘又能从溴酸钾溶液中置换出溴。

3. 漂白粉露置于空气中容易失效。

4. 硫化物溶液和亚硫酸盐不能长久保存。

5. 不能在水溶液中制取 Cr_2S_3 和 Al_2S_3。

6. O_2 是顺磁性的,而 N_2 是抗磁性的。

7. 油画久放后会发暗甚至发黑,用 H_2O_2 溶液处理后又变回本色。

8. 水的沸点和熔点高于 H_2S 和 H_2Se 等。

9. 铁和铝的容器可以盛放浓硫酸,但不能盛放稀硫酸。

10. NH_3 的键角大于 NF_3,大于 PH_3。

二、简答题

1. 简述影响无机酸酸性、稳定性和氧化性的因素。
2. 解释第二周期非金属元素性质的特殊性。
3. SO_2 和 Cl_2 都可以做漂白剂,作用机制有何不同?

三、选择题

1. 下列盐氧化性最大的是 (　　)
A. $KClO_3$　B. $KClO_4$　C. KIO_3　D. $KBrO_3$
2. 下列物质稳定性最差的是 (　　)
A. PbO_2　B. GeO_2　C. SiO_2　D. CO_2
3. ClO_2^- 的空间构型是 (　　)
A. 直线形　B. V形　C. 四面体形　D. 三角锥形
4. 碘单质在哪种溶剂中不变色 (　　)
A. KI　B. CCl_4　C. H_2O　D. C_2H_5OH
5. 下列物质熔沸点最低的是 (　　)
A. KI　B. KBr　C. KF　D. KCl
6. 下列哪种情况适宜制得 NaClO? (　　)
A. 加热情况下 $Cl_2 + NaOH$　B. 冰水浴条件下 $Cl_2 + NaOH$
C. 室温下 $Cl_2 + NaOH$　D. 低于 0 ℃时 $Cl_2 + NaOH$
7. 下列物质酸性最小的是 (　　)
A. $HClO_4$　B. $HClO_3$　C. HClO　D. $HBrO_3$
8. 碘液的制备方法是 (　　)
A. 单质碘溶于水　B. 单质碘溶于碘化钾溶液中
C. 单质碘溶于酸性溶液中　D. 单质碘溶于碱性溶液中
9. O_2 分子中存在的化学键为 (　　)
A. 单键　B. 双键
C. 三键　D. 一个 σ 键,两个三电子 π 键
10. O_3 中的化学键是 (　　)
A. 两个 σ 键　B. 一个 σ 键,一个 Π_3^4
C. 两个 σ 键,一个 Π_3^4　D. 两个 σ 键,两个三电子 π 键
11. 可用 O_3 处理年久变色的油画,是利用了 O_3 的 (　　)
A. 氧化性　B. 还原性　C. 配位能力　D. 脂溶性
12. 下列关于 H_2O_2 的说法错误的是 (　　)
A. 可与水形成任意比例的混合物　B. 分子中存在过氧键
C. 既有氧化性,又有还原性　D. 可用玻璃瓶贮存

13. 构成单质硫分子的硫原子数为 (　　)

A. 10　　B. 8　　C. 6　　D. 4

14. FeS_2 中 S 的氧化数为 (　　)

A. −1　　B. −2　　C. −1.5　　D. −3

15. SO_2 分子的杂化状态和形状是 (　　)

A. sp^3 杂化,V 形　　B. sp^3 杂化,直线形

C. sp^2 杂化,V 形　　D. sp^3 杂化,三角锥形

16. 谷胱甘肽过氧化物酶(GSH-P_x)的结构中心元素为 (　　)

A. O　　B. S　　C. Se　　D. Te

17. 室温下,H_2S 饱和水溶液的浓度是 (　　)

A. 0.01 mol・L^{-1}　　B. 0.1 mol・L^{-1}

C. 0.5 mol・L^{-1}　　D. 1 mol・L^{-1}

18. 关于 N_2 分子结构说法错误的是 (　　)

A. 存在三键,分子为顺磁性　　B. 存在三键,分子为抗磁性

C. 存在三键,为非极性分子　　D. 稳定性高,植物根瘤菌可使其分解

19. 羟胺 NH_2OH 是常用试剂之一,多用其 (　　)

A. 碱性　　B. 酸性　　C. 氧化性　　D. 还原型

20. 下列物质溶解度最小的是 (　　)

A. $(NH_4)_2CO_3$　　B. $(NH_4)_2SO_4$

C. NH_4ClO_4　　D. NH_4Cl

21. N_3^- 离子的结构为 (　　)

A. V 形,存在Π_3^4　　B. 直线形,存在Π_3^4

C. 只有 σ 键　　D. 只有Π_3^3

22. "王水"是指 (　　)

A. 一份浓 HCl + 三份浓 HNO_3　　B. 三份浓 HCl + 一份浓 HNO_3

C. 浓 H_2SO_4 + $K_2Cr_2O_7$　　D. 浓 HNO_3

23. 常用作干燥剂的磷的氧化物是 (　　)

A. P_2O_3　　B. P_4O_6　　C. P_2O_6　　D. P_4O_{10}

24. 关于反应 $AsO_3^{3-} + 2I_2 + 2OH^- = AsO_4^{3-} + 2I^- + H_2O$,下列说法正确的是 (　　)

A. 此反应只能向右进行

B. 此反应酸性时向右,碱性时向左进行

C. 此反应碱性时向右,酸性时向左进行

D. 此反应只能向左进行

25. 下列化合物中,偶极矩为零的是 (　　)

A. OF_2　　B. SnF_4　　C. SF_4　　D. PF_3

26. “干冰”指的是 ( )

A. 固态 H_2O B. 固态 CO_2

C. 固态 CH_4 D. SiO_2

27. 准确称量无水 Na_2CO_3 的最佳方法是 ( )

A. 直接称量法 B. 固定称量法

C. 差减称量法 D. 三种方法都可

28. 当 CO_3^{2-} 与金属离子 M^{2+} 反应时,产物为 ( )

A. MCO_3 B. $M(OH)_2$

C. $M_2(OH)_2CO_3$ D. 前三种都有可能

29. CO_2 灭火器不能用于哪种火灾? ( )

A. 碱金属造成的火灾 B. 实验仪器火灾

C. 纸张火灾 D. 电线火灾

30. 用作干燥剂的硅胶成分是 ( )

A. $SiO_2 \cdot xH_2O$ B. $SiO_2 \cdot xH_2O + CoCl_2$

C. Si 单质 D. 石英

四、判断题

1. 单质中 F_2 的键能小于 Cl_2。 ( )
2. 卤素单质的颜色有可能随溶剂的不同而改变。 ( )
3. 单质氟可通过氧化还原反应制得。 ( )
4. 利用碘与碱反应,如控制温度在 0 ℃,可制得次碘酸盐。 ( )
5. F_2 与所有金属剧烈反应,因而不能用金属为容器。 ( )
6. 卤酸盐中氧化性最强的是溴酸。 ( )
7. 卤素含氧酸的氧化性大于其盐的氧化性。 ( )
8. $HClO_4$ 既是强酸,又是强氧化剂。 ( )
9. 碘是人体必需微量元素,对甲状腺素的生成至关重要,因而生活中要多食含碘高的食品。 ( )
10. 自然界中的 O_2 有单线态氧和三线态氧之分。 ( )
11. O_3 是唯一极性单质。 ( )
12. O_3 只存在于大气外层,因而不必担心对人体的伤害。 ( )
13. 临床上用 30%的 H_2O_2 作为消毒剂。 ( )
14. 硫单质会随温度的不同变为不同的同素异形体。 ( )
15. 金属硫化物多为无色或浅色。 ( )
16. SO_2 构型为 V 形,结构中存在 Π_3^4。 ( )
17. 浓 H_2SO_4 有强烈的吸水性,因而可作所有气体的干燥剂。 ( )
18. $S_2O_3^{2-}$ 构型为四面体形。 ( )

19．焦硫酸 $H_2S_2O_7$ 的吸水性大于硫酸，氧化性小于浓硫酸。（ ）
20．白磷 P_4 在空气中可自燃。（ ）
21．NH_3 可作制冷剂。（ ）
22．羟胺的结构可视为氨分子中的一个氢被羟基取代。（ ）
23．NO 为抗磁性物质。（ ）
24．NO_2 为直线型构型。（ ）
25．HNO_3 存在分子内氢键，所以酸性大于 HCl。（ ）
26．As_2O_3 为剧毒物质，但对某些类型的白血病却有治疗作用。（ ）
27．NaN_3 受撞击时容易爆炸，可用于起爆剂和气囊填充物。（ ）
28．金刚石的硬度和其特殊的平面结构有关。（ ）
29．CO 与血红素结合的强度大于 O_2。（ ）
30．CO 可与第四周期部分过渡金属元素形成气态化合物。（ ）
31．CO_2 分子中存在着Π_3^4。（ ）
32．CO_2 因其独特的性质，常用在超临界流体研究中。（ ）
33．$Cr^{3+}+CO_3^{2-}$ 可生成 $Cr_2(CO_3)_3$ 沉淀。（ ）
34．石英玻璃是无定形 SiO_2，因此透光性差，紫外线则完全不能透过。（ ）
35．PbO_2 具有强氧化性。（ ）
36．俗称铅丹的是 Pb_3O_4。（ ）

五、完成反应式

1．$Cl_2+Ca(OH)_2 \longrightarrow$

2．$NaCl(饱和)+H_2O \xrightarrow{电解}$

3．$HF+SiO_2 \longrightarrow$

4．$KClO_3+S \longrightarrow$

5．$O_3+I^-+H^+ \longrightarrow$

6．$PbS+O_3 \longrightarrow$

7．$I^-+O_3+H_2O \longrightarrow$

8．$FeS_2+O_2 \longrightarrow$

9．$Na_2S_2O_3+I_2 \longrightarrow$

10．$S_2O_8^{2-}+Mn^{2+}+H_2O \longrightarrow$

11．$Na+NH_3 \longrightarrow$

12．$N_2H_4+H_2O_2 \longrightarrow$

13．$NH_2OH+AgBr \longrightarrow$

14．$N_2+O_2 \xrightarrow{放电}$

15．$H_3AsO_4+I^-+H^+ \longrightarrow$

16. $Fe_3O_4 + CO \longrightarrow$

17. $SiO_2 + Na_2CO_3 \xrightarrow{\triangle}$

18. $Cu^{2+} + CO_3^{2-} + H_2O \longrightarrow$

19. $PbO_2 + HCl$(浓)$\longrightarrow$

20. $Fe + CO \longrightarrow$

练习题解答

一、解释下列现象

1. 答　碘在丙酮、乙醇等溶剂中，可与之形成溶剂化物，改变了碘的分子轨道能级大小，进而改变了电子跃迁所需的能量，因而改变了颜色。

碘在四氯化碳等溶剂中不会形成溶剂化物，因而显示其本色。

2. 答　由 $\varphi^{\ominus}(I_2/I^-) = 0.535\ V$，$\varphi^{\ominus}(Br_2/Br^-) = 1.07\ V$，$\varphi^{\ominus}(BrO_3^-/Br_2) = 1.48\ V$，$\varphi^{\ominus}(IO_3^-/I_2) = 1.195\ V$，可知，上述反应能正常进行。

3. 答　漂白粉成分为 $Ca(ClO)_2$，空气中的 H_2O 和 CO_2 可与之形成 $CaCO_3$ 和 HClO，而 HClO 易分解。

4. 答　由 $\varphi^{\ominus}(S_2/S^{2-}) = -0.45\ V$，$\varphi^{\ominus}(S_2O_3^{2-}/SO_3^{2-}) = -0.58\ V$，可知，$S^{2-}$ 和 SO_3^{2-} 都是中等强度的还原剂，可被空气中的 O_2 氧化而生成单质硫和硫代硫酸盐。

5. 答　两者在水中都能发生水解：

$$Cr_2S_3 + 6H_2O = 2Cr(OH)_3\downarrow + 3H_2S\uparrow$$

$$Al_2S_3 + 6H_2O = 2Al(OH)_3\downarrow + 3H_2S\uparrow$$

6. 答　O_2：$(\sigma_{1s})^2(\sigma_{1s}^*)^2(\sigma_{2s})^2(\sigma_{2s}^*)^2(\sigma_{2px})^2(\pi_{2py})^2(\pi_{2pz})^2(\pi_{2py}^*)^1(\pi_{2pz}^*)^1$，有两个单电子（两个三电子 π 键），所以是顺磁性的。

N_2：$(\sigma_{1s})^2(\sigma_{1s}^*)^2(\sigma_{2s})^2(\sigma_{2s}^*)^2(\pi_{2py})^2(\pi_{2pz})^2(\sigma_{2px})^2$，没有单电子，所以为抗磁性。

7. 答　油画中使用白色的 $PbCO_3$ 涂料，会和受污染空气中的 H_2S 反应，生成黑色的 PbS，使用 H_2O_2 可把黑色的 PbS 氧化为白色的 $PbSO_4$。

$$PbCO_3 + H_2S = PbS + H_2CO_3$$

$$PbS + 4H_2O_2 = PbSO_4(s) + 4H_2O$$

8. 答　水中存在分子间氢键，后两者没有。

9. 答　浓硫酸可使金属表面生成一层氧化膜，阻止进一步反应。

10. 答　三者的成键电子对偏离中心原子的距离依顺序增加，成键电子对间的排斥力也随之减小，在孤电子对的排斥下，也更容易形成小的夹角。

二、简答题

1．答　与—OH 相连的原子电负性越大，则—OH 上 O 原子的电荷密度就越小，对质子的吸引力就越小，越容易解离出 H^+，酸性就越强，如酸性 HClO＞HBrO。另以卤素含氧酸为例，X—O 键越多，就越易于分散—OH 上 O 的电荷，越容易解离出 H^+，酸性就越强，如酸性 $HClO < HClO_3 < HClO_4$。

以卤素含氧酸为例，中心原子形成的 X—O 键越多，断裂所需能量就越多，因此稳定性就越高，如稳定性：$HClO < HClO_3 < HClO_4$。

氧化性变化顺序及原因与稳定性相同。

2．答　第二周期非金属元素性质的特殊性主要表现为其同核原子间形成的单键键能反常地小于第三周期的键能，如键能 N—N＜P—P，O—O＜S—S，F—F＜Cl—Cl。造成这一反常现象的原因是：N、O、F 原子半径小，两原子成键时键长较短，原子中未参与成键的电子之间有明显的排斥作用，从而削弱了共价单键的强度。

3．答　SO_2 作漂白剂是因为能和一些有机色素结合形成无色的化合物。而 Cl_2 作漂白剂是因为能和水反应生成强氧化性的 HClO，氧化有机色素。

三、选择题

1．D　2．A　3．B　4．B　5．A　6．A　7．C　8．B　9．D
10．C　11．A　12．D　13．B　14．A　15．C　16．C　17．B　18．A
19．D　20．C　21．B　22．B　23．D　24．B　25．B　26．B　27．C
28．D　29．A　30．B

四、判断题

1．√　2．√　3．×　4．×　5．×　6．√　7．√　8．×　9．×
10．√　11．√　12．×　13．×　14．√　15．×　16．√　17．×　18．√
19．×　20．√　21．√　22．√　23．×　24．×　25．×　26．√　27．√
28．×　29．√　30．√　31．√　32√　33．√　34．×　35．√　36．×

五、完成反应式

1．$2Cl_2 + 2Ca(OH)_2 \longrightarrow CaCl_2 + Ca(ClO)_2 + 2H_2O$

2．$2NaCl(饱和) + 2H_2O \xrightarrow{电解} 2NaOH + H_2\uparrow + Cl_2\uparrow$

3．$4HF + SiO_2 \longrightarrow SiF_4\uparrow + 2H_2O$

4．$4KClO_3 + 2S \longrightarrow 2K_2O + 2SO_2\uparrow + 2Cl_2\uparrow + 3O_2\uparrow$

5．$O_3 + 2I^- + 2H^+ \longrightarrow I_2 + O_2 + H_2O$

6．$PbS + 2O_3 \longrightarrow PbSO_4 + O_2$

7. $2I^- + O_3 + H_2O \longrightarrow I_2 + 2OH^- + O_2$

8. $3FeS_2 + 8O_2 \longrightarrow Fe_3O_4 + 6SO_2$

9. $Na_2S_2O_3 + I_2 \longrightarrow Na_2S_4O_6 + 2NaI$

10. $5S_2O_8^{2-} + 2Mn^{2+} + 8H_2O \longrightarrow 2MnO_4^- + 10SO_4^{2-} + 16H^+$

11. $2Na + 2NH_3 \longrightarrow 2NaNH_2 + H_2\uparrow$

12. $N_2H_4 + 2H_2O_2 \longrightarrow N_2 + 4H_2O$

13. $2NH_2OH + 2AgBr \longrightarrow 2Ag + N_2\uparrow + 2HBr + 2H_2O$

14. $N_2 + O_2 \xrightarrow{\text{放电}} 2NO$

15. $H_3AsO_4 + 2I^- + 2H^+ \longrightarrow H_3AsO_3 + I_2 + H_2O$

16. $Fe_3O_4 + 4CO \longrightarrow 3Fe + 4CO_2$

17. $SiO_2 + Na_2CO_3 \xrightarrow{\triangle} Na_2SiO_3 + CO_2\uparrow$

18. $2Cu^{2+} + 2CO_3^{2-} + H_2O \longrightarrow Cu_2(OH)_2CO_3 + CO_2\uparrow$

19. $PbO_2 + 4HCl(\text{浓}) \longrightarrow PbCl_2 + Cl_2\uparrow + 2H_2O$

20. $Fe + 5CO \longrightarrow Fe(CO)_5$

自 测 题 Ⅰ[#]

一、单项选择题(1～30 每题 1 分,31～35 每题 2 分,共 40 分)

1. 在 1 L 缓冲溶液中,具有最大缓冲容量的缓冲溶液是 (　　)

A. $[HAc]=[Ac^-]=0.01\ mol\cdot L^{-1}$

B. $[NH_3]=[NH_4^+]=0.02\ mol\cdot L^{-1}$

C. $[H_2PO_4^-]=[HPO_4^{2-}]=0.015\ mol\cdot L^{-1}$

D. $0.01\ mol\cdot L^{-1}$ $NaHCO_3$ 溶液

2. 利用生成配合物而使难溶电解质溶解时,下列哪一种情况最有利于沉淀溶解 (　　)

A. K_s愈大,K_{sp}愈小　　B. K_s愈小,K_{sp}愈小

C. K_s愈小,K_{sp}愈大　　D. K_s 愈大,K_{sp}愈大

3. 往水中加入表面活性剂后, (　　)

A. 表面张力上升,产生正吸附　　B. 表面张力下降,产生负吸附

C. 表面张力下降,产生正吸附　　D. 表面张力上升,产生负吸附

4. 已知某元素原子的价电子构型是 $4d^{10}5s^1$,则此元素为 (　　)

A. 原子序数是 46 号的元素　　B. s 区第ⅠA 族元素

C. p 区第ⅠB 族元素　　D. ds 区第ⅠB 族元素

5. 生理学常用的缓冲溶液是由三羟甲基甲胺$[(HOCH_2)_3CNH_2, pK_b=6.15]$及其盐酸盐$[(HOCH_2)_3CNH_3^+\cdot Cl^-]$组成的。该缓冲系的缓冲范围为 pH 在 (　　)

A. 6.85～8.85　　B. 6.15～7.15

C. 5.15～7.15　　D. 7.85～8.85

6. 若要制取 pH=9 的缓冲溶液,较为合适的缓冲对为 (　　)

A. NH_4Cl 和 $NH_3\cdot H_2O$($K_b=1.8\times10^{-5}$)

B. NaAc 和 HAc($K_a=1.8\times10^{-5}$)

C. HCOONa 和 HCOOH($K_a=1.8\times10^{-4}$)

D. $NaHCO_3$ 和 Na_2CO_3($K_a=5.6\times10^{-11}$)

7. 某基态原子的第三电子层有 10 个电子,该原子的价层电子为 (　　)

A. $3d^24s^2$　　B. $4s^2$

C. $3s^2 3p^6 3d^2$ D. $3s^2 3p^6 3d^2 4s^2$

8. 下列各组分子间同时存在取向力、诱导力、色散力和氢键的是 ( )

A. 苯和 CCl_4 B. N_2 和 N_2

C. CH_3F 和 C_2H_6 D. H_2O 和 CH_3OH

9. 下列关于电极电位的叙述中,正确的是 ( )

A. 电对的 φ 愈小,表明该电对的氧化态得电子倾向愈大,是愈强的氧化剂

B. 电对的 φ 愈大,其还原态愈易得电子,是愈强的还原剂

C. 电对的 φ 愈大,其氧化态是愈弱的氧化剂

D. 电对的 φ 愈小,其还原态愈易失电子,是愈强的还原剂

10. 混合等体积的 0.008 $mol \cdot L^{-1}$ 的 KI 溶液与 0.01 $mol \cdot L^{-1}$ 的 $AgNO_3$ 溶液,制取 AgI 溶胶,对该溶胶的聚沉能力的大小顺序为 ( )

A. $MgSO_4 > K_3[Fe(CN)_6] > AlCl_3$

B. $AlCl_3 > MgSO_4 > K_3[Fe(CN)_6]$

C. $MgSO_4 > AlCl_3 > K_3[Fe(CN)_6]$

D. $K_3[Fe(CN)_6] > MgSO_4 > AlCl_3$

11. 把红细胞置于 5 $g \cdot L^{-1}$ NaCl 溶液中,在显微镜下观察到的现象是 ( )

A. 溶血现象 B. 细胞皱缩

C. 形态正常 D. 以上三种情况同时都有

12. 如果用半透膜把 50 $g \cdot L^{-1}$ 蔗糖($M_r = 342$)溶液(左边)与 50 $g \cdot L^{-1}$ 葡萄糖($M_r = 180$)溶液(右边)隔开,则产生的渗透现象是 ( )

A. 葡萄糖分子向左边渗透 B. 水分子由左向右渗透

C. 蔗糖分子向右边渗透 D. 水分子由右向左渗透

13. 某反应速率常数为 0.099 min^{-1},反应物的初始浓度为 0.2 $mol \cdot L^{-1}$,则该反应的半衰期为 ( )

A. 5.05 min B. 1.01 min C. 4.04 min D. 7 min

14. 恒压下某反应的正向反应活化能为 E_a,逆向反应活化能为 E'_a,则 $E_a - E'_a$ 等于反应的 ( )

A. ΔH B. $-\Delta H$ C. ΔU D. $-\Delta U$

15. 下列说法中正确的是 ( )

A. 两种不同的配离子,K_s 大者一定稳定

B. 配离子在溶液中的解离行为同弱电解质类似

C. 配合物中配体数即为配位数

D. 一般来说,外轨型配合物要比内轨型配合物稳定

16. 加入少量电解质使溶胶发生聚沉的原因是 ( )

A. 电解质离子的水合作用 B. 吸附层变薄

C. 扩散层变薄　　D. 增加了胶粒的电荷

17. 酸碱反应 $HNO_2(aq)+CN^-(aq)$ —— $HCN(aq)+NO_2^-(aq)$的平衡常数为 (　　)

A. $K_{a,HNO_2}\times K_{a,HCN}$　　B. $K_{a,HCN}/K_{a,HNO_2}$

C. $K_{a,HNO_2}/K_{a,HCN}$　　D. $K_{a,HNO_2}\times K_{b,CN^-}$

18. 下列电子的各套量子数,不可能存在的是 (　　)

A. 2,1,－1,1/2　　B. 2,0,1,1/2

C. 3,1,0,－1/2　　D. 2,0,0,－1/2

19. 今有电池:(－)Pt,H_2(100.0 kPa)|H^+(0.1 mol·L^{-1}) ‖ Cu^{2+}(0.1 mol·L^{-1})|Cu (＋),下列方法中增加电池电动势的是 (　　)

A. 负极加大 H^+ 浓度　　B. 正极加入氨水

C. 负极降低 H_2 的分压　　D. 正极加大 Cu^{2+} 浓度

20. 下列说法中正确的是 (　　)

A. 水的标准摩尔生成热即是氧气的标准摩尔燃烧热

B. 水蒸气的标准摩尔生成热即是氢气的标准摩尔燃烧热

C. 水的标准摩尔生成热即是氢气的标准摩尔燃烧热

D. 水蒸气的标准摩尔生成热即是氧气的标准摩尔燃烧热

21. $BaSO_4$ 在下列溶液中溶解度最大的是 (　　)

A. 1 mol·L^{-1} H_2SO_4　　B. 1 mol·L^{-1} NaCl

C. H_2O　　D. 2 mol·L^{-1} $BaCl_2$

22. 根据酸碱质子理论,下列叙述中不正确的是 (　　)

A. 水溶液中的离解反应、水解反应和中和反应均为质子转移反应

B. 强酸反应后变成弱酸

C. 化合物中没有盐的概念

D. 酸愈强则其共轭碱愈弱

23. 由等浓度的 $HX-X^-$ 组成的缓冲系,如果 X^- 的离解常数 $K_b=10^{-10}$,则此缓冲溶液的 pH 为 (　　)

A. 5　　B. 4　　C. 7　　D. 14

24. 将 0.10 mol·L^{-1} HCN 溶液的浓度降低为原来的 1/4,其电离度 (　　)

A. 增大到原来的 4 倍　　B. 增大为原来的 2 倍

C. 减少为原来的 1/4　　D. 减少为原来的 1/2

25. 将银丝插入下列溶液中组成电极,则电极电位最低的是 (　　)

A. 1 L 溶液中含 $AgNO_3$ 0.1 mol,加入 NaI 0.1 mol

B. 1 L 溶液中含 $AgNO_3$ 0.1 mol,加入 NaI 0.05 mol

C. 1 L 溶液中含 $AgNO_3$ 0.1 mol,加入 NaCl 0.1 mol

D. 1 L 溶液中含 $AgNO_3$ 0.1 mol,加入 NaBr 0.1 mol

26. 对维持血浆与组织间液间的水盐平衡起主要作用的是 （　）

A. 血压　　B. 晶体渗透压

C. 大气压　　D. 胶体渗透压

27. 已知$[_{26}Fe(CN)_6]^{4-}$为抗磁性物质，因此中心原子Fe^{2+}采取的杂化类型及空间构型分别为 （　）

A. d^2sp^3 内轨配合物，六面体　　B. d^2sp^3 内轨配合物，八面体

C. sp^3d^2 外轨配合物，六面体　　D. sp^3d^2 外轨配合物，八面体

28. 在$[H_2PO_4^-]=[HPO_4^{2-}]$的缓冲溶液中，$H_2PO_4^-$ 和 HPO_4^{2-} 的活度之比为 （　）

A. 等于1　　B. 无法比较　　C. 小于1　　D. 大于1

29. 使0.1 mol·L^{-1} HAc溶液的离解度减小而pH增大，可加入 （　）

A. H_2O　　B. 0.1 mol·L^{-1}HAc

C. NaAc固体　　D. C_6H_6

30. (1) 生理盐水；(2) 纯水；(3) 食醋；(4) 表面活性剂水溶液。四种溶液的表面张力大小顺序为 （　）

A. (1)>(3)>(4)>(2)　　B. (1)>(2)>(3)>(4)

C. (2)>(1)>(4)>(3)　　D. (3)>(2)>(4)>(1)。

31. 298 K、$p(H_2)$ = 100 kPa时，将氢电极(负极)和标准氢电极(正极)组成原电池，测某溶液的pH时，测得电动势为0.118 V，该溶液pH为 （　）

A. 2.0　　B. 2.7　　C. 3.0　　D. 1.5

32. 从原来含有0.1 mol·L^{-1} Ag^+的溶液中除去90%的Ag^+后，溶液中的CrO_4^{2-} 离子浓度应该是($K_{sp}Ag_2CrO_4 = 1.12\times10^{-12}$) （　）

A. 1.12×10^{-12} mol·L^{-1}　　B. 1.12×10^{-10} mol·L^{-1}

C. 1.12×10^{-8} mol·L^{-1}　　D. 1.12×10^{-14} mol·L^{-1}

33. 在相同温度下，下列溶液渗透压由大到小的顺序为 （　）

(1) $c(C_6H_{12}O_6) = 0.2$ mol·L^{-1}；

(2) $c\left(\frac{1}{2}Na_2CO_3\right) = 0.2$ mol·L^{-1}；

(3) $c\left(\frac{1}{3}Na_3PO_4\right) = 0.2$ mol·L^{-1}；

(4) $c(NaCl) = 0.2$ mol·L^{-1}。

A. (1)>(2)>(3)>(4)　　B. (4)>(2)>(3)>(1)

C. (4)>(2)>(1)>(3)　　D. (4)>(3)>(2)>(1)。

34. 某一级反应转化率达50%所需100 min，则转化率达87.5%所需时间为 （　）

A. 300 min　　B. 200 min　　C. 50 min　　D. 400 min

35. 已知 $\varphi^{\ominus}(Fe^{3+}/Fe^{2+})=0.77\ V$，$\varphi^{\ominus}(Cu^{2+}/Cu)=0.34\ V$，$\varphi^{\ominus}(Sn^{4+}/Sn^{2+})=0.15\ V$，$\varphi^{\ominus}(Fe^{2+}/Fe)=-0.447\ V$，在标准状态下，下列反应能正向进行是　　（　　）

A. $Fe^{2+}+Cu=Fe+Cu^{2+}$

B. $Sn^{4+}+Cu=Sn^{2+}+Cu^{2+}$

C. $2Fe^{3+}+Cu=2Fe^{2+}+Cu^{2+}$

D. $Sn^{4+}+2Fe^{2+}=Sn^{2+}+2Fe^{3+}$

二、判断题（对的打√，错的打×，每小题1分，共15分）

1. $\varphi^{\ominus}$与半反应的书写方式有关，但$K^{\ominus}$与电池反应的书写方式无关。（　　）

2. 血浆中主要缓冲系的$\dfrac{[HCO_3^-]}{[CO_{2(溶解)}]}=20$，超出了缓冲作用的有效范围，但血浆仍具有良好的缓冲作用，因为人体属于开放系统。（　　）

3. 氢原子3s轨道的能量比3p轨道的能量低。（　　）

4. 常温下 $\varphi^{\ominus}(AgCl/Ag,Cl^-)$ 小于 $\varphi^{\ominus}(Ag^+/Ag)$。（　　）

5. 径向分布函数表示核外电子出现的概率密度与 r 的关系。（　　）

6. 如果金属原子气态的还原能力愈强，则金属及其离子电对的标准电极电势$\varphi^{\ominus}$一定愈低。（　　）

7. 氧原子1s轨道的能量比碳原子1s轨道的能量高。（　　）

8. 氢键是有方向性和饱和性的一类化学键。（　　）

9. 原子轨道杂化后形成成键能力更强的原子轨道。（　　）

10. 与滴定分析法相比，分光光度法的特点是灵敏度高而准确度较低。（　　）

11. 温度变化相同时，E_a 越大的反应，k 的变化程度越大。（　　）

12. 单质的标准摩尔生成自由能为零。（　　）

13. 凝固点下降法适宜测定大分子的分子量。（　　）

14. 同类型难溶强电解质的 K_{sp}越小，其溶解度也越小。（　　）

15. 由于邻-硝基苯酚可形成分子内氢键，故它的熔沸点比同类的物质（间位，对位）的高。（　　）

三、填空题（每空1分，*号处2分，共22分）

1. $NH_4[Co(NO_2)_4(NH_3)_2]$此配合物的名称为____________________*，配位原子分别为________，配位数是________。

2. 人体血浆的渗透浓度为________。pH＝________。

3. 反应 $A_2+B_2=2AB$ 有如下元反应构成：(1) $A_2+B_2\xrightarrow{k_1}A_2B_2$（慢）；(2) $A_2B_2\xrightarrow{k_2}2AB$（快）；则总反应的速率方程式为____________________*。

4. 在标准态下，$2H^+ + Zn \xlongequal{} H_2 + Zn^{2+}$ 反应能自发进行，将其设计成电池，电池组成式为____________________*。

5. C_2H_4 分子中，两个 C 原子之间的 σ 键由 ________ 重叠而成，而 π 键由 ________ 重叠而成。

6. 光合作用反应的 $\Delta_r G_m$ ________零，常温常压光照下为________向进行，此时 $\Delta_r G_m$ 判据是否适用________（“是”或“否”）。

7. 缓冲溶液用水适当稀释，溶液 pH 基本________，缓冲容量________。

8. 将 30 mL 0.1 $mol \cdot L^{-1}$ $AgNO_3$ 与 50 mL 0.05 $mol \cdot L^{-1}$ KI 混合制备 AgI 溶胶，其胶团结构式为____________________*。将此溶胶进行电泳，则胶粒向________极移动。

9. 基态原子价层电子为 $4d^{10}5s^2$ 的元素属第________周期________族。

四、计算题

1. (8 分)已知 298.15 K 时标准状态下的反应：

$$MnO_2 + 4H^+ + 2Cl^- \xlongequal{} Mn^{2+} + 2H_2O + Cl_2 \uparrow$$

(1) 判断标准状态下此反应的自发性。

(2) 在 $c_{HCl} = 10$ mol/L 其他物质为热力学标准态时，反应方向将发生变化吗？

[$\Delta_f G_m^\ominus$[MnO_2] = −465.1 $kJ \cdot mol^{-1}$，$\Delta_f G_m^\ominus$[H^+] = 0 $kJ \cdot mol^{-1}$，$\Delta_f G_m^\ominus$[Cl^-] = −131.2 $kJ \cdot mol^{-1}$，$\Delta_f G_m^\ominus$[Mn^{2+}] = −228.1 $kJ \cdot mol^{-1}$，$\Delta_f G_m^\ominus$[H_2O] = −237.1 $kJ \cdot mol^{-1}$]。

2. (8 分)已知：$\varphi^\ominus(Au^+/Au) = 1.692$ V，$\varphi^\ominus(O_2/OH^-) = 0.401$ V，用计算回答：

(1) 在标准态下，$4Au + O_2 + 2H_2O \xlongequal{} 4OH^- + 4Au^+$ 反应能自发发生吗？

(2) 若在上述溶液中加入固体 NaCN，并使平衡后溶液中$[Au(CN)_2]^-$及 CN^- 的浓度均为 1 $mol \cdot L^{-1}$，其他物质仍为热力学标准态，反应方向将发生变化吗？($[Au(CN)_2]^-$ 的 $K_s = 2 \times 10^{38}$)

3. (7 分)已知某药物在人体内的代谢反应是一级反应，速率常数 $k = 0.2\ h^{-1}$，注射一次该药物后血液中的浓度是 6 $mg \cdot L^{-1}$，当血液中该药物的浓度下降为 2 $mg \cdot L^{-1}$ 后须进行第二次注射。

(1) 该药物几个小时后进行第二次注射？

(2) 该药物代谢反应半衰期为多少？

自测题Ⅰ解答

一、选择题

1. D　2. B　3. A　4. C　5. C　6. C　7. C　8. D　9. C
10. C　11. A　12. D　13. A　14. A　15. B　16. B　17. B　18. D
19. B　20. A　21. D　22. B　23. A　24. C　25. C　26. A　27. C
28. B　29. A　30. A　31. D　32. A　33. B　34. B　35. A

二、判断题

1. √　2. ×　3. √　4. ×　5. √　6. ×　7. √　8. ×　9. √
10. ×　11. ×　12. √　13. ×　14. ×　15. √

三、填空题

1. 四硝基·二氨合钴(Ⅲ)酸铵;N,N;6
2. 280～320 mmol·L^{-1};7.40
3. $v = kc_{A_2} \cdot c_{B_2}$
4. $(-)Zn|Zn^{2+} \parallel H^+|H_2|Pt\ (+)$
5. sp^2-sp^2;P_y-P_y(P_z-P_z)
6. 大于;正;否
7. 不变;减小
8. $[(AgI)\cdot nAg^+ \cdot (n-x)NO_3^-]^{x+} \cdot xNO_3^-$;负
9. 五;ⅡB

四、计算题

(1)
$$\begin{aligned}\Delta_r G^{\ominus}_{m,298.15\,K} &= \sum \nu_B \Delta_f G^{\ominus}_m(B)\\ &= [(-237.1\ kJ\cdot mol^{-1})\times 2 + 0 + (-228.1\times 1)]\\ &\quad -[(-465.1\ kJ\cdot mol^{-1})\\ &\quad +4\times 0 + (-131.2\ kJ\cdot mol^{-1})\times 2]\\ &= 25.2\ kJ\cdot mol^{-1} > 0\end{aligned}$$

故在298.15 K时标准态下不能自发进行。

(2) 方法1　由题意

$$Q = \frac{[c_{Mn^{2+}}/c^{\ominus}][p_{Cl_2}/p^{\ominus}]}{[c_{H^+}/c^{\ominus}]^4\,[c_{Cl^-}/c^{\ominus}]^2} = \frac{1}{[10/c^{\ominus}]^4\,[10/c^{\ominus}]^2} = 10^{-6}$$

$$\begin{aligned}\Delta_r G_m &= \Delta_r G_m^{\ominus} + RT\ln Q \\ &= 25.2\ \text{kJ}\cdot\text{mol}^{-1} + 8.314\ \text{J}\cdot\text{K}^{-1}\cdot\text{mol}^{-1}\times 298\ \text{K}\times\ln\frac{1}{10^6} \\ &= -9.058\ \text{kJ}\cdot\text{mol}^{-1} < 0\end{aligned}$$

反应能自发进行。

方法 2 由题意知

$$\ln K^{\ominus} = -\frac{\Delta_r G_m^{\ominus}}{RT} = \frac{25.2\times 1000}{8.314\times 298.2} = -10.16$$

$$K^{\ominus} = 10^{-4.41}$$

即 $K^{\ominus} > Q$。

此时上面的反应能自发进行。

2.（1）由题意知

$$E^{\ominus} = \varphi_{+}^{\ominus} - \varphi_{-}^{\ominus} = 0.401\ \text{V} - 1.692\ \text{V} = -1.291\ \text{V} < 0$$

所以，不能自发。

（2）由题意知

$$[\text{Au}^+] = -\frac{[\text{Au(CN)}_2^-]}{[\text{CN}^-]^2\cdot K_s} = \frac{1}{K_s}$$

$$\begin{aligned}\varphi(\text{Au}^+/\text{Au}) &= \varphi^{\ominus}(\text{Au}^+/\text{Au}) + 0.05916\ \text{V}\ \lg([\text{Au}^+]) \\ &= -1.692\ \text{V} + (0.05916\ \text{V})\lg(2\times 10^{38}) = -0.574\ \text{V}\end{aligned}$$

所以，$E = 0.401\ \text{V} - (-0.574\ \text{V}) = 0.975\ \text{V} > 0$。

故改变方向。

3.（1）由题意知

$$\ln(c_0/c) = kt，\quad 即\ \ln(6/2) = 0.2t$$

得 $t = (2.303\lg 3)/0.2 = 5.49\ (\text{h})$。

（2）由题意知

$$t_{1/2} = 0.693/k = 3.465\ (\text{h})$$

自 测 题 Ⅱ*

一、单项选择题(每题 1 分,共 38 分)

1. 0.01 $mol \cdot L^{-1}$ $BaCl_2$ 溶液的离子强度是 ( )

A. 0.01　　B. 0.03　　C. 0.06　　D. 0.09

2. HPO_4^{2-} 的共轭酸是 ( )

A. $H_2PO_4^-$　　B. H_3O^+　　C. PO_4^{3-}　　D. H_3PO_4

3. 在 1 L 下列溶液中,具有最大缓冲容量的溶液是 ( )

A. $[HAc]=[Ac^-]=0.01\ mol \cdot L^{-1}$

B. 0.03 $mol \cdot L^{-1}$ 的 HCl 和 $NH_3 \cdot H_2O$ 等体积混合溶液

C. $[H_2PO_4^-]=[HPO_4^{2-}]=0.015\ mol \cdot L^{-1}$

D. $[NH_3]=[NH_4^+]=0.02\ mol \cdot L^{-1}$

4. 将等浓度的下列溶液稀释一倍,pH 变化最小的是 ( )

A. 0.01 $mol \cdot L^{-1}$ HCl　　B. 0.02 $mol \cdot L^{-1}$ HAc

C. 0.1 $mol \cdot L^{-1}$ HNO_3　　D. 0.2 $mol \cdot L^{-1}$ $HClO_4$

5. 影响缓冲溶液缓冲容量的主要因素是 ( )

A. 缓冲溶液的 pH　　B. 缓冲溶液的种类

C. 缓冲溶液的 pK_a　　D. 缓冲溶液的总浓度和缓冲比

6. 已知 298 K 时 $K_{sp}(AgCl)=1.77\times10^{-10}$,$K_{sp}(Ag_2CrO_4)=1.12\times10^{-12}$,则溶解度 ( )

A. $S(AgCl)>S(Ag_2CrO_4)$

B. $S(Ag_2CrO_4)=100\times S(AgCl)$

C. $100\times S(Ag_2CrO_4)=S(AgCl)$

D. 必须通过计算出$[Ag^+]$才能进行比较

7. 向 Ag^+/Ag 电对中加入 KI,则电对的电极电势 ( )

A. 增大　　B. 减小　　C. 不变　　D. 无法确定

8. $Na_2S_4O_6$ 中 S 的氧化数为 ( )

A. 2　　B. 2.5　　C. 3　　D. 6

9. 证实电子具有波动性的实验是 ( )

A. 氢原子光谱实验　　B. 光电效应

C. α粒子散射实验　　D. 电子衍射实验

10. 在多电子原子中决定电子能量的量子数是　（　）

A. n　　B. n 和 l　　C. n、l 和 m　　D. n、l、m 和 m_s

11. 某元素基态原子失去 3 个电子后，$l=2$ 的轨道半充满，该元素原子序数为　（　）

A. 24　　B. 25　　C. 26　　D. 27

12. 原子序数为 58 的元素是　（　）

A. Ce　　B. Th　　C. La　　D. Cd

13. 原子半径 Cd>Hg，其原因是　（　）

A. Cd 比 Hg 多一电子层　　B. 镧系收缩导致 Hg 半径减小

C. Cd 和 Hg 价电子构型相同　　D. 由于 Cd 和 Hg 都处于 d 区

14. Li 和 H 的 E_1 相比　（　）

A. H<Li　　B. H>Li

C. H≪Li　　D. H = Li

15. 下列说法中错误的是　（　）

A. 非极性分子间不存在取向力

B. 分子的极性越大，取向力越大

C. 色散力在分子间力中通常是最大的

D. 极性分子之间不存在色散力

16. ICl_2^- 分子的空间构型为　（　）

A. V 形　　B. 三角双锥形

C. 平面三角形　　D. 直线形

17. 下列物质中，共价程度最大的是　（　）

A. AgI　　B. AgBr　　C. AgCl　　D. AgF

18. 下列物质中，键级最大的是　（　）

A. O_2　　B. O_2^{2-}　　C. O_2^-　　D. O_2^+

19. B_2 分子中存在的化学键为　（　）

A. 一个 σ 键　　B. 一个 π 键

C. 两个三电子 π 键　　D. 两个单电子 π 键

20. 配离子$[CoF_6]^{3-}$的分裂能 $\Delta = 13000\ cm^{-1}$，电子成对能 $P = 21000\ cm^{-1}$，那么该中心原子 d 电子排布式为　（　）

A. $t_{2g}^4 e_g^2$　　B. $t_{2g}^6 e_g^0$　　C. $t_{2g}^2 e_g^4$　　D. $t_{2g}^3 e_g^3$

21. 下列金属离子的水溶液没有颜色的是　（　）

A. Zn^{2+}　　B. Cu^{2+}　　C. Ti^{2+}　　D. Co^{2+}

22. $[CoCl_6]^{3-}$ 和$[CoF_6]^{3-}$ 都有 CFSE = $2/5\Delta_o$，则两者 CFSE 的相对大小为　（　）

A. 前者大于后者　　B. 后者大于前者
C. 两者相等　　D. 无法确定

23. 根据软硬酸碱规则，Fe^{3+} 与 SCN^- 形成配合物时，最合适的配位原子为 (　　)
A. N　　B. C　　C. S　　D. 三者都可

24. 下列元素碳酸盐热稳定性大小顺序为 (　　)
A. Be>Mg>Ca>Sr　　B. Be<Mg<Ca<Sr
C. Be≥Mg>Ca>Sr　　D. Ca<Mg<Be<Sr

25. 可与氢生成离子型氢化物的一类元素是 (　　)
A. 绝大多数金属　　B. 碱金属和钙、锶、钡
C. 活泼非金属元素　　D. 过渡金属元素

26. 铬钾矾是指 (　　)
A. $K_2SO_4 \cdot Cr_2(SO_4)_3 \cdot 24H_2O$　　B. As_2O_3
C. $Na_2S_2O_3$　　D. $Na_2B_4O_7 \cdot 10\ H_2O$

27. 下列卤素单质在低温下能与碱作用但不能得到次卤酸盐的是 (　　)
A. F_2　　B. Cl_2　　C. Br_2　　D. I_2

28. 关于臭氧，下列叙述中正确的是 (　　)
A. 臭氧为直线形结构，有氧化性　　B. 臭氧为三角形结构，三个 O 以 σ 键相连
C. 臭氧为直线形构型，存在 Π_3^4　　D. 臭氧为 V 形构型，存在 Π_3^4

29. 关于 NO_3^-，下列说法正确的是 (　　)
A. 空间构型为三角锥形，存在 Π_3^4
B. 空间构型为平面三角形，存在 Π_3^4
C. 空间构型为平面三角形，存在 Π_4^6
D. 空间构型为三角锥形，存在 Π_3^3

30. SO_2 中 S—O 键的键级为 (　　)
A. 1　　B. 2　　C. 1.5　　D. 2.5

31. 已知单质中硬度仅次于金刚石的是 (　　)
A. 氧化铝　　B. 晶形硼　　C. 石墨　　D. S_8

32. 血红素的中心金属离子是 (　　)
A. Fe(Ⅱ)　　B. Fe(Ⅲ)　　C. Co(Ⅱ)　　D. Ni(Ⅲ)

33. 下列氯的含氧酸氧化能力最强的是 (　　)
A. HClO　　B. $HClO_2$　　C. $HClO_3$　　D. $HClO_4$

34. 关于 Al_2O_3，下列说法错误的是 (　　)
A. 自然界中不存在 Al_2O_3，所用的为人工合成的
B. Al_2O_3 俗称刚玉，硬度很大
C. 刚玉中若掺有少量 Cr(Ⅲ)，则称为红宝石

D. Al_2O_3 中的键能特别大，所以工业上常采用电解法制取单质 Al

35. EDTA 可用于实验室中血液的抗凝剂，原因是 （ ）

A. EDTA 可以与血红素反应

B. EDTA 可以与血液中的 Ca^{2+} 配合

C. EDTA 可以与血红素中的铁反应

D. EDTA 可以使血液隔绝空气

36. 下列有关 722 型分光光度计使用的说法中，错误的是 （ ）

A. 722 型分光光度计可用于紫外-可见范围的测定

B. 比色皿要用待装液润洗

C. 测定时一般按从浅色到深色的顺序进行

D. 定量测定时一定要用空白溶液调透光率 $T=100\%$

37. 在葡萄糖酸锌的含量测定中，有关移液管和锥形瓶的正确用法是 （ ）

A. 移液管需用待装液润洗，锥形瓶不需

B. 移液管和锥形瓶都需待装液润洗

C. 锥形瓶需用待装液润洗，移液管不需

D. 润洗与否都可，但锥形瓶需干燥

38. 在硫酸亚铁铵制备实验中，用酸溶解铁粉时应在通风橱中进行，原因是 （ ）

A. 通风橱中有加热装置　　B. 反应中会产生有害气体

C. 在通风橱中反应进行得彻底　　D. 前三种理由都可

二、判断题（每题 1 分，共 15 分）

1. 溶液的浓度能影响弱电解质的电离度，但对离解常数无影响。 （ ）

2. 血液中$[HCO_3^-]/[CO_{2,溶解}]=20$，缓冲能力很小，缓冲作用主要靠其他缓冲对。 （ ）

3. AgCl 水溶液的导电性很差，所以 AgCl 是弱电解质。 （ ）

4. H 原子的 E_{3s} 与 E_{3p} 相等。 （ ）

5. 标准电极电势的数值与电极反应的系数无关。 （ ）

6. 由极性键组成的分子不一定是极性分子。 （ ）

7. O_2 为顺磁性物质，O_2^{2-} 为反磁性物质。 （ ）

8. 所有过渡金属离子在八面体配合物中都既具有高自旋又有低自旋的形式。 （ ）

9. 计算 H_3PO_4 溶液 pH 时，可视其为一元弱势处理。 （ ）

10. H_2O_2 在酸性和碱性溶液中都有氧化性。 （ ）

11. 金属锌与稀 HNO_3 反应，气体产物为 N_2O。 （ ）

12. 钾盐并不都是易溶于水的。 （ ）

13. HgS 既溶于浓 HNO_3，又溶于王水。 (　　)

14. 用 pH 计测量溶液酸度时，若要求不严格，可不必用标准缓冲溶液校准。 (　　)

15. 若只有一支离心管需离心时，必须另加一支装等量水的离心管以平衡仪器。 (　　)

三、完成反应式(每题 3 分，共 15 分)

1. $KO_2 + H_2O \longrightarrow$
2. $Cl_2 + OH^- \longrightarrow$
3. $Na_2S_2O_3 + I_2 \longrightarrow$
4. $I_2 + [Fe(CN)_6]^{4-} \longrightarrow$
5. $Mn^{2+} + PbO_2(s) + H^+ \longrightarrow$

四、解释下列现象(每题 4 分，共 12 分)

1. Li 电对的标准电极电势最小，但与水反应还不如 Na 与水反应激烈。

2. 根据下面的电势－pH 图解释下列实验现象(图中 A 为 I_2/I^- 电对，B 为 AsO_4^{3-}/AsO_3^{3-} 电对)：无色 Na_3AsO_3 溶液加入 I_2 水，初始的棕黄色会褪去；再加入足量浓 HCl，溶液又呈现棕黄色；然后再加足量 $NaHCO_3$，棕黄色又褪去。

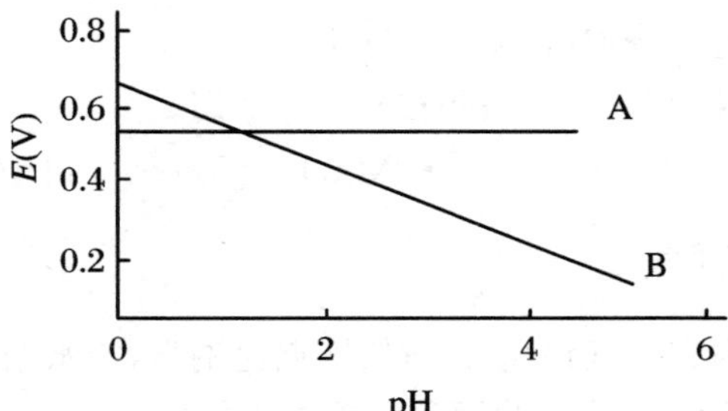

3. 用作干燥剂的硅胶，其颜色变化可指示含水量的多少。

五、计算题(每题 5 分，共 20 分)

1. 计算 $0.1\ mol \cdot L^{-1}\ H_2SO_4$ 溶液的$[H^+]$。已知 H_2SO_4 的 $K_{a2} = 1.0\times10^{-2}$。

2. 配制 pH 为 5.0 的缓冲溶液，需将多少克醋酸钠($CH_3COONa \cdot 3H_2O$)溶解于 500 mL $0.50\ mol \cdot L^{-1}$ 醋酸溶液中(忽略体积变化)？(醋酸的 $K_a = 1.76\times10^{-5}$；醋酸钠的 $M_r = 136\ g \cdot mol^{-1}$)

3. 计算 AgI 在 $4\ mol \cdot L^{-1}\ NH_3$ 溶液中的溶解度。(已知 $K_{sp,AgI} = 8.52\times10^{-17}$，$K_s([Ag(NH_3)_2]^+) = 1.1\times10^7$)

4. 已知铟的电势图 $In^{3+} \xrightarrow{-0.425\ V} In^+ \xrightarrow{-0.147\ V} In$，$In(OH)_3 \xrightarrow{-1.00\ V} In$，求 $K_{sp}(In(OH)_3)$。

自测题Ⅱ解答

一、单项选择题

1. B　2. A　3. D　4. B　5. D　6. D　7. B　8. B　9. D
10. B　11. C　12. A　13. B　14. B　15. D　16. D　17. A　18. D
19. D　20. A　21. A　22. B　23. A　24. B　25. B　26. A　27. D
28. D　29. C　30. C　31. B　32. A　33. A　34. A　35. B　36. A
37. A　38. B

二、判断题

1. √　2. ×　3. ×　4. √　5. √　6. √　7. √　8. ×　9. √
10. √　11. √　12. √　13. ×　14. ×　15. √

三、完成反应式

1. $2KO_2 + 2H_2O \longrightarrow 2KOH + H_2O_2 + O_2\uparrow$
2. $Cl_2 + 2OH^- \longrightarrow ClO^- + Cl^- + H_2O$
3. $2Na_2S_2O_3 + I_2 \longrightarrow 2NaS_4O_6 + 2NaI$
4. $I_2 + 2[Fe(CN)_6]^{4-} \longrightarrow 2[Fe(CN)_6]^{3-} + 2I^-$
5. $2Mn^{2+} + 5PbO_2(s) + 4H^+ \longrightarrow 2MnO_4^- + 5Pb^{2+} + 2H_2O$

四、解释下列现象

1. 答　主要原因有二:(1) 金属锂的熔点比钠高,与水的接触面小。(2) 反应生成的 LiOH 的溶解度小,进一步阻碍了锂与水的接触。

2. 答　Na_3AsO_3 中加入 I_2 水,此时 pH 处于交叉点右侧,I_2 可以氧化 Na_3AsO_3,自身的棕黄色褪去。加入足量浓 HCl,此时 pH 处于交叉点左侧,Na_3AsO_4 可以氧化 I^-,生成 I_2 而显黄色。再加足量 $NaHCO_3$,此时 pH 又处于交叉点右侧,I_2 被还原而失去黄色。

3. 答　硅胶为多孔结构,易于吸水,本身并没有颜色变化,颜色变化是由于掺入了少量 $CoCl_2$,其颜色随含水量多少而变化。无水 $CoCl_2$ 显蓝色,随着含水量增加,蓝色逐渐褪去而显示红色,所以,当硅胶干燥剂为蓝色时,表示可以正常使用;当硅胶为粉色甚至红色时,则失去干燥功能。

五、计算题

1. 解　H_2SO_4 第一步全部电离,第二部部分电离。

设 SO_4^{2-} 的浓度为 x mol·L^{-1},则

$$HSO_4^- \rightleftharpoons SO_4^{2-} + H^+$$
$$0.1 - x \qquad x \qquad 0.1 + x$$

$$K_{a2} = \frac{[SO_4^{2-}][H^+]}{[HSO_4^-]} = \frac{x(0.1+x)}{0.1-x} = 1.0 \times 10^{-2}$$

解方程,求得 $x = 0.00845$,$[H^+] = 0.1085$ mol·L^{-1}。

2. 解 设需 x g $CH_3COONa \cdot 3H_2O$。

根据缓冲公式 $pH = pK_a + \lg \frac{[Ac^-]}{[HAc]}$,得

$$5.0 = 4.75 + \lg \frac{x/136}{0.5 \times 500/1000}$$

解得 $x = 60.46$ g。

3. 解

$$AgI(S) + 2NH_3 \rightleftharpoons [Ag(NH_2)_2]^+ + I^-$$
$$4 \qquad S \qquad S$$

$$K = \frac{[Ag(NH_3)_2^+][I^-]}{[NH_3]^2} = \frac{[Ag(NH_3)_2^+][I^-][Ag^+]}{[NH_3]^2[Ag^+]}$$

$$= K_s([Ag(NH_3)_2]^+) \cdot K_{sp,AgI} = \frac{S \cdot S}{4^2}$$

$$S = \sqrt{16 \times K_s([Ag(NH_3)_2]^+) \times K_{sp}(AgI)}$$

$$= \sqrt{16 \times 1.1 \times 10^7 \times 8.52 \times 10^{-17}} = 1.22 \times 10^{-4}(\text{mol} \cdot \text{L}^{-1})$$

4. 解 由题意,

$$E^\ominus(In^{3+}/In) = \frac{-0.425 \times 2 - 1 \times 0.147}{2+1} = -0.332\ (\text{V})$$

$$E^\ominus(In(OH)_3/In) = E(In^{3+}/In) = E^\ominus(In^{3+}/In) + \frac{0.059}{3}\lg c(In^{3+})$$

$$= E^\ominus(In^{3+}/In) + \frac{0.059}{3}\lg K_{sp}(In(OH)_3)$$

则

$$-1.00 = -0.332 + \frac{0.059}{3}\lg K_{sp}(In(OH)_3)$$

解得 $K_{sp}(In(OH)_3) = 1.08 \times 10^{-34}$。